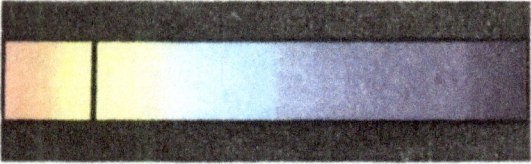
Umkehrung der Natriumlinie. (Fig. 34.)

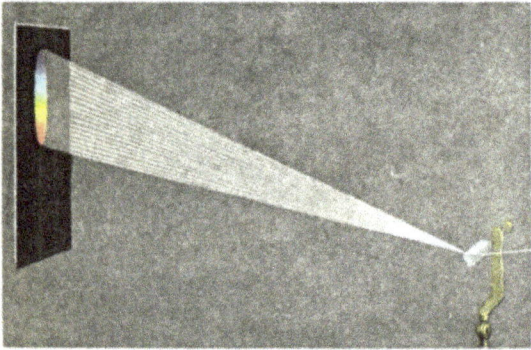
Das Sonnenspectrum. (Fig. 29.)

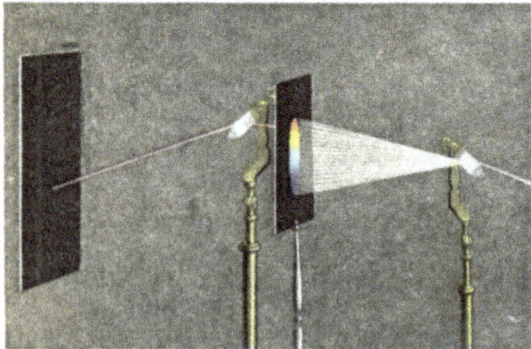
Wirkung des Prismas auf einfache Strahlen. (Fig. 30.)

PROSPECTUS.

Verlag von R. Oldenbourg in München.

Die Naturkräfte.

Eine

naturwissenschaftliche Volksbibliothek.

Zweite Auflage.

Die Verlagshandlung hat sich die Aufgabe gestellt, in dem Unternehmen eine Reihe von Schriften hervorragender wissenschaftlicher Kräfte herauszugeben, welche in anregender Weise und in verständlicher Sprache dem Gebildeten die Resultate der Naturforschung in ihrer Anwendung auf das Leben und auf die verschiedene menschliche Thätigkeit vorführen, und gleichzeitig die Kräfte der Natur in ihrem wechselseitigen, gesetzmäßigen Wirken, sowie die naturwissenschaftliche Forschungsmethode zur allgemeinen Kenntniß bringen sollen.

Die Bände sollen ihre Stärke darin suchen, dem gereiften Verstande eine belehrende, hochinteressante Lectüre zu bieten, der Jugend aber als nicht ermüdende, durchaus zuverlässige und vollständige Lehrbücher zu dienen.

Der Umfang eines Bandes ist auf 18—20 Bogen im Format dieses Prospectus berechnet. Die Lieferungs-Ausgabe zerfällt in Lieferungen von je 6—7 Bogen. Zur Erläuterung des Textes werden zahlreiche Abbildungen in Holzschnitt, Karten, Pläne und Farbentafeln beigegeben.

Jeder Band kostet broschirt 3 Mark.

" " " gebund. 4 Mark.

Jede Lieferung kostet 1 Mark.

Als die Verlagshandlung vor einigen Jahren mit dem Unternehmen „Die Naturkräfte" vor die Oeffentlichkeit trat, geschah dies mit einigem Zagen, da ihr die geringe Neigung bekannt war, welche noch heute die Mehrzahl der Gebildeten hegt, sich mit den Aeußerungen der um uns waltenden Naturkräfte und mit deren Erkenntniß ernstlich zu beschäftigen.

Die sich dem Unternehmen schnell zuwendende Gunst des Publikums und der Kritik hat jedoch bald die Veranstaltung eines zweiten unveränderten Abdruckes dreier der erschienenen Bände (des 4., 5. und 6. Bandes) nothwendig gemacht, dem bald der Druck einer zweiten vielfach verbesserten Auflage zweier weiteren Bände (des 8. und 9.) folgen mußte.

Nachdem nun auch von den drei ersten Bänden des Unternehmens, welche in außergewöhnlich starker erster Auflage erschienen waren, die Veranstaltung neuer Auflagen nöthig geworden, sieht sich die Verlagsbuchhandlung veranlaßt, mit dem Erscheinen dieser **neuen Auflagen** eine **zweite**

Subscription
auf das Unternehmen
Die Naturkräfte

anzubahnen.

Es leitete sie dabei auch hauptsächlich der durch viele an sie gelangte Wünsche begründete Gedanke, daß einer großen Anzahl minder Bemittelter, welche das ganze Werk zu besitzen wünschen, die Erwerbung desselben in regelmäßig vertheilten Ausgabe=Terminen der Bände und Lieferungen am leichtesten fallen werde.

Von der

zweiten Auflage

des Unternehmens erscheint jeden Monat 1 Band oder 3 Lieferungen.

Bestellungen auf das Unternehmen werden von allen Buchhandlungen angenommen, auch direkt von der Verlagsbuchhandlung R. Oldenbourg in München.

Verzeichniß der erscheinenden Bände.

I. Band. Die Lehre vom Schall. Gemeinfaßliche Darstellung der Akustik von R. Radau. 20 Bogen Text und 108 Holzschnitten. Zweite Auflage.

II. Band. Licht und Farbe. Eine gemeinfaßliche Darstellung der Optik. Von Prof. Dr. **Fr. Jof. Pisko** in Wien. (Doppelband.) 37 Bogen Text mit 148 Holzschn. Zweite Auflage.

III. Band. Die Wärme. Nach dem Französischen des Prof. **Cazin** in Paris deutsch bearbeitet. Herausgegeben durch Prof. **Dr. Phil. Carl** in München. 20 Bogen Text mit 92 Holzschnitten und einer Farbendrucktafel. Zweite Auflage.

IV. Band. Das Wasser. Von Prof. Dr. **Pfaff** in Erlangen, mit 21 Bogen Text und 57 meist größeren Holzschnitten.

V. Band. Himmel und Erde. Eine gemeinfaßliche Beschreibung des Weltalls von Prof. Dr. **Zech** in Stuttgart. 19 Bogen Text mit 45 Holzschnitten und 5 Tafeln.

VI. Band. Die electrischen Naturkräfte. Der Magnetismus, die Electricität, der galvanische Strom. Mit ihren hauptsächlichsten Anwendungen gemeinfaßlich dargestellt von Prof. **Dr. Ph. Carl** in München. 20 Bg. Text mit 114 Holzschn.

VII. Band. Die vulkanischen Erscheinungen. Von Prof. Dr. **Friedr. Pfaff** in Erlangen. 21 Bogen Text mit 37 Holzschn.

VIII. und IX. Band. Aus der Urzeit. Bilder aus der Schöpfungsgeschichte von Prof. Dr. **Zittel** in München. 2 Theile. 39 Bogen Text mit 183 Holzschn. Zweite vermehrte u. verb. Auflage.

X. Band. Wind und Wetter. Eine gemeinfaßliche Darstellung der Meteorologie von Prof. Dr. **Lommel** in Erlangen. 25 Bogen Text mit 66 Holzschnitten.

XI. Band. Die Vorgeschichte des europäischen Menschen. Von Dr. **Fr. Ratzel.** 19 Bogen Text mit 92 Holzschnitten.

XII. Band. Bau und Leben der Pflanzen. Von Dr. **O. W. Thomé** in Cöln. 21 Bogen Text mit 70 Holzschnitten.

XIII. Band. Die Mechanik des menschlichen Körpers. Von Prof. Dr. **Kollmann** in München. 20 Bgn. Text mit 60 Holzschn.

XIV. Band. Das Mikroskop nud feine Anwendung. Von Prof. Dr. **Fr. Merkel** in Rostock. 20 Bogen Text mit 132 Holzschn.

XV. Band. Das Spektrum und die Spektralanalyse. Von Dr. **P. Zech,** Prof. der Physik am Polytechnikum in Stuttgart. 15 Bogen Text mit 33 Holzschnitten und einer Tafel.

XVI. Band. Darwinismus und Thierproduktion. Von Prof. Dr. **C. E. R. Hartmann.** 19 Bgn. Text mit 46 Holzschnitten.

XVII. Band. Fels und Erdboden. Von Hofrath, Prof. Dr. **Ferdinand Senft.** 26 Bogen. Text mit 17 Holzschnitten.

☞ Die Bände 1—20 sind sämmtlich in erster resp. zweiter Auflage schon erschienen. Soweit von denselben nicht gerade neue Auflagen unter der Presse sich befinden, oder vorbereitet werden, können sie jederzeit und von jeder Buchhandlung bezogen werden. **Jeder Band ist einzeln verkäuflich.** ☜

Für die nach Band 20 aufgeführten Bände ist eine bestimmte Reihenfolge noch nicht festgesetzt, da dieselbe in dem Maßstabe, als die Arbeiten der Autoren zum Abschluß gelangen, veröffentlicht werden.

Eine Vervollständigung des vorstehenden Verzeichnisses wird erfolgen, sobald verschiedene noch schwebende Unterhandlungen mit hervorragenden Gelehrten zum Abschlusse gelangt sein werden.

Durch die Herausgabe der neuen Auflage der älteren Bände der „Naturkräfte" erleidet natürlich die fortschreitende Veröffentlichung neuer Bände keinen Aufschub. Es erscheinen jedes Jahr mindestens 4—5 neue Bände.

Ein ausführlicher Prospectus wird auf Verlangen gratis zugesandt.

Deutscher Novellenschatz.

Herausgegeben von Paul Heyse und Hermann Kurz.

Preis eines Bandes (von ca. 20 Bogen) 1 ℳ 50 ₰.
Jeder Band wird einzeln verkauft.

Naturkräfte.

Dritter Band

Die Wärme.

Nach dem

Französischen des Prof. Cazin in Paris

deutsch bearbeitet.

Herausgegeben

durch

Prof. Dr. Phil. Carl.

Zweite verbesserte und vermehrte Auflage, mit 92 im Texte aufgenommenen Holzschnitten.

München.

Druck und Verlag von R. Oldenbourg.

1877.

Inhalt.

————

Erstes Capitel.

Allgemeine Wärme-Erscheinungen.

_____

1. Unterschied zwischen dem sinnlichen Eindruck und der objectiven Erscheinung.

Wenn wir die uns umgebenden Körper berühren, so erkennen wir eine gewisse Verschiedenheit in ihrer Art zu sein;
die einen machen uns den Eindruck von Wärme, die andern
den der Kälte. Dieser Unterschied ist eben nur subjectiv.
Unser Tastorgan erleidet einen Reiz, der eine Empfindung
hervorruft, aus welcher zuletzt ein Urtheil über den Zustand
des berührten Körpers entspringt. Die Natur hat uns diese
eigenthümliche Empfindlichkeit gegeben, um über unsere Erhaltung zu wachen. Doch nicht von dieser Art Wirkungen
soll hier die Rede sein. Wir wollen die Wärme und Kälte
außerhalb unseres Körpers an den bekannten Stoffen beobachten und zusehen, was in denselben vorgeht, wenn sie auf
einander durch Berührung einwirken, welche innere Veränderungen sie erleiden, wenn sie erwärmt oder abgekühlt
·werden. Da diese Veränderungen Eindrücke auf jeden unserer
Sinne machen, so wird auch jeder Sinn bei dem Endurtheil
mitzusprechen haben. Die Hauptrolle spielen freilich die
Augen bei der Beurtheilung dessen was vorgeht, wir s e h e n

die Wirkungen der Wärme; aber auch das Gehör, der
Geruch, können bei den Beobachtungen zu Hilfe genommen
werden. Der Verstand faßt schließlich alle ihm durch die
verschiedenen Eindrücke zugegangenen Anregungen zusammen,
weist ihnen überall die passende Stelle an, und gelangt so
zur Erkenntniß der Natur.

Ein schlagendes Beispiel wird uns lehren, auf der Hut
zu sein gegen unsere Gefühlseindrücke, wenn es sich um Wärme
handelt. Halten wir die rechte Hand in ein Gefäß mit
warmem, die linke in ein Gefäß mit eiskaltem Wasser, und
tauchen darauf beide in gewöhnliches Wasser. Der rechten
Hand, die aus dem warmen Wasser kommt, wird das ge=
wöhnliche Wasser kalt erscheinen, der linken aber, die aus
dem kalten Bade kommt, erscheint dasselbe Wasser lauwarm.
Der Eindruck hängt also wesentlich von der Vorbereitung
ab, durch welche das Tastorgan gegangen ist. Eine ähn=
liche Bemerkung können wir machen, wenn wir aus einem
stark erwärmten Badesaal schnell ins Freie treten; die Luft
wird uns kalt erscheinen. Kommen wir dagegen aus einem
kühlen Raum, z. B. aus dem Keller, so erscheint dieselbe
Luft uns warm*).

Demnach giebt es an und für sich keinen wesentlichen
Unterschied zwischen Wärme und Kälte, wenn wir unser

---

*) In solche Gefühlstäuschungen ist Lord Bacon verfallen,
als er versuchte, die affirmativen und die negativen Instanzen
für die Beurtheilung des Wesens der Wärme aufzustellen. Wärme
haben oder warm sind, nach Bacon: 1. Sonnenstrahlen, besonders
im Sommer und um Mittag . . . 3. Die zündenden Blitze. 4. Alle
Flammen . . . . 12. Die Kellerluft im Winter. 13. Wolle und
Federn . . . . 22. Das Vitriolöl . . . 24. Frische Pferdeäpfel . . . .
26. Branntwein, Majoranöl, starker Essig, u. s. w. — Kälte haben

eigenes Gefühl bei Seite lassen und die Körper, von denen wir den Eindruck empfingen, an sich selbst, außer uns, betrachten. Die Erwärmung ist einfach das Gegentheil von der Abkühlung, und das Wort Wärme bezeichnet die Ursache dieser Art von Wirkungen.

Versuchen wir unter den tausenden von Beispielen, die die Natur uns bietet, diejenigen heraus zu finden, welche in Beziehung zur Wärme stehen. Gewiß wird unser erster Ueberblick nur unvollständig sein, so wie wir indessen weiter schreiten, wird sich unser Beobachtungstalent ausbilden und neue Entdeckungen werden uns überall für unsere Mühe belohnen und uns zu neuen Versuchen aufmuntern.

2. Die Wärme entsteht aus der Bewegung der Atome, welche gewisse chemische Vorgänge begleitet.

Wir befinden uns mitten im Winter; tiefer Schnee bedeckt die Erde und jeden Fluß eine Eisrinde; in unserem Zimmer brennt ein lustiges Feuer — giebt es wohl eine bessere Gelegenheit zum Beginn unserer Untersuchungen?

Was ist das Feuer? Was geht eigentlich in unserem Kamine vor?

Wir sind hier genöthigt, bei der Chemie anzufragen, aber eben nur, um derselben ohne Anstrengung einige sehr einfache Begriffe zu entnehmen. Das Feuer brennt in dem Luftstrom, welcher durch die Fugen der Thüre und Fenster ins Zimmer

---

oder kalt sind: 1. Die Mondstrahlen. 2. Sonnenstrahlen in der mittleren Region der Erde. 3. Die kalten Blitze. 4. Sanct Elmsfeuer, Leuchten des Meeres . . . . 12. Kellerluft im Sommer . . . . 28. Schnee macht beim Reiben die Hände der Kinder warm . . . (S. J. von Liebig, über Francis Bacon von Verulam.)

Anm. d. Uebers.

tritt und über die Kohlen hinweg seinen Ausweg durch den
Rauchfang sucht. Die Luft erleidet aber, während sie das
Feuer anfacht, eine Veränderung. Luft ist aus zwei Elemen-
ten zusammengesetzt: aus Stickstoff und Sauerstoff. Der
Sauerstoff vereinigt sich mit der Kohle, er geht mit derselben
eine sogenannte chemische Verbindung ein; daraus
entsteht kohlensaures Gas, welches in Gemeinschaft mit dem
Stickgas durch die Kaminröhre ins Freie entweicht.

Wenn wir uns über die Art der Thätigkeit, welche sich
in diesem chemischen Vorgange kundgiebt, klar werden wollen,
so müssen wir uns zunächst sowohl Sauerstoff, als auch Kohlen, aus einzelnen Theilchen bestehend denken, die man
Atome nennt. Diese Atome stürzen sich auf einander und
bleiben vereinigt, sobald sie sich nahe genug gekommen. Der
Zusammenstoß der Atome ist die Ursache der Verbrennung,
welche zu gleicher Zeit Licht und Wärme hervorbringt: Wärme
die wir fühlen, eine Flamme, die wir sehen.

Aber kann man sich bei einem chemischen Prozeß nicht
auch eine Entwickelung von Wärme ohne Licht denken? Gewiß, und hier ein Beispiel unter tausenden. Mischen wir
Schwefelpulver mit Eisenfeile, füllen damit ein in die Erde
gegrabenes Loch, bedecken die Mischung mit Erde und begießen sie. Nach einiger Zeit erhitzt sich die Masse von
selbst, dehnt sich aus, durchbricht die Erddecke, und wir sehen
Dampf daraus aufsteigen. Nikolas Lemery, ein Chemiker
des siebenzehnten Jahrhunderts, hatte dieses Experiment
ersonnen, um damit das Wesen der Vulkane zu erklären,
und wenn es auch heutzutage nicht mehr diesen Zweck erfüllt, so bleibt es doch immer ein interessantes Beispiel
chemischer Verbindung. Das Eisen und der Schwefel vereinigen sich unter dem Einfluß von Wasser zu einem festen

braunen Körper, den man Schwefeleisen nennt. In dem Augenblick ihrer Vereinigung wird Wärme allein ohne Licht entwickelt.

Die Wärme entsteht also durch die Bewegung der kleinsten Theilchen der Materie. Verfolgen wir ihre Wirkungen, so werden wir stets eine der Wärme entsprechende Bewegung finden.

Untersuchen wir zunächst, auf welche Weise die Wärme aus dem Feuerherd auf die umgebenden Körper übergeht.

3. Uebertragung der Wärme durch Strahlung und Leitung.

Das Feuer, das uns aus der Ferne durch die Luft hindurch wärmte, können wir vermittelst eines hölzernen Ofenschirmes von uns abhalten. Das Holz hält die Wärme auf, wie undurchsichtige Körper das Licht aufhalten. Ersetzen wir dagegen den hölzernen Schirm durch eine Glasplatte, so fühlen wir das Feuer, während wir zugleich die Flamme hinter der Glasscheibe flackern sehen. Und zwar empfinden wir die Wärme nicht etwa, weil sie sich zuerst der Glasscheibe mittheilt und von da aus auf unser Gefühl einwirkt, denn die Wirkung ist augenblicklich, dagegen braucht Glas eine verhältnißmäßig lange Zeit zur Erwärmung.

Es verhält sich mit der Verbreitung der Wärme gerade wie mit der des Lichtes. Wenn die Sonne uns ihre Strahlen ins Zimmer sendet, so dringen Wärme und Licht gleichzeitig durch die Glasscheiben unserer Fenster, beide werden dagegen durch die Mauern des Hauses aufgehalten. Die Sonne ist ein großer Feuerherd, 20 Millionen Meilen von unserer Erde entfernt, so weit also, daß man beinahe fünftausend Jahre brauchte, um mit der Schnelligkeit von einer halben Meile in der Stunde hin zu gelangen, und doch brauchen die

Sonnenstrahlen nicht mehr als acht Minuten, um uns zu erreichen. Man kann sich am besten einen Begriff von dieser Verbreitung machen, wenn man sich eine auf der Sonne entstandene Bewegung denkt, die sich von Ort zu Ort durch den Aether des Himmelsraums fortpflanzt, ungefähr wie die kleinen zirkelrunden Wellen, welche ein Steinwurf auf einem glatten Wasserspiegel erzeugt, sich stufenweise von dem Mittelpunkte nach dem Ufer verbreiten, wo sie verschwinden. Wir können die Bewegung der Wellen mit dem Blicke ver= folgen, denn ihre Schnelligkeit ist nicht sehr groß. Nehmen wir aber eine Schnelligkeit an, die zwei oder drei Millionen Mal so groß ist, so haben wir einen Begriff von der Fort= pflanzung der Sonnenstrahlen. Unsere Feuerheerde wirken ganz in derselben Art; sie sind der Mittelpunkt von Be= wegungen und gleichen kleinen Sonnen von sehr kurzer Dauer; ihre Strahlung folgt dem allgemeinen Gesetz, und es scheint, daß jeder Lichtstrahl der Sitz einer eigenthüm= lichen Bewegung ist.

Die Wärme verbreitet sich noch auf eine andere Weise. Stecken wir das Ende einer Eisenstange ins Feuer, so sind wir nach kurzer Zeit nicht im Stande, das andere Ende in der Hand zu behalten. Die Eisenstange ist durch eine Bewegung, welche in ihrem Innern von Schicht zu Schicht, von Theilchen zu Theilchen schreitet, allmählich erhitzt. Diese Erscheinung nennt man die Wärmeleitung. An Holz ist sie weniger augenfällig, man kann sehr gut das Ende eines Holzscheites in der Hand halten, während das andere in Flammen steht: darum sagt man: das Holz ist ein schlech= ter Wärmeleiter, das Eisen dagegen ein guter Wärmeleiter.

Wir haben jetzt also zwei Arten von Wärmeerscheinungen,

die Strahlung und Leitung. Wenden wir unsere Aufmerk=
samkeit jetzt auf die Körper selbst, welche die Wärme empfan=
gen, um die Wirkungen derselben zu klassifiziren.

4. Verbrennung der Körper durch Einwirkung der Wärme.

Ein Zündhölzchen, das man dem Feuer nähert, ohne
daß es die Kohlen berührt, entzündet sich. Die Wärme=
strahlen vermögen also, wenn sie gewissen Substanzen begeg=
nen, deren Verbrennung zu bewirken. Der Phosphor, mit
welchem die Spitze des Hölzchens bestrichen ist, hat sich hier
in der Luft erwärmt; er bildet mit dem Sauerstoff eine weiße
Substanz, die sich in Rauch auflöst, Phosphorsäure ge=
nannt. Diese Erscheinung ist derjenigen ähnlich, welche sich
beim Einäschern der Kohlen zeigt. Es ist eine chemische Ver=
bindung, von Licht= und Wärmeentwickelung begleitet; die
entwickelte Wärme veranlaßt die Entzündung des Schwefels,
den der Phosphor bedeckt, derart daß er sich auch mit dem
Sauerstoff der Luft verbindet und dadurch schweflichte Säure
in Gasform erzeugt. Diese Verbrennung bewirkt endlich auch
die des Hölzchens.

Untersuchen wir den Vorgang im Phosphor, da derselbe
sich in allen andern Fällen auf dieselbe Weise wiederholt.

Die Atome des Phosphors sind unter einander durch eine
Kraft verbunden, welche man mit dem Namen: Cohäsion
bezeichnet, und die sich der Verbindung des Phosphors mit
den Atomen des Sauerstoffs widersetzt. Die Wärmestrahlen
aber, die von dem Feuer ausgehen, setzen die Atome in Be=
wegung, sie wirken in Wahrheit als eine Kraft, die die Co=
häsion vernichtet und die Atome frei macht. Darauf ver=
binden diese sich mit dem Sauerstoff und es entsteht die
Phosphorsäure.

Wir haben jetzt eine Verbrennung betrachtet, welche durch Wärme mit Hilfe der Luft bewirkt wurde. Es giebt indessen Verbrennungen, an denen die Luft durchaus keinen Antheil hat und die man ausführen kann, indem man den Brennstoff in ein durch die Luftpumpe gänzlich luftleer gemachtes Gefäß verschließt.

Weichen wir Baumwolle eine Zeit lang in eine zu gleichen Theilen aus Schwefelsäure und rauchender Salpetersäure bestehende Mischung, waschen sie darauf in Wasser sorgfältig aus, so erhalten wir Schießbaumwolle, d. h. Baumwolle, welche sich mit einer gewissen Quantität Stickstoff und Sauer= stoff verbunden hat. Nähern wir dieselbe dem Feuer, so ent= zündet sie sich augenblicklich und verbrennt, ohne die geringste Spur zu hinterlassen. Die Atome, welche sie bildeten, wurden durch die Einwirkung der Wärme von einander getrennt und verbanden sich darauf wieder in anderer Weise, indem sie Gase bildeten, welche sich in der Luft zerstreuten. Eine ge= nauere Erklärung dieses chemischen Vorganges ist folgende: Die Schießbaumwolle besteht aus Kohle, Wasserstoff, Stick= stoff und Sauerstoff. Wenn nun die Wärme die Atome dieser vier Stoffe getrennt hat, so fliegen sie in folgender Ordnung zusammen: die Kohlen und ein Theil des Sauerstoffs bilden kohlensaures Gas; der Wasserstoff vereinigt sich mit dem übrigen Sauerstoff zu Wasserdampf und der Stickstoff bleibt frei. Alles dies geht so schnell vor sich, daß man die Schieß= baumwolle auf seiner Handfläche verbrennen lassen kann, ohne etwas davon zu spüren; eine große Flamme lodert auf und verschwindet in demselben Augenblick, ohne eine Spur zu hinterlassen, wenn die Baumwolle gut zubereitet gewesen.

Demselben Prozeß begegnen wir beim Abbrennen des Schießpulvers. Das Pulver ist eine Mischung von Schwefel,

Kohle und Salpeter, die sich unter Einwirkung der Wärme zersetzt und in Folge einer neuen Gruppirung der Atome in Kohlensäure und Stickgas verwandelt mit Hinterlassung einer braunen Asche, welche hauptsächlich aus Schwefelkalium besteht. Die Verbrennungsgase sind es, welche im Schieß= gewehre entwickelt, durch ihren Druck auf die Wände der Kammer die Kugel aus dem Lauf treiben.

Die Wirkungen, die wir bis jetzt betrachtet haben, gehören der Chemie an; wir wollen uns nicht länger dabei aufhalten. Sie lassen uns schon in die innere Beschaffenheit der Körper einen Einblick thun. Dieselben bestehen aus gesonderten Theil= chen, welche die Cohäsions = Kraft an einander bindet, und welche die Wärme wiederum zu trennen sucht, indem sie der Cohäsion entgegen wirkt. Bisher fand sich, daß diese Tren= nung auch von einer chemischen Veränderung der Theilchen, von einer Umstellung der Atome begleitet war. Die Physik im engern Sinne beschäftigt sich aber nur mit Erscheinungen, wo solche Veränderungen nicht statthaben, wo die Theilchen sich hin und her bewegen, ihre gegenseitige Lage ändern, ohne sich zu zersetzen oder neue Stoffe zu bilden. Die beweg= lichen Theilchen, welche die Physik betrachtet, sind also Gruppen von Atomen, welche sich gemeinschaftlich bewegen, ohne sich im Uebrigen zu verändern. Solche Theilchen oder Systeme von Atomen nennt man zur Unterscheidung Moleküle. So besteht also z. B. das Wasser aus einer Anhäufung gleich= artiger Moleküle, deren jedes sich aus zwei Atomen Wasser= stoff und einem Atom Sauerstoff zusammensetzt. Wir werden uns fernerhin mit Erscheinungen beschäftigen, wo es sich nur um die Bewegungen der Moleküle, nicht aber um Trennung der Atome handelt.

5. Veränderung des Volumens der Körper durch Einwirkung der Wärme.

Nimmt man eine kupferne Kugel und einen Ring, durch den sie ohne Anstoß hindurch geht, und läßt das Feuer eine Zeit lang auf die Kugel einwirken, bis sie stark genug erhitzt ist, so wird dieselbe den Ring nicht mehr passiren können; folglich hat die Kugel an Umfang zugenommen. Sobald sie abgekühlt ist, geht sie wieder leicht hindurch. Das Kupfer wird demnach durch Wärme ausgedehnt, durch Kälte zusammengezogen. Also ist eine der physikalischen Wirkungen der Wärme die Veränderung des Volumens der Körper.

Um diese Veränderung zu begreifen, stellen wir uns vor, daß die Theilchen sich einander nähern oder von einander entfernen, ohne sich jedoch zu berühren, weil eine gewisse zwischen ihnen bestehende Kraft sie auseinanderhält, gleichwie die Schwerkraft die Erde und die anderen Planeten in einer bestimmten Entfernung von der Sonne erhält, und um all' die unzähligen Himmelskörper, die den Weltraum erfüllen, ein gemeinsames Band schlingt. Es besteht eine gewisse Analogie zwischen der Welt der Moleküle und der Sternenwelt. Ein allgemeines Gesetz bestimmt ihre Bewegungen und ordnet ihre Stellungen. Noch haben wir das Gesetz nicht entdeckt, aber es ist schon viel, daß wir seine Existenz vermuthen, daß wir mit gleicher Bewunderung die Harmonie anstaunen, welche in beiden durch ihre Größenverhältnisse so verschiedenen Welten herrscht.

6. Das Schmelzen und Festwerden.

Nehmen wir einen Eiszapfen und legen denselben auf einen Teller, den wir dem Feuer nähern, so schmilzt er; an seiner statt erhalten wir dasselbe Gewicht flüssigen Wassers.

Setzen wir dieses Wasser nun der kalten Winterluft aus, die draußen herrscht, so gefriert es wieder und wird zu Eis.

Diese Umwandlung ist eine Wärme-Wirkung. Um das Eis zu schmelzen, unterwirft man es der Einwirkung von Körpern, die einen höheren Wärmegrad besitzen als es selbst, um das Wasser dagegen gefrieren zu machen, läßt man Körper, die kälter sind als es selbst, darauf einwirken. Beide Operationen sind von derselben Art, die eine ist die Umkehr der andern. Die Sonne führt dieselben Erscheinungen nach und nach auf einem mit Schnee bedeckten Felde herbei. Unter ihren erwärmenden Strahlen schmelzen die weißen Nadeln, die an den Zweigen der Bäume hängen, und fallen in Wassertropfen verwandelt zur Erde. Die Schneedecke, welche den Boden vor den zu schroffen Veränderungen der Atmosphäre schützt, wird allmählich dünner, das durch ihre Schmelzung entstandene Wasser zieht sich in den Boden ein und giebt den darin schlummernden Samenkörnern neues Leben und Fruchtbarkeit. Kommt dann aber die Nacht mit ihrem lichten Sternenhimmel, so hört das Werk der Schmelzung auf. Die lösende Kraft ist verschwunden, aber mehr als das; da die Himmelsräume viel kälter sind als das Eis, so gefriert auch ein Theil des tagüber entstandenen Wassers wieder, und es bedarf deshalb vieler sonniger Tage, um die Schneedecke vollständig aufzuthauen. So keimt das neue Leben allmählich hervor, ohne daß man die üblen Wirkungen eines zu hastigen Wechsels zu fürchten hat.

7. Verdunstung. Sieden. Condensation der Dämpfe.

Die Schmelzung ist eine der Wirkungen, welche die Wärme bei festen Körpern hervorbringt, es giebt aber noch eine andere Wirkung, die sich bei einigen festen, besonders

aber bei flüssigen Körpern offenbart. Legt man bei starkem
Frost ein wenig Schnee auf einen Teller, so kann derselbe
ganz und gar verschwinden, ohne daß sich Wasser gebildet hat.
Legt man ein Stückchen Kampher in ein großes Glasgefäß,
so wird es ebenfalls allmählich verschwinden. Kleine Krystall=
theile setzen sich hier und da an den Wänden des Gases an
und ändern ihren Platz, so oft man das Gefäß in eine andere
Stellung bringt. Wie erklären wir uns das?

An der Oberfläche des Kamphers bildet sich ein Dampf,
dessen Theilchen sich, wie die aller Gase, abstoßen und nach
allen Seiten zerstreuen. Treffen nun einige derselben auf
eine kalte Stelle der Glaswand, so schlägt sich der Dampf
an dieser Stelle in Krystallform nieder, der Kampher wird
wieder fest. Die Wärme verflüchtigt ihn also, die Kälte
führt ihn in den festen Zustand über. Diesem Umstande
verdanken wir auch den Geruch dieser Substanz. Die Kampher=
dämpfe steigen uns in die Nase und wirken chemisch auf das
Geruchsorgan. Ebendasselbe gilt für alle Körper, die einen
Geruch besitzen. Bekanntlich befördert die Wärme alle Gerüche.

Besonders leicht verdampfen Flüssigkeiten. Nach dem
Regen trocknet die Sonne sehr schnell die Steine des Straßen=
pflasters, und man kann das offenbar nicht dem Einziehen
des Wassers in den Erdboden zuschreiben. Feuchten wir ein
Stück Papier, das wir zuvor gewogen, mit Wasser an, und
wiegen es nochmals, nachdem jede Spur von Feuchtigkeit
daraus verschwunden. Es wird genau dasselbe Gewicht haben,
als vor dem Anfeuchten. Wo ist also das Wasser geblieben?
Es hat sich in Dampfform mit der Luft unseres Zimmers
vermischt, weshalb es für uns unsichtbar geworden. Will
man diese Dämpfe wieder in ihren vorigen flüssigen Zustand
versetzen, so hat man nur nöthig, eine Karaffe mit frischem

Wasser aus dem Keller zu holen und sogleich bedeckt sich die
Oberfläche des Glases mit einem feinen Thau.   Die Karaffe
hat die Luft des Zimmers abgekühlt, und die in derselben
enthaltenen Wasserdämpfe sind dadurch wieder verdichtet. Die
Atmosphäre, welche unsere Erdkugel umgiebt und eine Schicht
von etwa fünfzehn Meilen bildet, enthält die Wasserdämpfe,
welche aus der Ausdünstung der Meere, Ströme und Flüsse
bestehen.   Wenn der Himmel recht rein ist, so schwebt dieses
Wasser in der Luft als ein durchsichtiges und unsichtbares
Gas, aber verschiedene Ursachen bewirken hier und da einen
Niederschlag, und so entstehen je nach den Umständen Wolken,
Regen, Hagel oder Schnee.   Wir werden alle diese Erschei-
nungen der Reihe nach näher betrachten und die allgemeinen
Gesetze zu enthüllen suchen, welchen sie unterworfen sind.

Nehmen wir unsere Untersuchungen wieder am Feuerherd
auf.   Wir sehen in einem offenen Gefäß Wasser kochen, die
Dämpfe steigen daraus in Form von kleinen Rauchwölkchen
empor, und wir sehen Bläschen sich von den Wänden des
Gefäßes loslösen und an der Oberfläche der Flüssigkeit zerplatzen.   Auch das ist eine Verwandlung der Flüssigkeit in
Dämpfe, aber statt oberflächlich zu sein, geht sie an verschiedenen Punkten im Innern der Masse vor sich.   Diese Erscheinung ist das Sieden.   Die Wirkung der Wärme ist hier
dieselbe, wie bei der Verdampfung, nur ist sie hier viel lebhafter und auf eine größere Anzahl von Punkten vertheilt.

Demnach zeigt das Wasser sich in drei verschiedenen Zu-
ständen: als Eis, als Flüssigkeit und als Dampf oder Gas.
Seine Theilchen bleiben immer dieselben, aber sie stehen in
jedem der drei Zustände in einer andern Beziehung zu
einander; im festen Körper findet eine starke Anziehungskraft unter ihnen statt, in der Flüssigkeit können sie sich unge-

hindert durch einander bewegen, als Gas stoßen sie einander
ab und üben einen Druck gegen die Hindernisse aus, welche
sich ihrer Ausbreitung entgegenstellen. — Diese Bemer=
kungen gelten für eine große Anzahl von Stoffen.

8. Mechanische Wirkungen der Wärme.

Versuchen wir uns durch ein kleines Experiment, das
wir uns durch Betrachtung der Figur 1 veranschaulichen
können, eine Idee von der Ausdehnungs=Kraft der Wasser=
dämpfe zu machen.

Fig. 1.

Die Figur stellt eine kupferne Kugel dar, die von einem
kleinen mit Rädern versehenen Gestell getragen wird. Die
Kugel ist hohl, und man hat sie durch ein Ansatzrohr theil=
weise mit Wasser gefüllt, darauf dieses Rohr mit einem
Korkpfropfen hermetisch verschlossen und in horizontale Lage
gebracht. Nun zündet man eine kleine, unter der Kugel
befindliche Spirituslampe an. Die Flamme erwärmt das
Wasser, und plötzlich fährt der Kork mit großer Gewalt
aus der Röhre hinaus und wird ein Ende weit fortge=
schleudert. Es folgt ein Strom von Wasserdämpfen, und
die Maschine bewegt sich lebhaft rückwärts. Die Wärme
der Flamme hat nämlich das Wasser in Dämpfe aufgelöst,
und die Theilchen derselben drängen nach allen Seiten gegen

die innere Fläche der sie einschließenden Kugel, wie lauter kleine, gegen dieselbe gerichtete Springfedern. Der Pfropfen aber kann nicht den gleichen Widerstand leisten, wie die metallenen Wände der Kugel, er giebt nach, und während er vorn herausgetrieben wird, bewirkt der Druck gegen die hintere Wand den Rückprall des Gestells.

Beim Abfeuern eines Schießgewehrs findet etwas ganz Aehnliches statt. Die durch das Verbrennen des Pulvers im Flintenlauf entwickelten Gase wirken in derselben Weise wie die Wasserdämpfe in dem eben besprochenen Experiment; sie treiben die Kugel aus dem Rohr, und der Jäger stützt den Kolben fest auf die Schulter, um dem Rückstoß zu widerstehen. In beiden Fällen sehen wir eine mechanische Wirkung, deren Ursache die Wärme ist. Die Wärme ist also im Stande, mechanische Kraft hervorzubringen, Hindernisse zu beseitigen und Massen in Bewegung zu setzen.

Hierauf beruht nun auch die Wirkung aller Feuermaschinen (Dampfmaschinen, Luftmaschinen u. s. w.) Die Bewegung wird in denselben durch Wasserdampf, erhitzte Luft oder sonstige Gase vermittelt; sie arbeiten, indem sie Brennmaterial verbrauchen, sie verwandeln also Wärme in mechanischen Nutzeffect.

Um die mechanische Leistung der Maschinen zu messen, brauchen wir eine Maaßeinheit. Man ist übereingekommen, die mechanische Arbeit durch ein Product aus Höhe und Gewicht, d. h. durch ein gewisses, auf ein gewisse Höhe gehobenes Gewicht zu messen, und als Einheit gilt das Kilogrammeter, d. h. ein Kilogramm 1 Meter hoch gehoben*).

---

*) Die früher gebräuchliche Einheit, das Fußpfund, war ungefähr 6 mal kleiner; sie bedeutete: 1 Pfund 1 Fuß hoch gehoben.

Eine Arbeitsleistung von 10 Kilogrammeter bedeutet also:
1 Kilo 10 Meter hoch, oder 10 Kilo 1 Meter hoch, oder
2 Kilo 5 Meter hoch gehoben, u. s. f. — Die Einheit für
die Leistungsfähigkeit der Maschinen, oder für die Arbeit,
die sie in einer gegebenen Zeit liefern, ist die Pferde=
kraft, welche zu 75 Kilogrammeter in der Sekunde an=
genommen wird (viel höher als die mittlere Leistung eines
wirklichen Pferdes). Ein kräftiger Arbeiter kann 10 Kilo=
grammeter in der Sekunde leisten. — Wir wollen nun die
Verwandlung der Wärme in Maschinen=Arbeit an einem
einfachen Beispiel erläutern.

9. Jede Feuermaschine verbraucht Wärme, indem sie Arbeit leistet.

Wir wählen zu dieser Erörterung am besten die sehr
einfach construirte Warmluftmaschine von Laubereau, welche
in den Figuren 2 und 2b perspektivisch und im Durch=
schnitt dargestellt ist. Dieselbe besteht wesentlich aus zwei
vertikalen kupfernen Cylindern, welche durch eine Röhre
in Verbindung stehn, die in den kleinern Cylinder linker
Hand von unten her eintritt. In diesem letztern befindet
sich ein voller Kolben, der auf= und niedersteigend den
horizontalen Wellbaum der Maschine durch eine Bläuel=
stange und Kurbel in Drehung versetzt. Auf dem Well=
baum sitzt ein gußeisernes Schwungrad, welches dazu dient,
die Umdrehungsgeschwindigkeit zu reguliren, und eine (in
der Figur nicht angegebene) Welle, um die ein durch ein
Gewicht gespanntes Seil geschlungen ist. Die Arbeit der
Maschine soll darin bestehen, daß sie dieses Gewicht hebt.
Wenn die Maschine in einer Werkstatt arbeitet, so wird das
Gewicht durch einen Laufriemen und eine Rolle ersetzt,
durch welche die Bewegung auf ein Werkzeug übertragen wird.

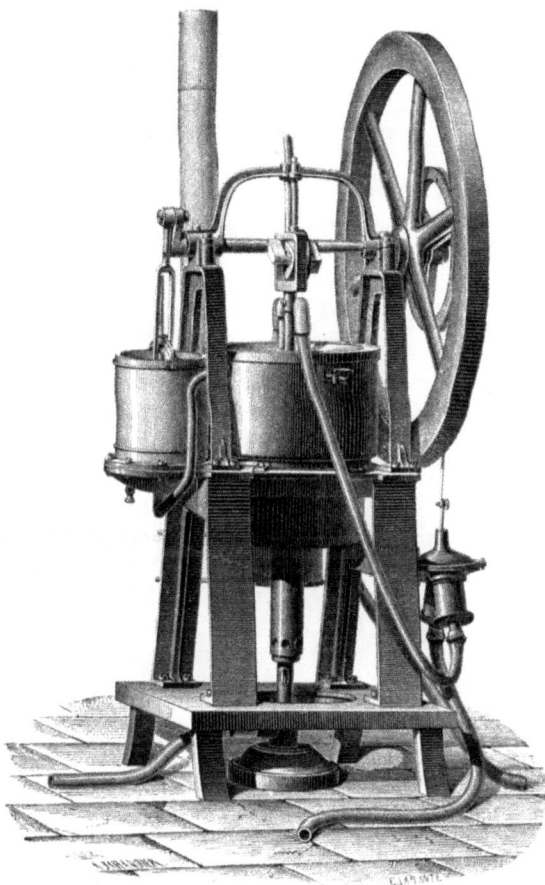

Sehen wir nun zu, wie durch Einwirkung der Wärme
der Kolben sich hebt. Der kleine Cylinder ist nach oben
offen, und die freie Oberfläche des Kolbens ist dem atmo=
sphärischen Druck ausgesetzt, während auf seine untere Fläche
die Spannkraft der in dem großen Cylinder enthaltenen
Luft wirkt, welche durch die Communicationsröhre in den
kleinen Cylinder bringt. Der Kolben hebt sich, wenn der
innere Druck stärker ist, als der äußere, und er senkt sich,
wenn der innere Druck schwächer ist. Der Druck der in
den beiden Cylindern eingeschlossenen Luftmasse wird aber
abwechselnd erhöht durch Erwärmung und erniedrigt durch
Abkühlung; dieser Zweck wird in folgender Weise erreicht.
Der größere Behälter ist oben und unten geschlossen. Sein
Boden ist glockenförmig abgerundet, um durch Kohlen auf
einem Rost oder auf

andere Weise be=
quem erhitzt werden
zu können. Bei der
abgebildeten Ma=
schine besteht die
Feuerung in einer
Gasflamme. Die
Decke ist ebenfalls
abgerundet, aber
doppelt; zwischen den
Wänden derselben
strömt kaltes Wasser,
welches durch eine
sehr einfache, von

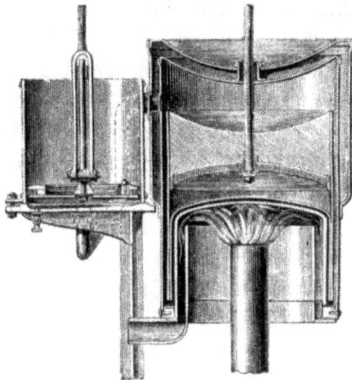

Fig. 2b.

der Maschine bewegte Pumpe zugeführt wird. Endlich be=
findet sich in dem Behälter eine Gypsmasse zwischen zwei

2*

Metallglocken, von denen immer eine sich genau an den einen der beiden Böden anschließt, wenn die ganze Masse oben oder unten anliegt. Die Bewegung dieser Masse wird aber durch eine Stange regulirt, welche in derselben befestigt ist; die Stange geht durch den obern Boden und hängt mit dem Wellbaum durch eine Kurbel zusammen, deren Stellung sich nach derjenigen des Kolbens im kleinen Cylinder richtet. Die übrigen Details der Construktion übergehen wir hier.

Die Wirkung des Feuers und des kalten Wasserstroms oder Kühlers verändert nun abwechselnd den inneren Druck. Denken wir uns in der ersten Periode die Gypsmasse gegen den Kühler gepreßt; die Wärme des Feuers erhitzt die in der Maschine enthaltene Luft, vergrößert ihre elastische Kraft, und der Kolben steigt. Ist er in einem gewissen Punkt seines Weges angelangt, so beginnt die zweite Periode; der Gyps läßt sich auf die Wand der Feuerung nieder, und da er ein schlechter Leiter ist und also wenig Wärme hin= läßt, so hemmt er die Wirkung des Feuers auf die Luft; diese kühlt sich ab, indem sie ihre Wärme dem kalten Wasser mittheilt, ihre elastische Kraft nimmt ab, und der Kolben senkt sich. Nun aber steigt wieder die Gypsmasse und sperrt den Kühler ab; die Wärme des Feuers wirkt von neuem auf die Luft, erhitzt sie, und die Bewegung setzt sich fort durch die einfache Ortsveränderung der Gypsmasse, welche eine Art von Schirm bildet, der abwechselnd die Wirkung des Feuers und des Kühlers hemmt.

Den Mechanismus verstehen wir jetzt, schreiten wir also zu unserm Experiment.

Die kleine Maschine steht mit ihrer Feuerung in einer von Eis umgebenen Kiste. Wir haben die Kohlen gewogen und uns versichert, daß das Eis recht trocken ist, indem wir einen Krahn öffneten, durch welchen alles durch Schmelzung bereits entstandene Wasser abfließen konnte.

Passend angebrachte Oeffnungen geben der Luft Zutritt, um die Verbrennung der Kohlen zu befördern, und die Verbrennungsgase entweichen durch einen Rauchfang, nachdem sie eine schlangenförmige, durch das Eis geführte Röhre passirt haben, so daß sie ganz abgekühlt sind. Die Maschine ist in Ruhe gesetzt. Jetzt hat die Wärme des Feuers keine andere Wirkung als Schmelzung des Eises. Nach Ablauf einer gewissen Zeit wiegen wir einerseits die übriggebliebenen Kohlen und ziehen ihr Gewicht von dem ab, welches sie zu Anfang des Experiments gehabt. Anderseits fangen wir das durch Schmelzung gewonnene Wasser auf und wiegen es gleichfalls: sein Gewicht steht in einem ganz bestimmten Verhältniß zu der Quantität entwickelter Wärme und folglich auch zu dem Gewicht der verbrauchten Kohlen, derart, daß wenn wir bei einem zweiten Versuch die Operation länger dauern lassen, um z. B. die doppelte Quantität Eis zu schmelzen, wir auch den doppelten Verbrauch von Kohlen fest stellen. Um das Ergebniß kurz zusammenzufassen, sagen wir: aus vielfältigen Messungen geht hervor, daß man durch d i e V e r b r e n n u n g   e i n e s   b e s t i m m t e n   G e w i c h t s   v o n   K o h l e n   i m m e r   e i n ca. 100 M a l s o   g r o ß e s G e w i c h t E i s   s c h m e l z e n   k a n n.

Setzen wir nach dieser ersten Beobachtung die Maschine wieder in Thätigkeit und messen wir wie vorher das Gewicht der verbrauchten Kohlen, dasjenige des geschmolzenen Eises, die Höhe des durch den Baum der Maschine gehobenen Gewichtes, sowie auch den Betrag dieses Gewichtes selbst. Nehmen wir der Einfachheit wegen an, der Kohlenverbrauch sei derselbe wie vorhin; werden wir auch ebensoviel Eis ge=

schmolzen finden? Die Erfahrung beweist das Gegentheil.
Dieselbe Kohlenmenge, dasselbe Wärmequantum, schmilzt ein
geringeres Gewicht Eis, wenn die Maschine arbeitet, als
wenn sie stille steht. Besteht die Arbeit in der Erhebung
von 1 Kilogramm auf 400 Meter Höhe, so fehlt an dem
Schmelzwasser 12 Gramm, für die doppelte Arbeit, also
für 800 Kilogrammeter, fehlen 24 Gramm, u. s. w. Der
Verlust ist immer in einfacher Proportion mit der geleisteten Arbeit.

Wir schließen aus diesen Beobachtungen, daß Wärme
verschwindet oder verbraucht wird, während mechanische Arbeit geleistet oder ein Widerstand von der Maschine
überwunden wird. Wir müssen also auf unsere Liste der
Wärme-Erscheinungen jetzt auch die mechanischen Wirkungen der Wärme setzen. Bisher haben wir dieselbe dazu
angewendet, das Volumen der Körper zu ändern, feste Körper
zu schmelzen, flüssige in Dampf zu verwandeln; wie wir
sehen, kann sie ferner als bewegende Kraft benutzt werden
und dann verräth keine der vorigen Wirkungen ihre Gegenwart. Wenn man nur Rücksicht auf diese Wirkungen nimmt,
so verschwindet die bei der mechanischen Arbeit verbrauchte
Wärme. In Wirklichkeit aber kann nichts vernichtet
werden. Die Erhebung des Gewichtes in unserem Versuch
ist eine Bewegung, welche sich nach einer anderen Bewegung
abmißt, die wir Wärme nennen, die unseren Augen verborgen
ist, die wir aber begreifen, wenn wir unsern Verstand zur
Hilfe unserer Sinne aufrufen. Der Weg dazu ist lang und
beschwerlich, und ehe man von den Wirkungen zu den Ursachen
vorzudringen sucht, muß man diese Wirkungen kennen. Die
Beschreibung der Wirkungen ist allein der Zweck dieses
Buches.

Nach dem eben beschriebenen Experiment wird die folgende Frage leicht zu lösen sein, und sie wird uns einen neuen Gesichtskreis eröffnen.

10. Beziehung zwischen der thierischen Wärme und der mechanischen Arbeit.

Denken wir uns einen Mann in ein Behältniß einge= schlossen, welches derart eingerichtet ist, daß man sowohl die Wärme, welche sein Körper ausstrahlt, als auch die Quantität Sauerstoff messen kann, die er beim Athmen der Luft entzieht. Wird er, wenn er sich ruhig verhält, oder wenn er eine mechanische Arbeit ausführt, z. B. das Aufziehen eines Ge= wichtes vermittelst einer Winde, in beiden Fällen für die gleiche Quantität Sauerstoff, die er einathmet, auch die gleiche Quantität Wärme entwickeln?

Athmen heißt diejenige Thätigkeit unseres Organismus, welche zum Zweck hat, unserem Blute den in der Luft ent= haltenen Sauerstoff zuzuführen. Der Sauerstoff bewirkt in unserem Körper eine langsame Verbrennung und in Folge dessen eine ununterbrochene Wärmeproduktion. Man kann die dabei ins Spiel kommende Wärme nach der Quantität des verbrauchten Sauerstoffes berechnen. Nun wird aber bei jeder mechanischen Arbeit ein Theil dieser Wärme definitiv verbraucht und kann nicht mehr dazu dienen, die Temperatur zu erhöhen. Der Beweis dafür ist, daß wir ein mit der voll= brachten Arbeit proportionales Deficit finden, wenn wir die Quantität der zur Erwärmung der benachbarten Körper ver= wendeten Wärme mit der vergleichen, welche der Körper wirklich geliefert hat. Es verhält der Mensch sich hier wie eine Dampfmaschine. Hirn hat dieses Experiment an sich selbst und Personen verschiedenen Alters und Geschlechts

gemacht, und alle Resultate, zu denen er gelangt ist, stimmen
vollständig überein.

Man muß nicht glauben, daß der Wärmeverbrauch in
Folge der mechanischen Arbeit zugleich eine Abkühlung des
Körpers hervorruft. Eine etwas lebhafte Arbeit erhitzt gewöhnlich den Körper und so kann er auch mehr Wärme aus-
strahlen, als wenn er ruht, verbraucht aber auch eine weit
größere Quantität Sauerstoff, und unser Princip besteht deshalb doch. Die Leute, welche mit ihren Händen arbeiten,
brauchen mehr Luft zum Athmen, als diejenigen, welche sich
mit geistiger Arbeit beschäftigen. Sorge man daher dafür,
daß die Werkstätten geräumig, luftig, und nicht überfüllt
seien, wenn man seine Arbeiter gesund und zu ihrem Tage-
werk brauchbar erhalten will.

Außerdem muß auch ihre Nahrung reichlich sein. Wir
sahen bereits, daß der Sauerstoff die Verbrennung im Blute
vermittelt: das Brennmaterial ist der verdaute Nahrungsstoff.
Fehlt derselbe, so wird auch die Luft und der Sauerstoff
unnütz. Das Blut führt dann die Substanz der Gewebe
selber in die Cirkulation und verbrennt dieselben beim Athmen, der Körper magert ab, und da er der Hauptsache nach
aus Kohlenstoff und Wasserstoff besteht, die mit dem Sauerstoff zu kohlensaurem Gase und Wasser verbrennen, so kann
man sagen, daß der thierische Körper, dem es an Nahrung
gebricht, sich selbst verzehrt, so daß nur ein wenig Asche übrig
bleibt.

Die Klasse der wärmeerzeugenden Stoffe umfaßt hauptsächlich die zuckerhaltigen Nahrungsmittel und die Spirituosen,
in welchen der Kohlenstoff und der Wasserstoff vorwalten.
Daher kommt es, daß Handwerker, die schwere Arbeit ver-
richten, im Gebrauche alkoholischer Getränke eine gewisse Stär-

lung finden. Wir brauchen wohl nicht hinzuzufügen, daß ein übermäßiger Genuß diese vortheilhafte Wirkung gänzlich aufhebt.

Wir sind dazu gekommen, die Menschen und Thiere als Urheber mechanischer Arbeiten zu betrachten, die sie mit Hilfe ihrer Muskeln vollbringen, indem sie Wärme verbrauchen, gerade wie Dampfmaschinen. Ihr Wille aber hemmt die Bewegung oder unterhält sie, vorausgesetzt, daß ihre Muskeln die der Arbeit angemessene Quantität Wärme verbrauchen können. Wenn eine Dampfmaschine arbeitet, so wird nur ein kleiner Theil der durch die Feuerung erzeugten Wärme zu ihrer mechanischen Wirkung verwandt, der andere, sehr beträchtliche dient dazu, die umgebenden Körper zu erwärmen, und man hat berechnet, daß die Wärme, die so verloren geht, zehn bis zwanzigmal so viel beträgt, als diejenige, welche zur Arbeit verwandt wird. Nehmen wir an, die Arbeit bestehe darin, ein Gewicht von 65 Kilogramm auf eine Höhe von 4800 Meter zu erheben. Die Arbeit beträgt also circa 312,000 Kilogrammeter. Dazu müßten unter dem Dampfkessel 90 Gramm Kohlen verbrannt werden, wenn alle Wärme in Arbeit umgesetzt würde; wegen der in Wirklichkeit stattfindenden Verluste werden dazu aber 1 bis 2 Kilogramm Kohlen verbraucht.

Das Gewicht, welches wir gewählt, ist das eines gewöhnlichen Mannes, die Höhe die des Montblanc. Wenn ein Reisender diesen Berg ersteigt, so trägt er die Last seines Körpers 4800 Meter hoch und führt mit seinen Muskeln die der Maschine aufgegebene Arbeit aus. Des Morgens geht er von Chamonix aus, bleibt die Nacht in den Grands-Mulets, begiebt sich den andern Morgen wieder auf den Weg und langt gegen Mittag auf dem Gipfel an. Um

Sonnenuntergang kann er wieder in Chamonix sein. Die
Excursion dauert gegen 28 Stunden; aber er marschirt
nur 17 Stunden, und hat folglich in 17 Stunden seine
mechanische Arbeit ausgeführt. Nach Hirn verbraucht aber
ein rüstiger Mann beim Steigen 132 Gramm Sauerstoff
in der Stunde, das macht ungefähr 2244 Gramm auf 17
Stunden. Die Verbrennung im Körper wiegt die von
833 Gramm Kohlen auf, und diese Quantität ist es, die man
mit der von der Maschine verbrauchten vergleichen muß.
Man sieht, daß sie nicht viel von dem Kohlenverbrauch einer
gut construirten Maschine verschieden ist *).

11. Elektricität, durch Wärme erzeugt.

Hiemit ist die Rolle der Wärme noch nicht abgethan.
Sie ist im Stande, Elektricität zu produziren, und zwar
hauptsächlich in zwei verschiedenen Formen. Im siebenzehnten
Jahrhundert brachten Reisende von der Insel Ceylon kleine
grüne Steinchen mit, welche die Form prismatischer Nadeln
hatten und durch Erwärmung die Eigenschaft, leichte Körper
anzuziehen, erhielten. Die Bewohner der Insel nannten sie:
Turnamal (Asche=Zieher) weil sie, über heiße Asche gehalten,
dieselbe anzogen. Man hat daraus den Namen: Turmalin
gemacht. Wir besitzen jetzt Turmaline aus verschiedenen
Weltgegenden; diejenigen, welche aus Brasilien kommen und
eine grüne oder blaue Farbe haben, eignen sich am besten
zu Experimenten.

Figur 3 zeigt den Versuch, wie er von Hauy gemacht
wurde. Man fängt damit an, daß man den Turmalinstein

---

*) Ueber den Nutzeffekt der Maschinen, siehe das Nähere
Kap. VIII, § 6.

erwärmt und auf das kleine Gestell legt, an welchem zwei
schwebende Metallkugeln so aufgehängt sind, daß es, auf eine
Spitze gelegt, in horizontaler Lage
verharrt. Nähert man nun den
beiden Enden des Steines einen
durch Reiben elektrisirten Glasstab,
so wird man bemerken, daß das eine
von demselben angezogen, das
andere dagegen abgestoßen wird.
Diese Wirkung schreibt man der
Elektricität zu. Durch Erwärmung
wird der Turmalin also elektrisch.

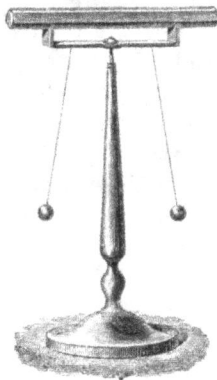

Seit 1821 kennt man noch ein
anderes Mittel, durch Wärme Elek=
tricität zu erzeugen, und zwar in
Form von Strömen. Man benutzt

Fig. 3.

diese Eigenschaft der Wärme sehr oft, um einige ihrer Gesetze
zu studiren, besonders die Strahlung.

Nehmen wir kleine Stäbchen aus zweierlei Metall, z. B.
Kupfer und Eisen, löthen dieselben mit ihren ungleichnamigen
Enden zusammen (d. h. immer Kupfer an Eisen), und ver=
binden die beiden frei gebliebenen Enden durch einen Metall=
draht, so haben wir eine sogenannte thermo=elektrische
Säule, wie sie in Fig. 4 dargestellt ist.

Um sie in Thätig=
keit zu setzen, dürfen
wir nur die eine
Reihe der Löthstel=
len erwärmen, die
andere kalt lassen;
der Draht nimmt

Fig. 4.

dann einen eigenthümlichen elektriſchen Zuſtand an, den
man mit dem Namen Strom bezeichnet. Eine ſeiner Wir=
kungen beſteht darin, daß er eine Magnetnadel, die man
ihm nähert, von ihrer natürlichen Richtung ablenkt. Man
kann dieſe Wirkung ſehr verſtärken, wenn man die Magnet=
nadel leicht beweglich aufhängt und dem Draht eine gewiſſe
Richtung giebt. Ein ſo disponirtes Inſtrument heißt G a l =
v a n o m e t e r. Es genügt, die eine Reihe der Löthſtellen
mit dem Finger zu berühren, um eine Ablenkung der Magnet=
nadel zu erhalten. Figur 5 zeigt die Säule mit dem Galvano=
meter zu einem Experiment aufgeſtellt.

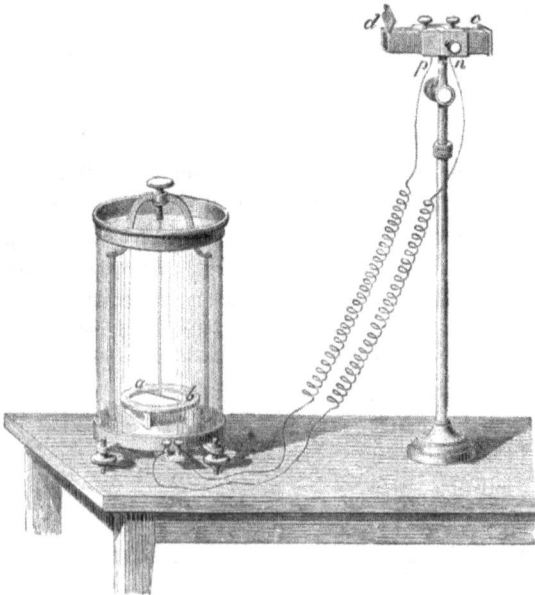

Fig. 5.

Wir werden auf diese Klasse von Erscheinungen, die man mit Hilfe der Elektricität studirt, nicht näher eingehen. Wir haben dieselben hier nur erwähnt, um die Wärme nach allen möglichen Seiten zu betrachten. Nur eine wichtige Folge derselben mag hier noch angedeutet werden.

Wenn sich unser Erdball, der aus einer Menge verschiedener, mit einander fest verbundener Substanzen besteht, täglich ein Mal um seine Achse dreht, so kehrt er allmählich alle Stellen seiner Oberfläche der Sonne zu; die Strahlen, welche von diesem Gestirn ausgehen, erwärmen dieselben und entwickeln in denselben Elektricität. So zirkulirt jeden Tag elektrische Erregung um die Erde, und die Folge davon ist eine gewaltige Strömung, die beständige Wirkungen hervorbringen kann, unter andern auch die Richtung der Compaßnadel. Eine neue harmonische Verkettung, welche uns zeigt, wie groß die Rolle ist, welche der Wärme im Weltall zugetheilt, wie alle Bewegung und alles Leben auf der Erde mit den Wirkungen der Sonne zusammenhängt.

12. Feueranbeter.

Die Sonne ist die sichtbare Quelle, aus der Freude, Fruchtbarkeit und Leben über die ganze Natur sich ergießt. Darf man sich deshalb wundern, wenn der Mensch, die schöpferische Kraft dieses Himmelskörpers anstaunend, denselben so oft zum Gegenstande seiner Anbetung macht? Bei einer großen Zahl von Völkern war das der erste Versuch zu einer Religion, und in Mitte des Aberglaubens und der absurdesten Fabeln, Ausgeburten der Unwissenheit, treffen wir immer die Anbetung der Sonne und des Feuers als ihres Ebenbildes. Die alten Perser hatten mehrere auf diesen Cultus gegründete Gebräuche, aber hauptsächlich in Amerika

fand man noch zur Zeit der Eroberung Völker, welche die
Sonne anbeteten. In Mexiko waren die Ceremonien dieses
Gottesdienstes roh und blutheischend. Aber in Peru war das
System, auf welches die Inkas ihre Autorität gegründet
hatten, ganz anderer Art. Manko-Capak, der Gesetzgeber
Perus, bildete dem Volke ein, er und seine Frau wären
Kinder der Sonne, herabgestiegen von diesem Stern, um sie
in dessen Namen zu unterrichten. Man glaubte ihm, und
er wurde der erste Inka. Seine Nachkommen nannten sich
Kinder der Sonne, und hatten allein das Recht, den Thron
zu besteigen. Hier war der Cultus eine Art Naturreligion.
Die Ceremonien waren sanft und menschlich. Man brachte
der Sonne Alles dar, was die Wärme auf Erden hervorbringt, Thiere, welche zur Nahrung dienten, auch verschiedene
kunstvoll gearbeitete Gegenstände. Die Gesetze trugen den
Charakter der Milde, und in der Civilisation waren die
Peruaner allen andern amerikanischen Völkern vorausge-
schritten. Die Erdarbeiten wurden so hoch in Ehren gehalten, daß die Kinder der Sonne selbst ein Feld mit ihren
eigenen Händen bestellten, und sie nannten diese Handlung
ihren Triumph über die Erde.

Die Experimental-Methode. Das Thermometer.

----

1. Zweck der Physik.

Zwei Wege giebt es, zur Kenntniß der Wärme zu gelangen; der eine ist der des Philosophen, der andere derjenige des Physikers. Der Philosoph wird z. B. die Natur der Wärme suchen, indem er sich auf metaphysische Betrachtungen stützt, auf gewisse allgemeine Ideen über das Wesen der Dinge; er wird eine Reihe von rationellen Grundsätzen aufstellen, und die Erscheinungen nach diesen Grundsätzen voraus- sehen, von der Ursache zur Wirkung gehend. Der Phy- siker, im Gegentheil, wird seine Aufmerksamkeit zuerst auf die exacte Beobachtung der Erscheinungen richten; er wird messen, zählen, wiegen, was er unter den Augen hat, um die Zahlenverhältnisse der Dinge genau zu kennen; er stellt sich Experimente zusammen, in welchen die zu messenden Quantitäten scharf gesondert sind, er erfindet Instrumente, mit denen er genaue Messungen anstellt, und wenn er das Resultat dieser Untersuchungen in eine mathe- matische Formel gebracht hat, so hat er das Gesetz der Er- scheinung, die Naturordnung gefunden. Ist man auf diesem Wege zu einer gewissen Anzahl von Gesetzen für Erscheinungen,

die offenbar einer gemeinschaftlichen Ursache entspringen, ge=
langt, so kann man wiederum von den Wirkungen zu dieser
Ursache zurückzugehn versuchen; damit verläßt man aber den
Boden der positiven Wissenschaft, und die Begriffe, zu denen
man sich erhebt, tragen nicht den Charakter der Gewißheit.
Wir nennen sie Hypothesen; sie sind zur Erkenntniß
der Natur nicht unumgänglich nöthig.

Die Experimental=Methode ist neuern Ursprungs; man
darf Galilei als ihren Gründer betrachten.   Die Alten
hielten sich an die Metaphysik, wie sie hauptsächlich von Aristo=
teles ausgebildet war; bis ins Mittelalter behauptete seine
Logik das Feld.   Sogar Cartesius (in der ersten Hälfte des
17. Jahrhunderts) ließ sich noch durch die Ueberlieferung
beeinflussen.   „Ehe man das Gesetz der Schwere sucht," sagte
er, „muß man wissen, was die Schwere ist."   Hierin hatte
er Unrecht.

Galilei stellte Regeln für die natürliche Methode auf und
ersann Instrumente, um sie zur Anwendung zu bringen.
„Das Wesen der Dinge", sagte er, „können wir nicht begreifen.
Das Absolute entgeht uns, nur das Relative ist uns zugäng=
lich.   Die Ursachen sind für uns nicht wichtig, es kommt nur
darauf an, den nothwendigen Zusammenhang der Erschei=
nungen aufzufinden."   Er entdeckte selber die Axendrehung
der Erde, das Gesetz der Pendelschwingungen, die Gesetze
des freien Falls; er schuf die Mechanik, die eigentliche physi=
kalische Wissenschaft.   Er besaß das Geheimniß, im Buche
der Natur zu lesen, einem Buche, das, wie er sich ausdrückt,
„in der Sprache der Mathematik geschrieben ist".   Außerdem
aber mußte er sich der Menge verständlich zu machen, und
legte großes Gewicht darauf.   „Ich habe bemerkt," schreibt
er an einen seiner Freunde „daß die jungen Leute, welche

„unsere Universität behufs Vorbereitung zu liberalen Fächern
„besuchen, oft wenig Geschmack und Geschicklichkeit für die
„Naturphilosophie zeigen; Andere dagegen, deren Verstand
„in dieser Hinsicht begabter ist, widmen sich erwerbsamen
„oder häuslichen Beschäftigungen, ohne ans Philosophiren
„zu denken, weil sie sich einbilden, die Philosophie sei in
„großen Büchern auf os und us geschrieben, die für sie un=
„lesbar seien. Ich aber will, sie sollen wissen, daß ebenso
„gut, wie die Natur ihnen gleich den Leuten, die Griechisch
„und Lateinisch sprechen, Augen gegeben hat, ihre Werke zu
„sehen, sie ihnen auch gleichermaßen den Verstand gegeben
„hat, um dieselben zu erkennen und zu begreifen."

Gehen wir bei Galilei in die Schule. Gewöhnen wir
uns, zu beobachten und immer das Gesetz der Erscheinung
von der Hypothese zu unterscheiden, welche die Ursache der=
selben ergründen will. Für uns heißt: eine Erscheinung
erklären, sie beschreiben, den Zusammenhang zeigen, der
zwischen ihren einzelnen Theilen oder zwischen ihr und andern
schon bekannten Erscheinungen existirt. Wir werden die
Wärme genugsam kennen, sobald wir, gewöhnt einen natür=
lichen Zusammenhang zwischen ihren verschiedenen Wirkungen
aufzufinden, eine Wirkung vorauszusehen im Stande sind,
wenn dieser oder jener Umstand eintritt. Was die eigent=
liche Natur der Wärme anbetrifft, so müssen wir uns auf
Vermuthungen beschränken.

2. Hypothesen über das Wesen der Wärme.

Bis zu Anfang dieses Jahrhunderts herrschte fast all=
gemein die Ansicht, der „Wärmestoff" sei ein unwägbares
Fluidum, verschieden von der Materie, welche die kleinsten
Theile der Körper bildet; er erfüllte die Zwischenräume

derselben und ging mit Leichtigkeit aus einem Körper in
den andern über. Erwärmte sich ein Körper, so erhielt er
von Außen eine gewisse Menge Wärmestoff; kühlte er sich
ab, so verlor er einen Theil seines Wärmestoffs. In dem
Akt der Verbrennung combinirten sich verschiedene Sub=
stanzen mit Ausstoßung von Wärme, weil die Atome in
ihrer neuen Gruppirung einen Körper bildeten, in welchem
für die ursprüngliche Quantität von Wärmestoff nicht mehr
Platz war. Die in der Gewichtseinheit eines Körpers vor=
handene Wärmemenge hieß die specifische Wärme dieses
Körpers, und man sagte z. B.: wenn die Kohle sich mit
Sauerstoff verbindet, so befreit sie Wärme, weil die spezifische
Wärme der Kohlensäure kleiner ist, als die Summe der
spezifischen Wärmen der Kohle und des Sauerstoffs.

Heutzutage ist diese Hypothese verworfen, weil man
eine große Anzahl von Thatsachen entdeckt hat, die mit ihr
unvereinbar sind *); aber weil sie lange Zeit hindurch in
der Wissenschaft geherrscht, findet man noch viele Ausdrücke,
die an sie erinnern, doch darf man ihnen nicht den Sinn
unterlegen den sie bei ihrem früheren Gebrauch hatten.

Eine zweite Hypothese besteht darin, die Wärme als eine
Bewegung der Moleküle eines Körpers zu betrachten, die
während der Erwärmung beschleunigt, während der Abkühlung
gemäßigt wird; welche aus einem Körper in den andern über=
tragen werden kann, ebenso wie die Bewegung, an einem

---

*) Schon Rumford machte im Jahre 1798 die Bemerkung,
daß die Reibung eine unerschöpfliche Wärmequelle ist; was
aber ein Körper ohne Aufhören produziren kann, sagt er, das kann
unmöglich eine materielle Substanz, das kann nur Bewegung sein.
Eine Menge anderer Argumente lassen sich gegen die Materialität
des Wärmestoffs beibringen.

Punkt einer Wassermasse hervorgerufen, sich stufenweise der ganzen Flüssigkeit mittheilt, durch eine Art von Strahlung nach allen Seiten. Die Moleküle der Körper sind vertheilt in einem sehr elastischen Fluidum, Aether genannt, das den Weltraum erfüllt; und durch Vermittlung dieses Fluidums findet die Strahlung des Lichtes und der Wärme statt. Wenn man zwei Körper neben einander stellt, so suchen die Bewegungen ihrer Moleküle sich auszugleichen, und die Wirkungen der Wärme beruhen demnach auf der gegenseitigen Mittheilung dieser Bewegungen. Die Reibung entwickelt Wärme, sagt man nach dieser Theorie, weil durch die reibenden Massen den Molekülen der Körper Bewegung mitgetheilt wird. Diese Bewegung entgeht unsern Blicken, ebenso wie die Moleküle selbst ihrer großen Feinheit wegen; aber unsere Sinne empfangen Eindrücke durch die verschiedenen Wirkungen dieser Bewegung, die wir eben Wärme nennen.

Das Verschwinden der Wärme wäre einfach die Verminderung der Molekularbewegung, welche sich jetzt nicht auf die Atome der umgebenden Körper überträgt, sondern auf die sichtbaren Massen dieser Körper, die sich immer in Bewegung setzen, wenn die Wärme verschwindet. Es wäre also eine Verwandlung der molekularen Bewegung in Massenbewegung, Umwandlung der Wärme in mechanische Arbeit, ebenso wie umgekehrt bei der Reibung und andern Gelegenheiten eine Verwandlung der Massenbewegung in molekulare, eine Umsetzung mechanischer Arbeit in Wärme stattfindet.

Diese Hypothese, welche man die dynamische nennt, war von mehreren Philosophen des siebenzehnten Jahrhunderts adoptirt. Man findet Andeutungen davon bei Descartes, Bakon, Euler, u. A. m. Es genügt aber nicht, daß man von der Wärme als einer Bewegung spricht. Man

3 *

muß auch sagen, welche Bewegung man sich dabei vorstellt
und welchen Gesetzen sie folgt.   Diese Aufgabe haben die
modernen Physiker zu lösen gesucht.   Mehrere derselben
haben eine dynamische Wärmetheorie auf gewisse Voraus=
setzungen über die Constitution der Materie und über die
Bewegungen der kleinsten Theilchen gegründet, ihre Theorie
mathematisch entwickelt, und dieselben den Thatsachen an=
zupassen versucht.

Um eine Theorie annehmbar zu machen, ist es aber
unerläßlich, daß alle daraus gezogenen Schlußfolgerungen
mit dem Experimente übereinstimmen; steht eine einzige mit
den Thatsachen in Widerspruch, so muß die ganze Theorie
umgearbeitet, das mühsam aufgeführte Gebäude zerstört und,
nachdem der Ausgangspunkt berichtigt, von Neuem mit der
Verkettung von Schlüssen begonnen werden, um sie einer
neuen Probe zu unterwerfen. Arbeiten dieser Kategorie tragen
indessen auch direct dazu bei, das Feld der Entdeckungen zu
erweitern.   In der That hat schon oft ein mathematischer
Schluß aus einer Hypothese dazu geführt, eine bis dahin noch
unbekannte Erscheinung zu vermuthen. Der Physiker macht
sich ans Werk, er beobachtet, mißt und wägt, und wenn die
Erscheinung sich so zeigt, wie sie vorhergesehen wurde, so
ist die Hypothese bestätigt.   Trotzdem ist eine auf diese Art
hergestellte Theorie immer unbeständig, wie Alles, was die
Phantasie erzeugt.   Kommt einmal ein widersprechendes
Experiment, so ist sie umgeworfen.   Nur das Gesetz der
Erscheinung, nach exakten Beobachtungen festgestellt, kann
unwandelbar bleiben.   Es ist ein der Natur abgerungenes
Geheimniß, eine Eroberung unseres Geistes, mit Hilfe
unserer Sinne ausgeführt.

Nach diesen Betrachtungen wissen wir, welchen Weg wir

einzuschlagen haben: die hauptsächlichen Wirkungen der
Wärme beobachten, sie zusammenstellen, vergleichen und ihre
Gesetze aufsuchen, ohne uns mit der Kraft, die sie hervor=
bringt, zu beschäftigen, das sei unsere Aufgabe.

3. Erfindung des Thermometers.

Vor allen Dingen brauchen wir ein Instrument, um
die Wirkungen der Wärme damit zu messen.   Dasjenige,
welches die Physiker adoptirt haben, ist das T h e r m o m e t e r;
seine Formen sind sehr verschieden; es hat die Eigenschaft,
durch Volumveränderung des Körpers, aus dem es besteht,
anzugeben, ob in dem Raum, in welchem es sich befindet,
eine Erwärmung oder Abkühlung stattfindet.   Das erste
Thermometer verfertigte, wie es scheint, Galilei um 1597;
es beruhte auf der Ausdehnung
der Luft. In einer offenen Glas=
röhre (Fig. 6), an deren unterem
Ende eine Kugel angeblasen war,
befand sich eine kurze Flüssigkeits=
säule A, durch welche die innere
Luft von der äußeren abgesperrt
war. Bringt man ein solches In=
strument an einen warmen Ort,
so sieht man die Flüssigkeit A stei=
gen, und zwar, weil die Luft in
der Kugel sich erwärmt, ausdehnt,
und den Zeiger A vor sich hertreibt.
In der Kälte zieht sich die Luft
wieder zusammen, und die Flüssig=
keit sinkt.

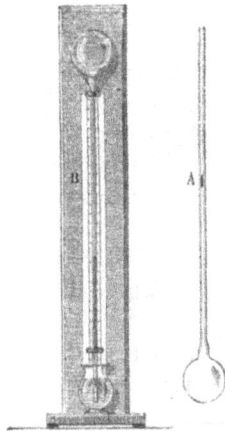

Fig. 6.

Gar viele Gelehrte haben sich um diese Zeit mit der Ein=

richtung des Thermometers abgegeben. Das Instrument, welches in Fig. 6, B dargestellt ist, schreibt man gewöhnlich dem holländischen Bauern Cornelius D r e b b e l zu*). Auch hier ist Luft in einer Glaskugel eingeschlossen; die Röhre an der Kugel steht senkrecht, sie taucht mit ihrem offenen Ende in ein Gefäß, welches eine Flüssigkeit enthält. Vor dem Gebrauch erwärmt man die Kugel, wodurch die überflüssige Luft in Gestalt von Blasen ausgetrieben wird; während das Instrument sich abkühlt, und die innere Luft sich wieder zusammenzieht, steigt die Flüssigkeit in die Glasröhre, und ihr Stand dient als Index.

In der Akademie zu Florenz wurde das erste Weingeist= Thermometer construirt. Das Behältniß hat die nämliche Form wie das vorige; es ist ebenfalls eine Glaskugel oder ein Cylinder am Ende einer engen Glasröhre befindlich; aber es enthält Alkohol statt der Luft. Um diese Flüssigkeit einzu= führen, wendet man folgendes Verfahren an: man hält die Kugel über Feuer und das offene Ende der Röhre in Alkohol; die eingeschlossene Luft dehnt sich aus und kleine Luftbläschen nehmen ihren Weg durch die Flüssigkeit, während die Kugel sich erwärmt; nun entfernt man das Feuer, als= bald kühlt die zurückgebliebene Luft sich ab, zieht sich zu= sammen und der Weingeist steigt in die Kugel, die er zum größten Theile ausfüllt. Um die Luft ganz herauszutreiben, hält man die Kugel nochmals über Feuer, bis der Alkohol zu sieden beginnt. Sein Dampf verbindet sich mit der Luft und fährt in einem Strahl heraus. In diesem Augenblick

---

*) Nach Emil Wohlwill (Pogg. Ann. 1865, Nr. 1. Seite 163) ist freilich die Geschichte von dem Thermometer des „erfindungsreichen Bauern von Alkmaar" eine Fabel.

taucht man eiligst das offene Ende der Röhre in den Alkohol
und entfernt das Feuer. Durch die Abkühlung verdichtet
sich der in der Kugel enthaltene Dampf, und der Druck der
Atmosphäre treibt den Alkohol aus dem Gefäß in die Kugel,
die jetzt vollständig ausgefüllt wird. Es bleibt aber doch
eine kleine Luftblase, die man entfernen muß. Ehe man das
Gefäß mit Alkohol fortnimmt, wartet man, bis das Instrument
ganz abgekühlt ist. Darauf befestigt man an die Glasröhre
eine Schnur und dreht sie sehr schnell herum, die Kugel
nach außen, wie eine Schleuder. Bei dieser Kreisbewegung
entfernen sich die schwersten Theile vom Mittelpunkt; der
in der Glasröhre befindliche Alkohol geht in die Kugel und
verdrängt die Luftblase, welche zuletzt ganz aus
der Flüssigkeit heraustritt. Nach dieser Behandlung
haben wir das Instrument wie Fig. 7 es darstellt.
Um die Quantität Alkohol zu bestimmen, die in
dem Instrument bleiben soll, erwärmt man die Kugel
ein Wenig, der Alkohol dehnt sich aus und einige
Tropfen fallen durch die Oeffnung heraus; man
läßt sie abkühlen; der Alkohol zieht sich zusammen
und sein Stand zeigt sich der Kugel jetzt näher als
vorher. Man wiederholt dieses Manöver so lange
bis das Niveau des Alkohols ungefähr den dritten
Theil der Röhre, von der Kugel aus gerechnet,
einnimmt. Schließlich leitet man den Strahl einer
Flamme vermittelst eines Löthrohres auf das offene
Ende; das Glas wird weich und die Ränder schmel=
zen zusammen, die Oeffnung schließend. Ueber

Fig. 7.
Weingeist=
Thermometer.

dem Niveau ist noch Luft in der Röhre geblieben, welche
nun außer Verbindung mit der Atmosphäre steht. Wenn
man die Kugel erwärmt, dehnt der Alkohol sich aus und

comprimirt diese Luft, wodurch ihre Spannkraft vergrößert
wird; aus diesem Grunde verdampft der Alkohol nicht, und
man kann ihn bedeutend erwärmen, ohne daß er siedet.
Wir werden später, im achten Kapitel, die Erklärung dieser
Erscheinung geben.

Gewöhnlich färbt man den Alkohol roth, um leichter die
Bewegungen seines Niveaus verfolgen zu können.

Das Alkohol=Thermometer hat einen großen Vorzug vor
denen von Galilei und Drebbel. Da es verschlossen ist, hat
die Atmosphäre keinen Einfluß auf das Volumen des Alko=
hols; in den beiden andern, die offen sind, drückt die Atmo=
sphäre auf den Index und verändert seinen Platz, je nachdem
der Druck schwächer oder stärker ist, wenn auch weder Er=
wärmung noch Abkühlung stattfindet. Die Ortsveränderung
des Index wird hier also durch die Wärme und durch den
atmosphärischen Druck bestimmt, und diese Wirkungen sind
schwer von einander zu unterscheiden.

Gegen das Jahr 1608 fing man an, den Alkohol durch
Quecksilber zu ersetzen, und fand darin einen großen Vorzug.
Quecksilber erwärmt und kühlt sich schneller ab als Alkohol;
da es undurchsichtig ist, kann man es deutlich in der Röhre
sehen, selbst wenn diese, um das Instrument empfindlicher
zu machen, einen außerordentlich kleinen Durchmesser hat.
Außerdem ist es auch leichter, ganz reines Quecksilber zu haben,
und endlich kann man Quecksilber weit stärker erhitzen, ohne
es in Dampf zu verwandeln.

Die Construktion des Quecksilber=Thermometers ist nach
derselben Methode wie die des Alkohol=Thermometers aus=
zuführen; nur hat man keine Luftblase durch Umschwingen
zu entfernen, und in der Röhre darf keine Luft bleiben.
Wenn man die nöthige Quantität Quecksilber in das Instru=

ment eingeführt hat, ohngefähr so viel, daß das Niveau den dritten Theil der Röhre erreicht, so erwärmt man die Kugel bis das Niveau die Oeffnung erreicht, und schließt diese sofort vermittelst eines Löthrohres. Es ist nun also keine Luft in der Röhre, und wenn durch Abkühlung das Niveau sich wieder der Kugel genähert hat, so bleibt der obere Raum vollständig leer.

Ein auf diese Weise hergestelltes Thermometer kann nun schon durch die Bewegungen seines Niveaus anzeigen, ob eine Erwärmung oder Erkaltung stattfindet; messen kann es aber die Wirkungen der Wärme erst, wenn es eine Skala besitzt, d. h. wenn das Rohr in Grade eingetheilt ist.

4. Graduation und Gebrauch des Thermometers. — Pyrometer.

Erst um 1709 führte der deutsche Mechaniker Fahrenheit den Gebrauch der fixen Punkte der Thermometerskala ein. Bis dahin beobachtete man ohne bestimmte Regel, und die Angaben verschiedener Instrumente waren nicht unter einander vergleichbar.

Längs der Röhre des Thermometers wird eine Skala d. h. ein in gleiche Grade getheilter Maßstab angebracht. Auf dieser Skala markirt man den Gefrierpunkt, wenn sich das Instrument in schmelzendem Eise befindet; den Siedepunkt, wenn es in siedendem Wasserdampf steht. Dies sind die Fundamentalpunkte, auf die sich heutzutage die Angaben der Thermometer beziehen.

Den Siedepunkt zu bestimmen, dient ein Apparat wie er Fig. 8 dargestellt ist. Man bezeichnet den fraglichen Punkt, sobald das Niveau des Quecksilbers stationär geworden ist. Die Röhre wird dann gewöhnlich auf einem Brettchen be-

festigt (Fig. 9), man zieht auf demselben zwei Striche gegen=
über dem Nullpunkt und dem Siedepunkt, und theilt ihren

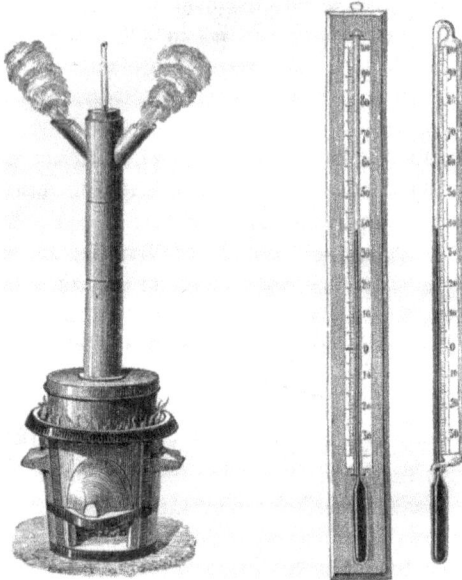

Fig. 8. Bestimmung des Siedepunkts.   Fig. 9. Gewöhnliche Thermometer.

Abstand in eine gewisse Anzahl gleicher Theile; auch kann
man die Theilung unterhalb des Nullpunktes und oberhalb
des Siedepunktes fortsetzen.

Eine der gebräuchlichsten Skalen ist die h u n d e r t -
t h e i l i g e, zuerst von Linné vorgeschlagen, aber gewöhnlich
einem anderen Schweden, dem Physiker Celsius, zugeschrieben;
der Eispunkt wird hier mit Null, der Siedepunkt mit 100
bezeichnet. Die Thermometer mit hunderttheiliger Skala
nennt man Centesimalthermometer. Nach Réaumur wird

der Gefrierpunkt gleich Null, der Siedepunkt gleich 80 gesetzt; die Réaumur'schen Grade sind etwas größer, als die Centesimalgrade, und 20° R. entsprechen z. B. 25° C., weil immer 5 Grade Celsius auf 4 Grade Réaumur kommen. Diese Skala ist in Deutschland noch sehr gebräuchlich. In England herrscht eine dritte Skala, die Fahrenheit's Namen trägt; der Nullpunkt entspricht hier einer Kältemischung, der Gefrierpunkt ist mit 32, und der Siedepunkt mit 212 bezeichnet, so daß also 180 Grade Fahrenheit auf 80 Grade R. oder 100 Grade C. kommen*).

Von Null aufwärts und abwärts schreibt man dieselben Zahlen; unter Null werden dieselben durch einen vorgesetzten Strich bezeichnet; also — 15° bedeutet: 15 Grad unter Null, oder, wie man auch wohl sagt, 15 Grad Kälte.

Man gebraucht das Wort Temperatur, um das Verhalten der Körper in Bezug auf die Wärme anzugeben. Wenn man einen Körper mit dem Thermometer in Berührung bringt, so steigt oder fällt das Quecksilber, je nachdem der Körper wärmer oder kälter als das Thermometer ist, und das Niveau bleibt an einer der Theilungen stehen. Die correspondirende Zahl giebt die Temperatur des Körpers an. Das Thermometer dient also dazu, den Wärmezustand der Körper zu erforschen; bleibt das Quecksilber unbeweglich, so ist die Temperatur beständig; steigt oder fällt es, so zählt man die durchlaufenen Grade, und schließt daraus auf die Erhöhung oder Erniedrigung der Temperatur.

---

*) Diese Vielfältigkeit der Thermometerskalen ist für den Fortschritt der Wissenschaft höchst nachtheilig, da sie die Vergleichung der Beobachtungen sehr erschwert und zahllose Irrthümer veranlaßt. Es wäre zu wünschen, daß die hunderttheilige Skala allgemein angenommen würde; wir benutzen dieselbe durchgängig in diesem Buche.

Ein Quecksilber-Thermometer kann eine Skala von 40
Gr. unter Null bis 360 Gr. über Null haben; nur zwischen
diesen beiden Temperaturen bleibt das Quecksilber flüssig.
In einer niedrigeren wird es fest, in einer höheren verdampft
es, und kann unter diesen Umständen seinem Zweck nicht
mehr entsprechen.

Bei starkem Frost wendet man das Weingeist-Thermo-
meter an, weil diese Flüssigkeit nicht gefriert. Die sehr hohen
Temperaturen mißt man mit dem Pyrometer, welches auf
der Ausdehnung fester Körper beruht.

In der Porzellanfabrik zu Sèvres hat Brongniart von
dem folgenden Pyrometer Gebrauch gemacht, um die sehr
hohe Temperatur der Oefen zu messen. (Fig. 10.) Eine
Porzellanplatte, die sich im Ofen befindet, trägt in einer Fuge

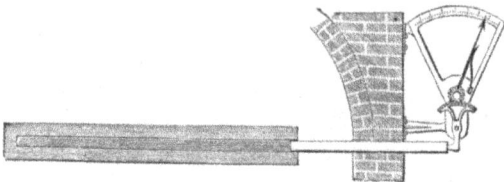

Fig. 10. Pyrometer.

eine Eisenstange, deren eines Ende sich gegen den Hintergrund
der Fuge stemmt, während das vordre Ende eine durch die
Ofenwand gehende Porzellanstange berührt; diese letztere
wird durch einen Hebel gegen die Eisenstange gepreßt. Wenn
man heizt, so wird das Eisen erwärmt und dehnt sich aus,
das Porzellan ebenfalls, aber nur so wenig, daß es das Eisen
allein ist, welches den Hebel in Bewegung setzt. Dieser theilt
die Bewegung durch ein Zahnrad einem Zeiger mit, welcher
die Theilungen eines Zifferblattes durchläuft. So werden

die Längenveränderungen der Eisenstange deutlich sichtbar. Die auf das Zifferblatt gravirte Eintheilung zeigt 100° und Null, wenn man die Eisenstange in kochendes Wasser oder schmelzendes Eis hält. Die Zahlen können bis zu 1500 Graden gehen, weil das Eisen erst bei dieser hohen Temperatur schmilzt. Mit einem Quecksilber-Thermometer läßt sich ein solches Thermometer aber schwer vergleichen, d. h., zwei solche, unter gleichen Umständen angewendete Instrumente zeigen fast immer verschiedene Zahlen an.

Zu genauen Messungen bedienen sich die Physiker jetzt allgemein der Luftthermometer, welche auf demselben Prinzip wie das Galileische Thermometer beruhen. Für hohe Temperaturen wird die Glaskugel durch eine Porzellankugel ersetzt. Das Graduiren der Luftthermometer ist aber eine complicirte Operation.

5. Wie man die Wärme mißt.

Eine erste Anwendung des Thermometers ist die Bestimmung einer Wärme-Einheit.

Man könnte, wie wir im ersten Kapitel gesehen haben, die Wärmequantität, die ein Körper ausgiebt, nach dem Gewicht des Eises messen, das sie zu schmelzen fähig ist. Um zwei Kilogramm Eis zu schmelzen, ist zweimal so viel Wärme nöthig als um eines zu schmelzen. Aber diese Einheit hat man nicht gewählt, sondern eine andere, bequemere: die Wärmeeinheit ist die Wärmemenge, durch welche 1 Kilogramm Wasser von Null auf 1 Grad C. erwärmt wird. Um ein Kilogramm Eis zu schmelzen, braucht man 79 Wärmeeinheiten, d. h. die Wärmemenge, durch welche die Temperatur von 79 Kilo Wasser von Null auf 1° C. gebracht werden kann.

Man darf die Wärmeeinheit nicht mit dem Thermo=
metergrad verwechseln; dieser letztere bezeichnet nicht eine
Quantität, sondern einen Zustand. Um gleichen Gewichts=
mengen verschiedener Substanzen dieselbe Temperatur mitzu=
theilen, braucht man ganz verschiedene Quantitäten von
Wärme. Folgendes sind die Quantitäten, welche das Wasser
unter verschiedenen Umständen verbraucht. Es sind erforderlich:

Um 1 Kilogr. Eis zu schmelzen .   . 79 Einheiten,

Um 1 Kilo Wasser von 0 auf 100° zu

                    erwärmen   101   „

Um 1 Kilo Wasser von 100° in

              Dampf zu verwandeln 536   „

                    Im Ganzen 716 Einheiten.

Mit der Wärme, welche dazu gehört, ein Kilo Eis in
Dampf zu verwandeln, könnte man also 716 Kilo Wasser
von Null auf 1° C. erwärmen. Man muß aber nicht glau=
ben, daß dies die Gesammtwärme ist, welche ein Kilo
Wasserdampf bei der Siedhitze enthält. Kühlt man den Dampf
bis auf Null herab, so wird er zu Wasser, endlich zu Eis,
und befreit 716 Wärmeeinheiten; aber das Eis kann nun
noch weiter gekühlt werden. Bringt man dasselbe bis auf
100 Grad unter Null, so giebt es noch 50 Wärmeeinheiten
ab, und man kann die Abkühlung noch weiter treiben. Es
ist überhaupt unmöglich, die Gesammtwärme, welche ein
Körper enthält, anzugeben; wir können nur bestimmen,
wie viel Wärme man ihm mittheilen oder entziehen muß,
damit gewisse Veränderungen in seinem Zustande eintreten,
und diese Veränderungen schätzen wir mit Hilfe des Thermo=
meters.

Wir sahen oben, daß eine Dampfmaschine, die 1 Kilo=

gramm auf die Höhe von 400 Meter hebe, eine Wärmemenge verbraucht, die im Stande wäre, 12 Gramm Eis zu schmelzen. Um 1 Kilo zu schmelzen, braucht man aber 79 Einheiten, also $\frac{79}{1000}$ für jedes Gramm, und beinahe 1 Einheit für 12 Gramm; die Maschine verbraucht also fast eine Wärmeeinheit, wenn sie 1 Kilo auf 400 Meter hebt. Genauer berechnet, gehört eine Wärmeeinheit dazu, um 1 Kilo auf 425 Meter zu heben; man sagt deshalb: eine Wärmeeinheit gilt so viel als 425 K i l o g r a m m e t e r, und nennt diese Zahl das m e c h a n i s c h e A e q u i v a l e n t d e r W ä r m e.

———————

Drittes Capitel.

Wärmequellen.

---

1. Sonnenwärme. — Erdwärme.

Ein Körper ist eine Wärmequelle, wenn Wärme von ihm ausgeht und der Verlust in jedem Augenblick durch neue Produktion ersetzt wird.

Die Sonne ist die ergiebigste von allen Wärmequellen, die uns zu Gebote stehen. Man hat auf verschiedene Weise die Sonnenwärme zu messen gesucht. Ein Verfahren, das vielfältig auf meteorologischen Stationen angewandt worden ist, besteht in der Vergleichung eines gewöhnlichen Thermometers mit einem andern, dessen Kugel geschwärzt ist und direkt der Sonne ausgesetzt wird. Auf diese Art kann man allerdings die Ab= und Zunahme der Sonnenstrahlung er= kennen, aber es ist längst bewiesen, daß die Differenz der beiden Thermometer keineswegs der Strahlung proportional ist, also kein Maaß für dieselbe abgiebt. In den Polar= gegenden fand man z. B. bis 30 Grad Differenz zwischen den beiden Thermometern, während in London die Differenz kaum 9 Grad betrug, bei einer offenbar weit stärkern Sonnen= hitze. Saussüre ersann für diese Messungen sein Helio= thermometer, ein Thermometer in einer innen ge=

schwärzten und durch mehrere Glasscheiben verschlossenen
Holzkiste, von dem weiter unten noch die Rede sein wird.
John Herschel's „Actinometer" beruht auf demselben Princip;
es ist ebenfalls ein Thermometer in einem umschlossenen
Raum, den die Sonne durch ein Glasfenster heizt. Das
„Gartenthermometer" des Grafen Gasparin befindet sich
in einer schwarzen Blechkugel, die
in derselben Weise die Sonnen=
strahlen verschluckt und die Kraft
derselben anzeigt. Ein weit ge=
naueres Mittel zur Messung der
Sonnenwärme liefert aber das
von Pouillet ersonnene Instru=
ment.

Das Pyrheliometer von
Pouillet (Fig. 11) ist ein Ther=
mometer, dessen Behälter in einer
sehr dünnen silbernen Kapsel ver=
schlossen ist. Die Röhre des
Thermometers tritt an einer Seite
der Kapsel heraus und wird von
einer Kupferröhre umschlossen.
Diese hat jedoch eine Spalte, so
daß man die Graduirung des
Thermometers sehen kann. Die
Vorderseite der Kapsel ist berußt
und muß senkrecht zur Richtung

Fig. 11.

der Röhre stehen. Man stellt das Instrument in die Sonne,
wenn sie nicht von Wolken verdunkelt ist, und wendet die
geschwärzte Seite der Kapsel so, daß dieselbe die Sonnen=
strahlen senkrecht empfängt. Man beobachtet das Steigen

Cazin, Die Wärme.   4

der Temperatur während fünf Minuten und hat dann eine
bestimmte Zahl von Graden. Hat man nun vorher durch
Versuche gefunden, wieviel Einheiten nöthig sind, um das
Thermometer um einen Grad steigen zu machen, so giebt
eine einfache Multiplikation die Zahl der in fünf Minuten
gewonnenen Einheiten. Um die wirklich auf die geschwärzte
Seite gefallene Wärme zu haben, muß man zu der vorigen
Zahl noch die Wärme hinzufügen, die das Instrument durch
die Wirkung seiner eignen Strahlung gegen den Himmel
verloren hat, denn die Himmelsräume üben einen erkältenden
Einfluß auf die Körper der Erde aus. Man findet dieses
Deficit, wenn man eine der vorigen ähnliche Beobachtung
im Schatten über die Abkühlung macht. Aber man hat
auch dann noch nicht alle Wärme, die die Sonne ausge=
strahlt; ein Theil desselben ist von der Atmosphäre aufge=
fangen worden. Pouillet hat dieses Verhältniß durch eine
große Anzahl von Experimenten bestimmt und er hat be=
rechnen können, welche Quantität Wärme in einem Jahre
auf der Erde anlangt. Sie wäre im Stande, eine Eis=
lage von 30 Meter Dicke zu schmelzen, wenn diese unsere
Erde umgäbe, oder einen 24 Meter tiefen Ocean von 0⁰
auf 100⁰ zu erhitzen. Nur die Hälfte dieser ungeheuren
Wärmequantität langt auf der Erdoberfläche an, die andere
wird von der Atmosphäre aufgefangen.

Wollen wir nun die Gesammtmenge der Wärme kennen
lernen, die von der Sonne, nicht nur gegen unsern Planeten,
sondern nach allen Richtungen ausgestrahlt wird, so müssen
wir uns eine Hohlkugel denken, deren Mittelpunkt in der
Sonne ist und deren Oberfläche durch die Erde geht. Die
Astronomie lehrt uns, daß man 2200 Millionen Weltkugeln
von der Größe unserer Erde neben einander stellen müßte,

um diese Kugel vollständig zu bedecken. Demnach beträgt die Gesammtwärme, welche die Sonne ausstrahlt, 2200 Millionen Mal so viel, als die, welche auf der Erde anlangt.

Wir können uns noch auf einem andern Wege einen Begriff von der Quantität der Sonnenstrahlung machen. Die Sonne ist eine gewaltige Kugel, 1,400,000 Mal so groß, als die Erde. Denken wir uns nun auf der Oberfläche dieses Gestirnes eine Eislage von 6000 Kilometer Dicke, so ist dies die Eismenge, welche alle Wärme, die die Sonne ausstrahlt, in einem Jahre schmelzen könnte.

Die Sonne ist eine beständige Wärmequelle. Es giebt auch noch andere Gestirne, welche weit von uns entfernte Sonnen sind, aber so weit entfernt, daß ihre Wärme auf uns keine merkliche Wirkung ausüben kann. Noch eine andere beständige Wärmequelle haben wir, und das ist unser Erdball selbst.

Wenn man ein Thermometer in den Schacht eines Bergwerkes bringt, so findet man, daß die Temperatur jedesmal nach 30 Metern um einen Grad steigt, weshalb auch das Wasser aus tiefen Quellen stets warm ist. Bis jetzt gehen die tiefsten Bohrlöcher nicht über 900 Meter hinaus. In einer Tiefe von 3 Kilometern müßte das Wasser, wenn das obige Gesetz hier noch genau gälte, in Dampf übergehn, vorausgesetzt, daß es nicht stark zusammengedrückt würde. Da es aber einem bedeutenden Druck unterworfen ist, so kann es in flüssigem Zustand bleiben, auch wenn seine Temperatur mehr als 100⁰ beträgt: wir werden auf diese Erscheinung zurückkommen. Was den Zustand unserer Erdkugel in größeren Tiefen betrifft, so ist man auf einfache Muthmaßungen beschränkt, weil es unmöglich ist, hier Be-

4*

obachtungen anzustellen *). Es ist möglich, wenn auch nicht
bewiesen, daß der Kern der Erde aus einer flüssigen, außer=
ordentlich heißen Materie besteht, derselben, welche aus den
Kratern der Vulkane als glühende Lava herausfließt.

2. Wärme durch chemische Wirkungen hervorgebracht. — Der Verbrennungsproceß.

Die Wärmequellen, deren wir uns am häufigsten bedie=
nen, werden künstliche genannt: wir können sie nach Willkühr
und Bedürfniß wirken lassen. Gewöhnlich beruhen sie auf
einer Verbrennung, d. h. auf der Wärme= und Licht=
entwickelung, welche die chemische Verbindung gewisser Sub=
stanzen begleitet. In den meisten Fällen ist die eine Substanz
der Sauerstoff der Luft; er bildet das active Element; die
andere Substanz, der Brennstoff, ist Holzkohle, Stein=
kohle, Leuchtgas, oder dgl. m. Die Zahl der Brennstoffe ist
sehr groß. Wir benutzen hauptsächlich die vorgenannten,
ihrer Billigkeit und ihres häufigen Vorkommens wegen. In
der Chemie lernt man die anderen kennen.

Wenn zwei Körper von verschiedener Natur sich ver=
binden, um einen neuen Körper zu bilden, so wird dabei
Wärme frei; um aber auch Licht damit hervorzurufen,
muß die Verbindung mit einer besonderen Energie vor sich
gehn. Rührt man ungelöschten Kalk mit Wasser ein, so
sieht man wie die Masse sich erwärmt, es steigt Dampf
daraus empor; ein Theil des Wassers verbindet sich mit

---

*) Eine Lieblingsidee des verstorbenen Babinet war die
Bildung einer Actiengesellschaft zur Bohrung des „großen Lochs",
durch welches man bis zum Centralfeuer im Innern der Erde
vorbringen könnte. Jeder Actionär verpflichtet sich, eine Stufe
graben zu lassen. Dafür dürfen sich seine Nachkommen am unter=
irdischen Feuer wärmen.

dem Kalk, wodurch Wärme hervorgerufen wird, und diese löst den übrigen Theil des Wassers in Dampf auf. Die Kalk= milch, die der Maurer bereitet, um mit Sand gemischt den Mörtel daraus zu machen, hat also die Temperatur des siedenden Wassers, sie ist glühend heiß. Hier ist die Kraft, die die Verbindung zwischen Kalk und Wasser bewirkt, nicht energisch genug, um Licht hervorzubringen.

Nehmen wir jetzt ein Stückchen Phosphor und legen es in eine kleine ir= dene Schale, welche ein durch einen Pfropfen ge= zogener Eisendraht trägt, und senken die Schale in eine Flasche, die mit einem grünlichen Gase, dem so= genannten Chlorgas, an= gefüllt ist. Es wird eine Verbindung zwischen dem Phosphor und Chlor vor sich gehen; weiße Rauch=

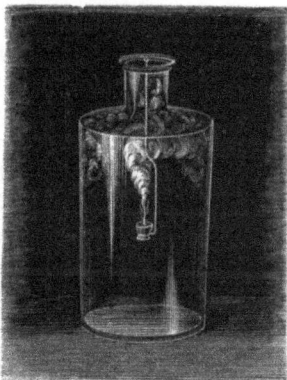

Fig. 12. Verbrennung des Phosphors im Chlor.

wolken, aus denen der neugebildete Körper besteht, erfüllen alsbald die Flasche (Fig. 12), und zugleich schwebt eine Flamme so lange über dem Phosphor, bis er gänzlich verzehrt ist. Bei dieser Verbrennung entsteht also Licht, weil die Kraft, welche Phosphor und Chlor verband, sehr energisch war.

Wir sehen durch dieses Experiment, wie man Körper zu einer Verbrennung zusammenstellen muß, um das Product aufzufangen; wenn wir die Verbrennung der Kohle durch Sauerstoff genauer studiren wollen, so können wir dieselbe Methode anwenden. Eine gut angezündete Kohle wird auf

eine irdene Schale gelegt und in eine mit Sauerstoff gefüllte
Flasche gesenkt. Sie brennt lebhaft weiter, und sobald sie
erloschen ist, kann man feststellen, daß das Gas, welches jetzt
in dem Flacon enthalten ist, nicht mehr Sauerstoff ist, und
daß die Kohle an Gewicht verloren hat. In der That, führen
wir jetzt ein kleines brennendes Licht in die Flasche ein, so
erlischt es, während es in Sauerstoff heller und lebhafter
brennt, als in der Luft. Was jetzt in der Flasche enthalten
ist, entstand durch die Verbindung des Sauerstoffs mit einem
Theil der Kohle; es heißt kohlensaures Gas und ist durch=
sichtig und farblos, wie Luft und Sauerstoff; aber es be=
fördert nicht die Verbrennung, und diese Eigenschaft genügt
uns zu seiner Unterscheidung. Wenn die Kohlen auf unserem
Feuerherd brennen, so finden dieselben chemischen Vorgänge
statt; der Sauerstoff wird der Luft entzogen, und die Kohlen=
säure entweicht mit dem Gasstrom, der durch die Röhre des
Kamins steigt. Dieser Strom besteht aus Kohlensäure,
Wasserdampf, Stickstoff, der sich nicht mit der Kohle verbinden
kann, und Rauch, d. h. Kohlenstaub, der sich an die Wände
der Röhre ansetzt und den Ruß bildet. Dieser Rauch könnte
nicht entstehen, wenn der Sauerstoff in genügender Quantität
der Feuerung zuströmte, um die Kohle vollständig zu ver=
brennen. Der Rauch beweist also eine unvollständige Ver=
brennung. Wir begnügen uns übrigens damit, weil wir sie
nur mit allzukostbaren Vorrichtungen in unseren Kaminen
zu einer vollständigen machen könnten. Was die auf der
Feuerstelle zurückgebliebene Asche betrifft, so besteht sie aus
erdartigen Substanzen, welche den Kohlen beigemischt sind,
sich aber nicht mit dem Sauerstoff verbinden.

Man nennt K o h l e n s t o f f die chemisch reine Kohle. Als
solche betrachtet man den Graphit oder das Wasserblei, woraus

die Bleistifte gemacht werden, besonders aber den Diamant.
Der Diamant findet sich im Sande in Brasilien und Indien.
Geglüht und in Sauerstoff gebracht, verbrennt der Diamant
mit Hinterlassung einer grauen, zerreiblichen Masse, die wie
Coke aussieht. Die Wärmemenge, welche ein Gewichtstheil
Kohle (gewöhnliche Kohle oder Diamant) beim Verbrennen
entwickelt, ist immer dieselbe. Die Verbrennung von 1 Kilo=
gramm Kohlenstoff im Sauerstoff liefert 8000 Wärmeeinheiten,
welche hinreichen, um 100 Kilogramm Eis zu schmelzen.
Hieraus ergiebt sich für uns eine neue Vorstellung der Ge=
sammtwärme, welche die Sonne ausstrahlt. Wäre dieses
Gestirn von einer 27 Kilometer dicken Kohlenschicht umgeben,
die im Sauerstoff verbrennte, so würde die Gluth dieser
ungeheuren Feuerhölle der Wärme gleichkommen, welche die
Sonne wirklich in einem Jahre versendet. Wollte man
annehmen, daß die Sonnenwärme von solch einer Feuers=
brunst herrührt, indem man sich die Sonne als eine aus
Kohle bestehende Kugel dächte, so müßte sie in fünftausend
Jahren gänzlich verbraucht sein. Da sie aber seit Erschaffung
des Menschen weder an Größe noch Glanz abgenommen hat,
so muß man diese Hypothese verwerfen.

Die Verbrennung des Leuchtgases in der Luft liefert
uns eine Wärmequelle, welche in Städten, die mit Gas be=
leuchtet werden, benutzt werden kann. In der Gasfabrik
wird die Steinkohle in geschlossenen Behältern verbrannt;
das dabei entwickelte Gas steigt durch Röhren in einen großen
Gasometer und wird von hier aus durch unterirdische Canäle
nach den verschiedenen Stadttheilen geleitet. Am Ende einer
jeden von diesen Canälen abgezweigten Röhre befindet sich
ein Gasbrenner, der mit einem Krahn verschlossen wird,
wenn man kein Licht haben will. Oeffnet man den Krahn,

so bringt ein Gasstrom aus dem Brenner; ein geringer Druck, der im Gasometer ausgeübt wird, genügt diesen Strom zu unterhalten. Das Leuchtgas ist eine Verbindung von Kohlenstoff und Wasserstoff. Wenn man dem Gasstrom ein brennendes Zündhölzchen nähert, so erhitzt man ihn, der Kohlenstoff trennt sich vom Wasserstoff; dieser, der eine große Verwandtschaft mit dem Sauerstoff der Luft hat, verbindet sich mit ihm zu Wasserdampf; der Kohlenstoff seinerseits verbindet sich mit dem Sauerstoff zu Kohlensäure. Die beiden Verbindungen erzeugen so viel Wärme, daß die Flamme daraus aufsprüht. Sie erhitzt das Gas, welches fortwährend dem Brenner entsteigt; es brennt nun fort, und die Flamme wird in dem Maße unterhalten, in dem das Gas zuströmt.

Betrachten wir diesen Verbrennungsprozeß in seinen Einzelheiten. Strömt das Gas aus einer geraden Röhre, so hat die Flamme die Form, welche in Fig. 13. abgebildet ist. Strömt dasselbe aus vielen kleinen Oeffnungen, so bilden sich eine Menge einfacher Flammen, die sich zu einer großen zusammensetzen, von denen aber jede, für sich betrachtet, sich wie eine einfache Flamme verhält. Drücken wir auf die Mündung eines einfachen Brenners ein Blatt Papier und ziehen es rasch zurück, ehe es anbrennt, so bemerken wir darauf eine kreisförmige schwarze Spur, den Umriß der Flamme. Wir schließen daraus, daß der Mittelpunkt der Flamme nicht besonders warm ist, so daß hier keine Verbrennung stattfindet; und das können wir uns leicht erklären, wenn wir bemerken, daß die inneren Theile des Gasstrahles

Fig. 13.
Gasflamme.

nicht mit der Luft in Berührung sind. Die äußeren Theile
sind dagegen sehr warm; sie bilden eine Hülle, welche ihren
Umriß auf dem Papier hinterlassen hat, indem sie es an
diesen Stellen, wo eine Verbindung mit dem Sauerstoff der
Luft stattfand, verkohlte.

Diese Hülle ist der leuchtende Theil der Flamme und wir
können sie wiederum in zwei Theile zerlegen, was uns dazu
führen wird, die Ursache des Lichtes zu entdecken. Nähern
wir der Flamme vorsichtig einen sehr feinen Metallfaden; wir
werden ihn glühen sehen, bevor er noch den leuchtenden Rand
derselben erreicht hat. Es muß sich also außerhalb der Flamme
noch eine erste, sehr heiße Schicht befinden; in ihr ist die
Verbrennung eine vollständige. In die zweite leuchtende
Schicht dringt der Sauerstoff nicht leicht genug ein, um die
Verbrennung des sämmtlichen Kohlenstoffs zu bewirken.
Dieser bleibt so eine Zeit lang frei, nachdem er sich vom
Wasserstoff getrennt, welcher beweglicher als er, dem Sauerstoff der Luft entgegeneilt und sich mit ihm verbindet. Erst
etwas später, wenn sich der Kohlenstoff der Spitze der Flamme
nähert, verbindet er sich seinerseits, vorausgesetzt, daß die
Luft hier von allen Seiten in genügender Menge Zugang
findet. Ist das nicht der Fall, so bleibt Kohlenstoff frei, der
sich abkühlt und so seine Verwandtschaft mit dem Sauerstoff
verliert, welche eine sehr hohe Temperatur verlangt: es bildet
sich Rauch. Auf seinem Wege vom Grunde bis zur Spitze
der Flamme wird der Kohlenstoff durch die erste Hülle stark
erwärmt und dadurch leuchtend.

Unsere Flamme hat in Summa drei Theile; den dunklen
im Mittelpunkt, wo keine Verbrennung stattfindet, wo der
Kohlenstoff sich aber vom Wasserstoff zu trennen beginnt;
den leuchtenden Theil, wo der Kohlenstoff, einen Augenblick

frei, weißglühend wird; endlich die äußere, bläuliche Schicht, die die wärmste ist, und in welcher eine vollständige Ver= brennung stattfindet.

Man begreift hiernach, von welcher Wichtigkeit die Form des Brenners ist, und wie man ihn verschieden anwenden muß, je nachdem man Licht oder Wärme wünscht. Im ersten Fall ist es nöthig, daß der Kohlenstoff einige Zeit der Ein= wirkung der Luft entzogen bleibt, doch aber nicht lange genug, um sich in Rauch ver= wandeln zu können; will man dagegen Wärme erzielen, so muß man dem Kohlenstoff keine Freiheit gewähren, son= dern ihn sobald als möglich verbrennen.

Der berühmte deutsche Chemiker Bunsen construirte nach dieser Theorie einen Gasbrenner, der sich vortreff= lich als Wärmequelle bewährt hat. Die gerade Röhre, aus welcher ein Gasstrom auf= steigt, befindet sich in einer größeren, die am unteren Rande von einer Anzahl kleiner Löcher durchbrochen

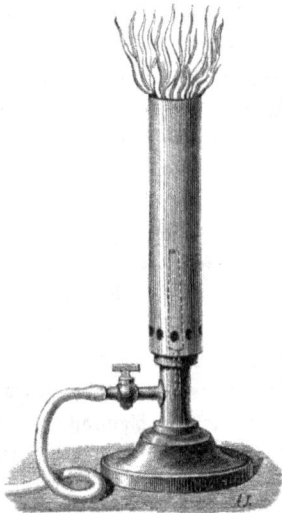

Fig. 14. Bunsen'scher Gasbrenner.

ist. (Fig. 14.) Die Luft tritt durch diese Löcher ein und mischt sich mit dem Steinkohlengas. Diese Mischung, deren Ver= hältniß durch die Größe der Oeffnungen geregelt wird, zündet man am oberen Ende der größeren Röhre an. Man

hat dann eine sehr blasse, aber sehr heiße Flamme. Wenn
man die Oeffnungen, durch welche die Luft eintritt, ver=
stopft, so wird die Flamme glänzend, aber dann ist sie
weniger heiß.

Wie viel Erscheinungen würde die
Flamme uns noch zeigen, wenn wir un=
sere Beobachtungen nicht auf das be=
schränken müßten, was die Wärme angeht.
Eine einfache Kerze, die vor uns brennt,
könnte uns in eine lange, anziehende
Betrachtung vertiefen. (Fig. 15.) Wir
bemerken erstlich den kleinen Krater von
weißem Wachs, aus dessen Mitte sich der
geschwärzte Docht erhebt, ein wenig zur
Seite geneigt. Die Hitze der Flamme
höhlt ihn immer tiefer aus, indem sie
die Provision geschmolzenen Wachses,
die brennen soll, beständig erneuert. Die
entfernteren Ränder schmelzen zuletzt;
das Flüssige sammelt sich am Fuße des
Dochtes und steigt in die tausend kleinen
Zwischenräume der geflochtenen Baum=
wolle, die den Docht bildet; wie der

Fig. 15.
Flamme einer Kerze.

Kaffee, den man mit der Ecke eines Stückchen Zuckers berührt,
sich schleunigst durch das ganze Stück verbreitet, seine Poren
ausfüllend. Dieses geschmolzene Wachs ist auch eine Ver=
bindung von Kohlen= und Wasserstoff. Unter Zutritt der
Luft erwärmt, löst es sich in Dampf auf und erneuert fort=
während den Vorrath von Gas rund um den Docht herum.
Von da ab ist der Vorgang derselbe, wie er vorhin beschrieben.
Wir können in der Lichtflamme dieselben drei Partien unter=

scheiden, die wir bei der Flamme des Steinkohlengases fanden. Der Docht im Mittelpunkt bleibt schwarz, nur sein umge= bogenes Ende, das die äußere Hülle erreicht, wird glühend, weil er hier in Berührung mit der Luft einer höheren Tem= peratur unterworfen ist, die ihn vollständig verzehrt, weshalb er kürzer wird, je weiter die Kerze brennt.

Unter den bemerkenswerthesten Experimenten, welche über die Verbrennung der Kerzen angestellt wurden, führen wir folgendes an, das unsere Theorie bestätigen wird. Der englische Gelehrte Dr. Frankland befand sich 1859 zu Cha= monix am Fuße des Montblanc. Hier wog er sechs Kerzen und ließ sie während einer Stunde in der Stadt brennen, wog sie darauf von Neuem und maß so den Verlust ihres Gewichtes, den sie in Folge der Umwandlung einer gewissen Quantität Wachs in kohlensaures Gas und Wasserdampf erlitten. Nun schaffte er dieselben Kerzen nach dem Gipfel des Berges, und ließ sie auf der Höhe von ohngefähr 3700 Meter nochmals eine Stunde lang brennen, wobei er sie durch ein Zelt gegen den Wind schützte. Die Verbrennung schien sehr schwach; die Flammen waren sehr blaß, und dennoch fand man, als man die Kerzen bei der Rückkehr wog, daß fast dieselbe Quantität Wachs als früher am Fuße des Berges verbraucht war. In beiden Fällen geschah die Verbrennung also mit derselben Energie, aber auf dem Berge ist der Luft= druck nur halb so stark als im Thale, die Luft ist deshalb dünner, sie kann die Flamme leichter durchdringen, und ver= brennt hier den Kohlenstoff, ohne ihn einen Augenblick frei zu lassen; deshalb ist die Flamme so blaß. Diesem Schluß zufolge mußte man annehmen, daß dieselben Kerzen bei einem sehr starken Druck räuchrig brennen würden, weil die zusammengepreßte Luft nicht beweglich genug ist, um die

Flamme schnell zu durchdringen, so daß ein großer Theil des
Kohlenstoffs abkühlt und dadurch am Brennen verhindert wird.
Das hat Dr. Frankland später in der That bewiesen.

Unter den gebräuchlichen Brennstoffen giebt der Wasser=
stoff, wenn er sich mit Sauerstoff verbindet, um Wasser zu
bilden, die meiste Wärme. Bei gleichem Gewicht mit der
Kohle erzeugt er eine vier Mal so große Quantität Wärme
als diese. Aber sein Gebrauch wird dadurch erschwert, daß
er erst durch chemisches Verfahren zubereitet und in sehr

großen Behältern
aufbewahrt werden
muß, denn da er
ohngefähr 13 Mal
leichter ist als die
Luft, so nimmt er
viel Raum ein. Fer=
ner braucht man
auch reinen Sauer=
stoff, in besondere
Gefäße verschlossen.
Das ist also ein sehr
umständliches und
kostbares Mittel, sich
Wärme zu verschaf=
fen, und man wendet
es nur in gewissen
Fällen an, wo das
gewöhnliche Ver=

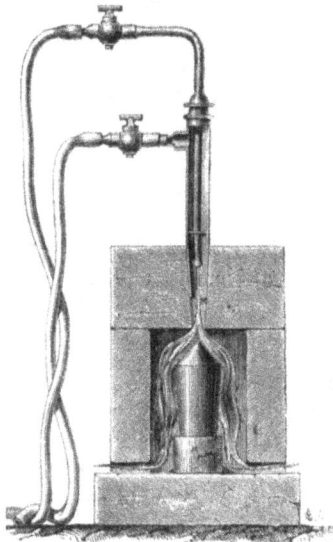

Fig. 16. Knallgasgebläse.

fahren nicht ausreicht, z. B. wenn es gilt, strengflüssige
Metalle zum Schmelzen zu bringen. Folgendes ist die Ein=
richtung eines Knallgasgebläses, welches zum Schmelzen des

Platins gebraucht wird, da dieses Metall dem gewöhnlichen
Schmiedefeuer widersteht. Der Sauerstoff wird durch ein
kupfernes Rohr zugeleitet, welches in eine Platinspitze endet;
der Wasserstoff durch ein concentrisches Rohr, welches eben=
falls eine Platinspitze hat (Fig. 16). Das angezündete
„Knallgas" brennt mit einer blassen, außerordentlich heißen
Flamme, deren Temperatur auf 2500 Grad geschätzt werden
kann. Der Strahl wird durch eine enge cylindrische Oeffnung
in einen Block von ungelöschtem Kalk geführt, welcher als
Deckel auf einem Kalkgefäß liegt. In das Gefäß sind unten
kleine Löcher gebohrt, durch welche der Wasserdampf entweicht,
der das Verbrennungsproduct des Wasserstoffs ist. Im
Innern befindet sich ein gleichfalls aus Kalk gefertigter
Schmelztiegel, in dem das Metall verschlossen ist. Die Flamme
beleckt den Tiegel von allen Seiten, und so schmilzt das
Metall. Um 1 Kilogramm Platin in Fluß zu bringen,
braucht man 60 Liter Sauerstoff und 120 Liter Wasserstoff.

In der Praxis, wo es sich darum handelt, große Mengen
Platin auf einmal zu schmelzen, ersetzt man übrigens, nach
Deville und Debray's Vorgange, den Wasserstoff ein=
fach durch Leuchtgas. Deville hat ferner sehr hohe Tem=
peraturen durch Anwendung der Petroleumflammen erzielt
und dieselben zu Schmelzversuchen angewandt.

3. Wärme durch mechanische Wirkungen erzeugt.

Nächst den chemischen Reactionen bietet uns die mecha=
nische Arbeit das wichtigste Hilfsmittel zur Wärmeerzeugung;
es lassen sich eigentlich sogar alle anderen auf dieses eine
zurückführen.

Daß Reibung Wärme entwickelt, ist allbekannt. Seneca
berichtet, daß die Hirten sich Feuer verschaffen, indem sie das

Ende eines harten Holzscheites in der Höhlung eines anderen
reiben; und dieses Verfahren ist auch jetzt noch bei den wilden
Völkern gebräuchlich. Die Zapfen einer Maschine erhitzen
sich durch die Reibung an ihren Lagern; die Naben der Räder
gerathen oft in Brand, während sie sich schnell um ihre Achse
drehen, und auf den Eisenbahnen sind dadurch Feuersbrünste
entstanden. Darum muß man eine fettige Substanz zwischen
die reibenden Flächen bringen und diese oft erneuern.
Wenn die Reibung sehr stark ist, so findet eine Trennung, eine
Losreißung der Bestandtheile statt und die Hitze wird außerordentlich intensiv. So streut ein auf einem Flintenstein
reibendes Stahlrad weißglühende Metalltheilchen umher,
welche man zur Beleuchtung in Bergwerken zu benutzen versucht hat. Wenn wir Feuer anschlagen, so fallen die durch
die Reibung mit dem Stein glühend gewordenen Eisen-
theilchen auf den Zunder und setzen ihn in Brand. Ebenso sieht man unter starkem Hufschlag Funken sprühen.

Beim Bohren der Metalle bemerkt man ebenfalls eine
große Wärmeentwickelung. Rumford ließ eine Kanone, die
gebohrt werden sollte, auf der Drehbank befestigen; an dem
einen Ende wurde eine Höhlung gemacht, in welche das Ende
eines stumpfen Bohrers paßte; dann wurde das Ganze mit
Wasser umgeben. Während nun der Bohrer arbeitete, wurden
in 2½ Stunden zehn Liter Wasser zum
Sieden gebracht und verdampft. Der
Hammer, der auf den Ambos niederfällt,
erwärmt das Eisen. Die Bleikugel,
welche die Zielscheibe trifft, kann sich bis
zum Schmelzen erhitzen.

Alle Körper erwärmen sich durch
Compression. Bei den festen und flüssigen,

Fig. 17. Compression
der Flüssigkeiten.

die verhältnißmäßig wenig zusammengedrückter sind, ist die
Erwärmung auch nur gering.   So muß man auf gewöhnlichen Aether einen Druck von 30 Atmosphären ausüben,
damit seine Temperatur um 6 Grad steigt.   Denken wir uns,
um von diesen Zahlen eine Vorstellung zu erhalten, einen Cylinder, der einen Quadratdecimeter im Durchschnitt hat und 1 Decimeter hoch
mit Aether gefüllt ist, also gerade 1 Cubikdecimeter oder 1 Liter enthält.   Die Atmosphäre drückt auf die Oberfläche mit einem
Gewicht von 103 Kilogramm, und dieser
Druck vertheilt sich in der Flüssigkeit, er
wirkt gegen die Wände und gegen den
Boden des Gefäßes.   Bringt man nun auf
die freie Oberfläche einen Stempel, der mit
einem Gewicht von 3090 Kilo belastet ist,
so erleidet die Flüssigkeit dadurch einen Druck
gleich dem von 30 Atmosphären, und ihre
Temperatur steigt um 6 Grad, während ihr
Volumen um 4 Cubikcentimeter (also um $\frac{4}{1000}$)
vermindert wird.

Die Gase, die sich alle sehr stark zusammendrücken lassen, erwärmen sich auch bedeutend
infolge der Compression.   Dies sieht man am
Luftfeuerzeug (Fig. 18).   Dasselbe besteht
aus einem Glascylinder, dessen unteres Ende
durch eine aufgeschraubte Kapsel verschlossen ist,
und in welchem sich ein Stempel bewegt.   Will
man das Instrument gebrauchen, so zieht man
den Stempel auf, schraubt die Kapsel ab, legt
Zündschwamm hinein, schraubt sie wieder an.

Fig. 18.
Luftfeuerzeug.

und stößt nun den Stempel kräftig hinein. Durch die Compression erhitzt sich die eingeschlossene Luft so stark, daß der Schwamm Feuer fängt.

In allen Experimenten, wo Wärme durch Zusammenpressung entstehen soll, muß die mechanische Gewalt s ch n e l l ausgeübt werden, sonst theilt die Wärme sich sogleich den benachbarten Körpern mit und ihre Wirkung wird dadurch abgeschwächt. Wenn man den zusammenpressenden Körper in einen Behälter einschließt, der die Wärme schlecht leitet, wie z. B. Glas, so vermindert man diesen Verlust.

4. Die durch eine mechanische Arbeit erzeugte Wärme ist dieser Arbeit äquivalent.

Alle diese Erscheinungen, deren Form ins Unendliche variirt werden kann, haben einen gemeinschaftlichen Charakter, der erst vor wenigen Jahren erkannt worden ist, und den genau zu verstehen, von großer Wichtigkeit ist. Es sind dazu vorerst einige Begriffe aus der Mechanik erforderlich.

Wenn ein Körper ruht, so kann er sich nicht von selbst in Bewegung setzen. Erst durch eine äußere Ursache, die wir Kraft nennen, kann dies geschehen. So lange die Kraft wirkt, ist die Bewegung des Körpers allen Veränderungen unterworfen, die von der Art ihrer Wirkung abhängen; wird die Kraft unterdrückt, so fährt der Körper fort, sich in derselben Richtung gleichmäßig weiter zu bewegen, ohne daß er im Stande wäre, diese Bewegung selbst zu ändern. Er gehorcht dem Antrieb, welchen die Kraft ihm gegeben, und das dauert so lange fort, als keine andere Ursache dazwischen tritt. Hier haben wir eine der Grundeigenschaften der rohen Materie: d a s G e s e t z d e r T r ä g h e i t.

Es giebt im ganzen Weltall keinen Körper, der nicht der Wirkung irgend einer Kraft unterworfen wäre, denn alle

Körper ziehen sich gegenseitig an, einem Gesetz gehorchend, das wir die allgemeine Schwere nennen. Diese Anziehung bewirkt, daß die Erde jährlich ihren Kreislauf um die Sonne beschreibt, daß der Mond sich zu gleicher Zeit um die Erde dreht und alle Himmelskörper im Weltraum sich bewegen.

In sehr vielen Fällen kann ein Körper von einem gewissen Gesichtspunkt aus so erscheinen, als ob keine Kraft auf ihn wirkte; z. B. wenn wir ihn in Beziehung auf uns selber betrachten. Eine Kugel, die an einem Faden hängt, wird in Wirklichkeit ebenso, wie wir selbst, von der Erde im Himmelsraum fortgeführt, aber wir sagen, sie rührt sich nicht, weil sie sich nicht von uns entfernt. Sie ist in r e l a t i v e r Ruhe, nicht in a b s o l u t e r; sie bewegt sich in der That mit der Erde, und unter dem Einfluß derselben Kräfte. Obgleich sie ferner in relativer Ruhe zur Erde ist, wird sie doch von dieser angezogen, und wenn sie nicht fällt, so liegt das daran, daß der Faden sie zurückhält. Der Faden wird durch das Gewicht der Kugel gespannt, seine Cohäsion widersteht der Zugkraft; die Kugel ist also zwei gleichen und entgegengesetzten Kräften unterworfen, von denen die eine sie nach oben, die andere nach unten zieht; diese Kräfte heben sich auf, und deshalb fällt die Kugel nicht. Schneiden wir jetzt den Faden ab, so zerstören wir eine der beiden Kräfte, die sich das Gleichgewicht hielten, die Schwere wirkt nun allein, die Kugel fällt. Sie fällt aber nicht mit gleichmäßiger, sondern mit beschleunigter Geschwindigkeit: in der ersten Secunde 5 Meter, in der zweiten 15, in der dritten 25, u. s. f.

Der Fall eines Körpers stellt eine gewisse A r b e i t der Schwerkraft vor, die man abschätzt, indem man sein Gewicht mit dem durchlaufenen Weg multiplicirt. Wenn zum Beispiel das Gewicht 1 Kilogr. beträgt und die Höhe des Falles

425 Meter, so sagt man, es ist eine Arbeit von 425 Kilo=
grammetern verbraucht. Der Körper hat dadurch eine ge=
wisse „lebendige Kraft" erworben, die sich z. B. in der
Schnelligkeit, die er besitzt, äußert.

Nehmen wir an, daß unser Kilogramm eine sehr elastische
Elfenbeinkugel ist, welche, nachdem sie 425 Meter tief ge=
fallen, eine fest am Boden haftende Marmorfläche trifft; sie
wird abprallen, und wenn die Fläche vollständig horizontal
ist, noch einmal bis fast zu der Höhe von 425 Metern auf=
steigen, also bis zu dem Punkt, von dem sie ausgegangen.
Hier scheint sie einen Augenblick zu ruhen, und wenn jetzt die
Schwere aufhören würde auf sie zu wirken, so bliebe sie
fortan unbeweglich.

Was hat sich nun während des Stoßes der Kugel gegen
die Fläche zugetragen? Die Kugel ist abgeplattet worden,
und die Marmortafel hat an der Berührungsstelle einen
leichten Eindruck erhalten. Man könnte diese Thatsache leicht
erkennen, wenn man die Oberfläche der Kugel mit einer
fettigen Substanz bestriche: nach dem Fall fände man auf der
Fläche einen zirkelrunden Fleck, ein Beweis, daß die Berührung
an einer großen Anzahl von Punkten stattgefunden. Eine
runde Kugel aber berührt eine Fläche nur an einem einzigen
Punkt; also hat der Stoß eine zweifache Formveränderung
zur Folge gehabt: die Abplattung der Kugel und den Eindruck
auf der Marmorplatte. Dieser Eindruck ist indessen nur
unbedeutend, und wir können annehmen, daß er gar nicht
existirt; nur in diesem Falle nämlich kann die Kugel genau
zu derselben Höhe aufsteigen, aus der sie gefallen ist. Wir
werden also die Platte als vollkommen h a r t betrachten und
nur die Abplattung der Kugel berücksichtigen.

Die Kugel wurde allmählich abgeplattet, während sie ihre

5 *

Schnelligkeit verlor, und in dem Augenblick, als die Form=
veränderung den höchsten Grad erreicht hatte, war die
Schnelligkeit null. Darauf nahm die Kugel wieder ihre ur=
sprüngliche Form an, während sie fortfuhr, die Fläche zu
berühren, und trennte sich schließlich von derselben, um wieder
aufzusteigen. Während sie aufstieg, wirkte die Schwere als
Widerstand, der sich ihrer Bewegung entgegensetzte.
Allerdings wirkt auch die Luft als Widerstand, in demselben
Sinne wie die Schwere, dieser ist indeß so gering, daß wir
ihn nicht weiter beachten. Als die Kugel auf der Höhe
von 425 Meter zum Stillstand gelangte, betrug die von ihr
geleistete Arbeit der Widerstandsüberwindung 425 Kilo=
grammeter. Also die während des Fallens entwickelte Energie
ist im Stande, denselben Körper zu einer der Fallhöhe gleichen
Höhe emporzuheben; hat sie dies gethan, so ist sie vollständig
verschwunden. Im Allgemeinen nennen wir „verbrauchte
Arbeit" die Wirkung einer Kraft, welche einen Körper be=
wegt, und „geleistete Arbeit" die Wirkung eines durch
die Bewegung des Körpers besiegten Widerstandes. In
unserem Beispiel haben wir eine, während des Fallens ver=
brauchte Arbeit von 425 Kilogrammetern, und eine gleiche,
während des Steigens erzeugte Arbeit.

Das eben beschriebene Experiment hat den Zweck, zu
erklären, worin das Princip der Erhaltung der Kraft
besteht. Wenn eine Kraft auf einen Körper gewirkt und ihn
damit in Bewegung gesetzt hat, so hat sie ihm eine gewisse
Energie mitgetheilt, deren Maß die verbrauchte Arbeit ist;
der Körper verliert diese Energie, diese „lebendige Kraft",
wenn er einen Widerstand beseitigt und damit eine der vorigen
gleiche Arbeit leistet. Diesen Vorgang haben wir eben
betrachtet. Oft verliert der Körper seine Energie auf andere

Weise, nämlich wenn er sie auf andere Körper überträgt und selbst in Ruhe tritt. Dann verlieren die Körper, welche diese Energie erworben haben, sie ihrerseits, indem sie eine entsprechende mechanische Arbeit leisten, wenn sie wieder zur Ruhe gelangen. In diesem Entsprechen der verbrauchten und geleisteten Arbeit liegt die „Erhaltung der Kraft". Diese und ähnliche Fragen behandelt die Mechanik; wir können dieselben hier nur im Vorbeigehn berühren, um uns das Verständniß der folgenden Sätze zu erleichtern.

Nehmen wir wieder unsern Körper von 1 Kilogr. und lassen ihn von 425 Metern Höhe in eine Wassermasse fallen. Diese bewegt sich lebhaft, beruhigt sich aber allmählig, und bald sind Wasser und Kugel ganz in Ruhe. Es hat sich dem Wasser wol eine Bewegung mitgetheilt, aber diese ist erstorben, ohne daß wir in der Umgebung eine gethane Arbeit von 425 Kilogrammetern entdecken könnten. Die während des Falles durch die Schwere entwickelte Kraft scheint aufgehoben, ohne daß eine andere Kraft sichtlich überwunden wäre. Das Princip der Erhaltung der Kraft scheint sich hier nicht zu bestätigen.

Aber untersuchen wir dieses Wasser jetzt näher; haben wir vor dem Falle ein Thermometer hineingestellt, so werden wir sehen, daß die Temperatur gestiegen ist. Das Wasser selbst hat sich also, während es die Schnelligkeit des Körpers aufhob, erwärmt; es hat Wärme hervorgebracht. Ist es also nicht natürlich, anzunehmen, daß diese Wärme gerade das Aequivalent der Quantität Arbeit ist, die wir nicht auffinden konnten und daß die von der Schwere herrührende Kraft nicht aufgehoben, sondern einfach v e r w a n d e l t ist, die Form einer anderen Kraftwirkung angenommen hat, die wir Wärme nennen? Die Massenbewegung wurde durch

eine molekulare Bewegung ersetzt, die unsere Augen nicht
sehen, deren Wirkungen wir aber mit Hilfe des Thermometers verfolgen können. Wir sprechen also eine Thatsache
aus, wenn wir sagen: die erzeugte Wärme ist äquivalent
(gleichwerthig) mit der verbrauchten mechanischen Arbeit.

5. Das mechanische Aequivalent der Wärme.

Die Grundzüge der Ansicht über die Aequivalenz von
Wärme und Arbeit sind erst in den vierziger Jahren dieses
Jahrhunderts von Dr. R. Mayer in Heilbronn, Joule in
Manchester, Colding in Kopenhagen, u. A. aufgestellt worden.
Einer Arbeit von 425 Kilogrammetern entspricht eine Wärmeeinheit; deshalb nennt man diese Zahl (425 Kilogrammeter)
das mechanische Aequivalent der Wärme. Fällt
ein Körper aus irgend einer Höhe ins Wasser, so entsteht
Wärme; wie viel? Das findet man, wenn man die verbrauchte Arbeit durch 425 dividirt. Wiegt der Körper
z. B. 10 Kilogramm und fällt aus einer Höhe von
42$^{1}\!/_{2}$ Metern, so ist die verbrauchte Arbeit wieder 425, sie
erzeugt also wieder eine Wärmeeinheit; betrüge die Höhe
85 Meter, so wäre die Arbeit 850, es würden zwei Wärmeeinheiten erzeugt, u. s. w.

Wir sind schon am Ende des zweiten Kapitels dem mechanischen Aequivalent der Wärme begegnet; damals handelte
es sich um Ausführung von Arbeit durch Wärme. Wir
können nun folgenden Grundsatz aussprechen: wenn die
Wärme zur Widerstandsbeseitigung dient, so verschwindet
eine Einheit, während 425 Kilogrammeter producirt werden
wenn die Wärme umgekehrt durch eine mechanische Wirkung
erzeugt wird, so erscheint eine Einheit, während 425 Kilogrammeter verbraucht werden.

Dieselbe Wechselbeziehung zwischen der mechanischen
Arbeit und der Wärme existirt auch in allen anderen Fällen,
wo durch einen Schlag, Stoß, durch Reibung oder Zusammen=
drückung Wärme erzeugt wird.   Um dieselbe zu messen,
ersann Joule im Jahre 1843 folgendes Experiment.   Zwei
Kupferplatten, befestigt an einer vertikalen Achse, sind voll=
ständig in Wasser getaucht, und um die Achse windet sich
eine Schnur, welche über eine Rolle geht und durch ein
Gewicht gespannt wird. (Fig. 19.) In dem Wasser befindet

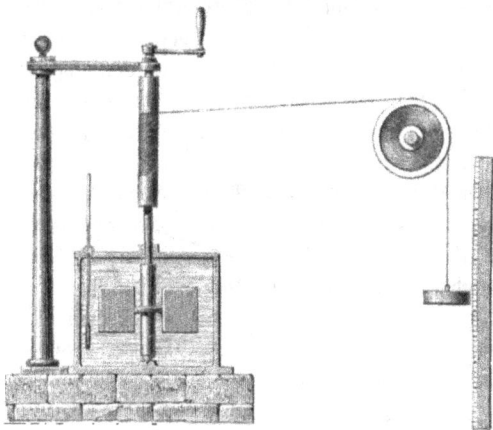

Fig. 19.

sich ein Thermometer.   Man hat vorher das Wasser, das
Gefäß und die Platten abgewogen.   Nun läßt man das Ge=
wicht an der Schnur niederfallen.   Die Schwere ist hier
die bewegende Kraft, und die verrichtete Arbeit erhalten wir
durch Multiplikation des Gewichtes mit der durchfallenen
Höhe.   Die Platten bewegen das Wasser, und durch diese

Reibung wird Wärme entbunden. Man notirt die Erhöhung
der Temperatur, die das Thermometer angiebt, und hat nun
Alles, was zur Messung der Wärme erforderlich ist. Was
die verbrauchte Arbeit betrifft, so ist hier Mehreres zu beob=
achten. Das Gewicht steigt herab und steht still, sobald es
den Boden berührt; hat man nun einfach die Höhe des Weges
mit dem Betrag des Gewichtes zu multipliciren? Nein; denn
dieses Product ist wol die bewegende Arbeit, aber sie ist nicht
ganz verausgabt und in Wärme verwandelt durch die Rei=
bung der Platten. Ein Theil ist aufgewandt, um die Steifig=
keit der Schnur und den Widerstand der Luft zu überwinden,
ein anderer, um ein Wenig Wärme durch Reibung der Rolle
und der Achse, welche die Platten trägt, hervorzubringen, und
diese Wärme wird von dem Thermometer nicht gemessen;
endlich, wenn das Gewicht den Boden berührt, wird auch
durch den Zusammenstoß noch Wärme erzeugt, die man nicht
beobachtet. Man kann die auf diese Weise verlorene Arbeit
berechnen, doch ist das Verfahren zu umständlich, um es hier
auseinander zu setzen. Zieht man diese nun von der ganzen
Summe der ausgeführten Arbeit ab, so hat man die Quan=
tität, welche man mit der vom Thermometer angegebenen
Wärme vergleichen muß.

6. Naturerscheinungen, wo die mechanische Kraft in Wärme verwandelt wird.

Verlassen wir nun das Laboratorium des Physikers, um
uns in der Natur nach ähnlichen Vorgängen umzusehen.
Denken wir uns z. B., daß wir auf der Eisenbahn fahren.
So oft der Zug anhält, hören wir die Bremse knirschen, die
sich an die Räder legt, um die Bewegung zu hemmen. Die
Reibung der Bremse erzeugt eine bedeutende Hitze, während

die Geschwindigkeit des Zuges allmählig abnimmt; die Hitze
repräsentirt verbrauchte Arbeit, nämlich die Arbeit der Loco=
motive, die den Zug in Bewegung setzte und ihm seine Ge=
schwindigkeit verlieh. Nun setzt sich der Train wieder in
Marsch; der Dampf drückt auf den Kolben, und dieser über=
trägt den Druck auf die großen Räder der Maschine; diese
theilen ihn ihrerseits den Eisenbahnschienen mit, und diese
wirken wieder zurück: die Rückwirkung der Schienen ist es,
die den Train vorwärts treibt. Hörte die Reibung auf, und
die Schienen wären vollständig horizontal, so würde der
Train sich wie eine der Wirkung der Schwere unterworfene
Masse verhalten, die einen Stoß empfangen. Er würde sich
gleichmäßig bewegen vermöge seiner Trägheit, ohne daß man
nöthig hätte, den Stoß zu wiederholen, Arbeit zu veraus=
gaben. Aber auf jeder Achse und auf den Schienen findet
Reibung statt; darum muß man fortfahren den Dampf wir=
ken zu lassen, d. h., die Kraft zu unterhalten. Die bewegende
Arbeit, welche die Maschine ausgiebt, wird dazu verwendet,
„die Reibung zu überwinden". In Wirklichkeit dient sie zur
Erzeugung der Wärme, welche die Reibung begleitet; und
da diese Arbeit auf Kosten der Wärme geschieht, die in der
Feuerung der Maschine durch Verbrennung entstanden, so
kann man sagen, daß der Dampf die Wärme der Feuerung
verbraucht, während die reibenden Flächen eine gleiche Quan=
tität Wärme hervorbringen, welche sich zerstreut. Und so
geht nichts in der Natur verloren, die ganze Schwierigkeit
liegt darin, die verschiedenen Verwandlungen einer Kraft zu
verfolgen. Bei der Bewegung des Eisenbahnzuges auf einem
horizontalen Wege wird die Wärme der Feuerung fortwährend
in mechanische Arbeit verwandelt und die Arbeit selbst wird
wieder in die bei der Reibung entstandene Wärme umgesetzt;

die Bewegung der Atome bei der Verbrennung wird auf die
großen Massen des Trains übertragen und diese Massen thei=
len sie ihrerseits vermittelst der Reibung anderen Atomen mit.

Nach dieser Auseinandersetzung werden wir die Noth=
wendigkeit einer reichlichen Einfettung der Achsen begreifen.
Wenn der dazu Angestellte es versäumt, das Oel, welches
sich zu diesem Behufe in kleinen Behältern an jedem Achsen=
ende befindet, oft zu erneuern, so wird die Reibung stärker,
die Reibungswärme nimmt zu, und der Heizer ist genöthigt,
mehr Kohlen zu verbrennen. Es entsteht daraus also gleich=
zeitig Feuersgefahr und ein übertriebener Verbrauch von
Brennmaterial, den man vermeiden muß.

Machen wir jetzt dem Rheinfall einen Besuch, dem schön=
sten Wasserfall in ganz Europa. Das Wasser des Rheines
stürzt bei einer Breite von 100 Metern, 20 Meter tief
herunter. Die Natur selbst hat diese gewaltige Barre im
Flußbette errichtet und durch die Schwere fällt jedes Kilo=
gramm Wasser, das auf der Höhe anlangt, 20 Meter tief.
Wir haben hier also eine Arbeit von 20 Kilogrammetern,
die in Wärme umgesetzt wird. Die Schnelligkeit unseres
Kilogramms Wasser nimmt während des Fallens zu, aber
dieser Zuwachs verliert sich im Strudel der Wellen; der Lauf
des Stromes ist auf einer Seite des Falles nicht schneller als
auf der andern in einiger Entfernung. In der Mitte der
sprudelnden Wellen am Fuße des Wasserfalles geschieht die
Verwandlung der mechanischen Arbeit der Schwere in Wärme.
Eine Wassermasse von 21 Kilogrammen erzeugt durch ihren
Fall eine Wärmeeinheit. Nehmen wir an, daß in einer
Secunde 210 Kubikmeter Wasser vorbeipassiren, was für
einen so großen Strom kein ungewöhnlicher Satz ist, so fallen
in der Secunde 210,000 Kilogramme 20 Meter tief; dies

giebt 10,000 Wärmeeinheiten in der Secunde, oder 864
Millionen Einheiten in einem Tage, eine Wärmemenge,
welche hinreicht, um 12,000 Kubikmeter Eis zu schmelzen
(einen Eisberg, groß wie ein Haus). Dies ist aber lange
nicht alle Wärme, welche die Bewegung des Stromes hervor=
bringt. In seinem Lauf von der Quelle bis zur Mündung
fließt das Wasser eine sanfte Abdachung hinunter, durch die
Schwere angetrieben, und die Ufer, sowie den harten Boden
des Bettes unaufhörlich reibend: eine neue Ursache der Er=
wärmung, ein neues Beispiel für die Erhaltung der Kraft.

Gehen wir bis zur Mündung des Stromes und ver=
weilen einen Augenblick am Strande des Meeres. Die ge=
waltigen Wogen, welche am fernen Horizont ihre schäumenden
Kronen erheben, verdanken ihr Entstehen einer Kraft, wie
der des Windes; ihre Schwere drückt sie nieder; andere
erheben sich und fallen wieder, und diese ganze Bewegung,
diese Umwälzung geschieht nach einem bestimmten Gesetz,
einer bestimmten Ordnung. Tiefe Furchen, Thälern glei=
chend, nähern sich in paralleler Linie dem Ufer, und jedes
flüssige Thal verschwindet wie ein Wasserfall, der sich in
einem letzten Aufbrausen erschöpft. Das ist die Ordnung im
Chaos. Findet nicht bei dieser ins Unendliche vervielfältigten
Bewegung fortwährende Erzeugung von Wärme statt, und
haben die Seeleute also nicht Recht, wenn sie sagen, das be=
wegte Meer ist wärmer als das ruhige? Und die Badenden,
welche den Stoß der Wellen empfangen, sammeln sie nicht
auch ihren Theil von dieser Wärme ein?

Unter den Bewegungen des Oceans giebt es noch eine
weit großartiger als die bisher betrachtete, die einen bedeu=
tenden Einfluß auf den Wärmezustand unserer Erdkugel hat.
Es ist dies die Ebbe und Fluth.

Zwischen der Erde und dem Monde besteht eine gegen=
seitige Anziehung, die bis zur Berührung gehen würde, wenn
nicht ein gegebener Antrieb dieser Kraft entgegenstände, dessen
Wirkung sich mit derjenigen der Anziehungskraft verbindet,
um den Mond in einer beinahe kreisrunden Bahn um die
Erde zu führen. Diese Anziehung erhebt den Ocean unter
dem Monde, aber zugleich auch auf der entgegengesetzten
Seite der Erdkugel (weil das Wasser hier weniger angezogen
wird, als der feste Erdkern). Die Figur 20 zeigt diese dop=
pelte Fluthwelle. Da sich die Erde nun in 24 Stunden um

Fig. 20. Ebbe und Fluth.

ihre Achse dreht, so scheint der Mond von Osten nach Westen
zu gehn, und die Fluthwelle wandert mit ihm über die Fläche
des Meeres, soweit es die Unregelmäßigkeiten der Erdober=
fläche gestatten. Da es zwei Fluthwellen giebt, so steigen die
Wasser zweimal des Tages am selben Ort, zu bestimmten
Stunden, die sich vorher berechnen lassen. Da nun das Meer
von dem Monde aufgehalten wird, während das Festland sich
von Westen nach Osten dreht, so wird das erstere wie ein
Hemmschuh auf das letztere wirken, und durch seine Reibung
Wärme erzeugen. Es liegt nahe, anzunehmen, daß diese
Wärmeentwickelung auf Kosten der Umbrehungsgeschwindig=
keit der Erde stattfindet, woraus folgen müßte, daß die
Dauer des Tages allmählich zunimmt. Eine solche Zunahme

ist aber bis heute nicht beobachtet worden, sie ist jedenfalls
außerordentlich gering. Man hat sich in neuerer Zeit mehr=
fach mit dieser Frage beschäftigt, die früher bereits von
Immanuel Kant und von Dr. Mayer in Heilbronn angeregt
worden war; man hat versucht, einen Einfluß der Fluth=
reibung in der Bewegung des Mondes nachzuweisen, es
läßt sich aber gegen diese Schlüsse viel einwenden.

Ein englischer Physiker, William Thomson, hat die
Wärme ausgerechnet, welche dadurch entstehen würde, daß
die Erde durch Anlegung eines Hemmschuhs ganz zum Still=
stand gebracht würde; er fand, daß dieselbe der Wärme
gleichkommt, welche die Sonne in 81 Tagen ausstrahlt.

Jedermann hat Sternschnuppen gesehen. Zu gewissen
Zeiten des Jahres, im August und November, sind sie be=
sonders zahlreich. In Boston hat man einmal bis 240,000
in 9 Stunden geschätzt. Vermuthlich sind es kleine Welt=
körper, die von der Erde, wenn sie derselben nahe kommen,
so stark angezogen werden, daß sie in unsere Atmosphäre
gerathen*). Die starke Reibung, welche sie erfahren, in=
dem sie sich mit großer Geschwindigkeit durch die Luft be=
wegen, erhitzt diese Meteore, so daß sie in Brand gerathen;
viele verbrennen vollständig, andere (die Feuerkugeln) zer=
platzen wie Bomben und fallen als Meteorsteine zur Erde.
Solche Steinfälle sind von Umständen begleitet, die auf die
Zuschauer großen Eindruck machen: ein Rollen, wie von
fernem Donner, ein Knattern, wie Gewehrfeuer, blendender
Lichtschein, u. s. w. Der Zusammenstoß mit der Atmosphäre

---

*) Nach den neuesten Untersuchungen von Schiaparelli scheinen
Sternschnuppen und Kometen denselben Ursprung zu haben; die
Sternschnuppen sind kleine Kometen, die truppweise vorkommen.

bringt also Wärme und Licht hervor; auch das Niederfallen
der Steine auf den Boden muß noch Wärme entwickeln.

Auf diesen Bemerkungen beruht eine ziemlich sonderbare
Hypothese über den Ursprung der Sonnenwärme. Der ganze
Weltraum ist nach dieser Ansicht mit Astroïden, d. h. mit
Schwärmen von kleinen selbstständig herumirrenden Massen
erfüllt. Jeder Schwarm kreist um eine Centralmasse, der er
sich allmählich nähert. Die Sonne ist das Centrum eines
solchen Schwarms, der einen Schein verbreitet, welchen die
Astronomen Zodiakallicht nennen. Diese Astroïden fallen nun
unaufhörlich auf die Sonne, etwa wie ein Regen von Wurf-
geschossen, welche Wärme schaffen, während sie ihre Schnelligkeit verlieren. William Thomson hat berechnet, daß die
Quantität Materie, die jedes Jahr auf die Sonne fallen
müßte, um ihre Wärme zu unterhalten, eine Schicht von 20
Metern Tiefe auf ihrer Oberfläche bilden würde. Die Masse
dieses Gestirnes würde demnach stufenweise wachsen, und die
Rechnung ergiebt, daß seine Achsendrehung dadurch in 53
Jahren um eine Stunde verlangsamt, und sein scheinbarer
Durchmesser in 4,000 Jahren um ein Zehntel einer Bogen-
secunde vergrößert werden müßte. Vielleicht kommen die
Astronomen noch dahin, diese Resultate durch die Beobachtung zu verifiziren. Die vorstehende Theorie der Sonnenwärme ist zuerst von Mayer in Heilbronn ausgesprochen
worden; Waterston, Thomson, u. A. haben sie weiter ausgebildet.

„Es ist durch den Apostel Petrus prophezeihet (sagt Tyn-
„dall in einer Vorlesung über die Kraft), daß die Elemente
„durch das Feuer verzehrt werden sollen. Die Bewegung
„der Erde allein enthält schon alle Bedingungen, durch welche
„diese Prophezeihung in Erfüllung gehen kann." Die Erde

wandert um die Sonne mit einer Schnelligkeit von 30 Kilometern in der Sekunde. Wenn diese Bewegung plötzlich gehemmt würde, so entstände dadurch eine Quantität Wärme, groß genug um den ganzen Erdball in Dampf aufzulösen; fiele die Erde, wie einer jener Sterne, auf die Sonne, so würde sie durch den Zusammenstoß so viel Wärme befreien, als eine 6000 Mal so große Kohlenkugel, die im Sauerstoff brennt.

Verlassen wir nun die Himmelsräume und kehren wieder auf unseren bescheidenen Planeten und in unser Laboratorium zurück. Werden wir uns nicht versucht fühlen, über den Mechanismus der Atom-Bewegungen nachzudenken, und die chemische Wärme nach denselben Grundsätzen zu erklären? Gleicht unsere Kohle, die im Sauerstoff brennt, nicht einer kleinen Sonne mit ihrem Astroïdenschwarm, der auf sie herabstürzt? Müssen nicht auch die Atome des Sauerstoffs, die sich auf die Kohle werfen, um mit ihr vereinigt zu werden, Wärme hervorbringen, indem sie ihre Schnelligkeit einbüßen? So hätte die Verbrennungswärme denselben Ursprung wie die Sonnenwärme.

Vergessen wir nicht, daß dies Alles nur Vermuthungen, Hypothesen sind; aber doch, wie gut erklären sie die Thatsachen! Welch' einfachen, natürlichen Zusammenhang lassen sie ahnen!

7. Wärme durch Elektricität erzeugt.

Der Blitz ist die bedeutendste elektrische Erscheinung, die wir kennen; er bringt oft die Wirkungen einer höchst intensiven Hitze hervor. Man hat große Metallmassen an der Oberfläche durch den Blitzstrahl schmelzen sehn. Hier sind es Glieder einer massiven Kette, die aneinander gelöthet werden;

dort findet sich der Hammer einer Thurmuhr an die Glocke geschweißt; anderswo sind Ziegel, Steine verglast; an einem andern Ort ist die Vergoldung von den Möbeln verschwunden, weil die Hitze so stark war, daß sie das Gold in Dampf auf= lösen konnte, was eine außerordentlich hohe Temperatur voraussetzt; manchmal ist es eine Feuersbrunst, die ausbricht.

Die Physiker können diese Erscheinungen in verjüngtem Maßstabe in ihren Laboratorien wiedergeben. Aber be= sonders die galvanischen Säulen zeigen sich als Wärmequellen, die in ihren verschiedenen Anwendungen sehr wirksam sind. Die galvanische Säule besteht im Wesentlichen aus einer Kupfer= und einer Zinkplatte, die, ohne sich zu berühren, in angesäuertem Wasser stehen. An jeder Platte befestigt man ein Ende desselben Kupferdrahts; es wird dann zu gleicher Zeit in dem Draht und im Wasser Wärme frei, so lange als sich Zink darin auflösen kann. Diese Auflösung des Zinks ist eine chemische Verbindung, die Wärme erzeugt. Durch genaue Messungen hat man gefunden, daß ein 1 Kilogr. Zink, wenn es sich in verdünnter Schwefelsäure löst, um schwefelsaures Zink zu bilden, immer 560 Wärmeeinheiten frei macht. Mißt man nun die Wärme, welche in dem gan= zen, von der galvanischen Kette und dem Leitungsdraht ge= bildeten Kreise entwickelt wird, so findet man wieder 560 Einheiten für jedes verbrauchte Kilogramm Zink. Wenn z. B. die Säule nur die Hälfte, ein Drittel, ein Viertel dieser Zahl angiebt, so enthält der Leitungsdraht die andere Hälfte, zwei Drittel, drei Viertel, so daß die Summe immer die Zahl 560 giebt. Nur die Art der Vertheilung kann je nach der Länge, Dicke und Natur des Drahtes wechseln. Es ist also klar, daß die in dem galvanischen Strom entwickelte Wärme chemischen Ursprungs ist. Durch chemische Wirkung wird

Fig. 21. Elektrisches Licht.

sie erzeugt; die Elektricität ist nur die Kraft, welche die Vertheilung ordnet.

Vereinigt man mehrere, den vorhergehenden ähnliche Elemente, in der Weise, daß man den Zink in jedem Element mit dem Kupfer des folgenden in Verbindung setzt, so hat man eine Batterie, und der Verbrauch des Zinkes wird bedeutend vermehrt. (Fig. 21.) Befestigt man an der letzten Zinkplatte einen Draht, der zu einer Kohlenspitze führt, und an der letzten Kupferplatte einen zweiten Draht, der ebenfalls zu einer Kohlenspitze führt, so kann man zwischen diesen Kohlenspitzen ein lebhaftes Licht unterhalten, welches galvanischer Bogen heißt und dessen Temperatur die höchste ist, die man kennt. Mit einer Säule von 600 Elementen hat Despretz in einigen Minuten 250 Gr. Platin geschmolzen. Nach diesem Princip sind heutzutage auch Einrichtungen zur Beleuchtung getroffen, und man sieht diese häufig bei Volksfesten angewandt. Nur zieht man es jetzt vor, den elektrischen Strom durch eine sogenannte magneto-elektrische Maschine hervorzubringen. Hier drehen sich Eisenkerne, die mit Kupferdraht umwickelt sind, vor starken Hufeisenmagneten; im Augenblick, wo die Drathrollen vor den Polen vorbeipassiren, werden sie von einem galvanischen Strom durchlaufen, den man ganz wie den Strom der Batterie benutzen kann. Die größeren Apparate dieser Art werden durch Dampfmaschinen in Bewegung gesetzt. Das Feuer erzeugt hier Dampf, die Arbeit des Dampfes erzeugt Elektricität, die Elektricität wird hinwiederum Wärme und Licht; so wird also, durch eine Reihe von Verwandlungen, die Wärme der Feuerung in zwei Kohlenspitzen concentrirt und zu blendendem Licht gesteigert.

Noch auf eine ganz andere Art können die magnetischen

6 *

Kräfte Wärme erzeugen. Eine Münze oder dergl., die man zwischen den Polen eines Elektromagneten aufhängt, läßt sich in dieser Lage nicht ohne Mühe umdrehen, als ob sie ein unsichtba=

Fig. 22.

ein unsichtba= res Hinderniß zurückhielte. Bringt man einen hohlen Kupferstab, mit leichtflüssigem Löthmetall gefüllt, in schnelle Rotation zwischen den Polen, wie in Fig. 22 angedeutet ist, so schmilzt das Löthmetall in Folge der Hitze, welche durch diese Art von Reibung im magnetischen Felde entwickelt wird.

8. Thierische und Pflanzen=Wärme.

Der Lebensproceß bei Thieren und Pflanzen ist ebenfalls eine wichtige Wärmequelle. Wir haben schon im 1. Kapitel gesagt, daß die Thiere einen Theil ihrer Eigenwärme ver= brauchen, wenn sie einen Widerstand beseitigen, wenn ihre Muskeln mechanische Arbeit ausführen. Wir haben auch ge= sehen, wie diese Ausgabe an Wärme durch die Nahrung und durch das Athmen ersetzt wird. Die Umwandlungen, welche diese in den Körper eingeführten Stoffe erleiden, werden in der Naturgeschichte unter dem Namen Ernährungsprocesse behandelt. Die Verdauung bringt Nahrungsmittel ins Blut, welche aus Kohlen=, Wasser= und Stickstoff bestehen, nur leicht unter einander verbunden; das Athmen führt in das= selbe Blut Sauerstoff ein, und nun geht eine langsame Ver= brennung vor sich, die Wärme erzeugt, indem Kohlenstoff und Wasserstoff mit dem Sauerstoff einerseits Kohlensäure, andererseits Wasser bilden. Was den Stickstoff anbetrifft, so bleibt er in den Zellgeweben, die er erneuert und weiterbildet. Man sieht also, daß die thierische Wärme von einer chemischen Reaction herrührt.

Fig. 23. Aronblüthe.

Bei den Pflanzen offenbart sich das Leben in einer
ganz andern Weise. Unter dem Einfluß der Sonnenstrahlen
zersetzen ihre Organe Wasser und Kohlensäure; der Kohlenstoff und der Wasserstoff bilden in ihren Geweben jene
Substanzen, welche die Thiere als Nahrungsmittel aufsuchen. Wir müssen annehmen, daß diese Zersetzung Wärme
verbraucht, und daß diese Wärme direct von der Sonne
kommt.

So bereitet die Sonne unsere Nahrung in der Pflanze.
„Wir sind, sagt Tyndall, nicht in einem poetischen, sondern
in einem mechanischen Sinne Kinder der Sonne." Die
thierische Wärme rührt in letzter Instanz von der Sonnenwärme her.

Sollen wir hiernach schließen, daß die Thiere allein unter
den lebenden Wesen Wärme hervorbringen können und daß
die Vegetabilien deren immer verbrauchen? Nein. Die Zersetzung der Kohlensäure und des Wassers sind nicht die einzigen Lebenserscheinungen bei den Pflanzen. In einem jungen Stamm, in Wurzeln, Knospen, Blumen, Früchten finden
chemische Verbindungen statt, welche die Entwickelung der
Organe zur Folge haben; diese Verbindungen sind nicht sehr
energisch, trotzdem aber von einer leichten Wärmeentwickelung
begleitet. Die Blume des gewöhnlichen Arons (Fig. 23)
erreicht in der Blüthezeit eine Temperatur, die 7 Grad höher
ist als die der Luft. Auf Ile-de-France zeigt der herzblätt-
rige Aron einen Temperaturüberschuß von 30 Graden. Ein
gewöhnliches Thermometer, in die Mitte der Blume gestellt,
genügt, diese merkwürdige Thatsache zu constatiren. In den
meisten Fällen, wo die Wirkungen nicht so auffallend sind, ist
man genöthigt, feinere Instrumente, wie die thermoelektrische
Säule anzuwenden.

Viertes Kapitel.

Wärmestrahlung.

---

11. Die Reflexion der Wärmestrahlen. Die Brennspiegel.

Befinden sich zwei Körper verschiedener Temperatur in einem ganz leeren Raum, so giebt der wärmere dem anderen einen Theil seiner Wärme ab und dieser Uebergang findet in geraden Linien statt, die man von einem Körper zum andern ziehen kann. Eine eigenthümliche Bewegung, die unseren Blicken entgeht, ist von dem wärmeren Körper dem kälteren mitgetheilt; man nennt die Richtungen, in welchen die Uebertragung geschieht: Strahlen, und Strahlung diese Art von Wärmeverbreitung, welche die größte Aehnlichkeit mit der Verbreitung des Lichts und der Flüssigkeitswellen hat. Um alle Umstände dieser Erscheinung zu erklären, hat man den Aether ersonnen, ein elastisches Fluidum, das den Weltraum erfüllt und in dem sich die Wärmewellen ebenso wie die Lichtwellen ausbreiten. Diese Hypothese erleichtert die Anschauung ungemein.

Wenn die Wärmestrahlen auf eine große, concav geschliffene Fläche fallen, so findet man vor dieser Fläche einen Punkt, wo die Wärme sich am stärksten concentrirt. Setzt man die Fläche der Sonne aus, so kann man mit einem

Papierblättchen den Punkt finden, wo ihr Licht sich ebenfalls concentrirt. Es ist derselbe Punkt, wo die Wärme am stärksten ist, und zwar so stark, daß sie das Papier verbrennen kann. Eine derart geschliffene Fläche nennt man einen Brennspiegel, die Stelle, an welcher sich die Strahlen sammeln, den Focus (Herd) oder Brennpunkt. Die Erscheinung, welche sich am Spiegel zeigt und die Bildung

Fig. 24. Hohlspiegel.

eines Focus zur Folge hat, heißt die Reflexion oder Rückstrahlung der Wärme. Die Figur 24 stellt einen großen

Brennspiegel dar, dessen Einfassung drei Metallstangen trägt, welche im Focus einen Stützpunkt für die brennbaren Stoffe bilden, die man der Wirkung der reflectirten Strahlen aussetzen will.

Der Gebrauch der Hohlspiegel war den Alten wohlbekannt. Euklid und Plinius sprechen davon. Plutarch führt im Leben des Numa an, daß die Vestalen sich einer Art von Brennspiegel zum Anzünden des heiligen Feuers bedienten. Archimedes soll mit Hilfe von solchen Spiegeln die römische Flotte von Syrakus in Brand gesteckt haben, wie Zonaras und Tzetzes berichten. „Archimedes, heißt es bei Zonaras, fing die Sonnenstrahlen mit einem Spiegel auf, und bediente sich der durch die Dicke und Politur des Spiegels concentrirten und reflectirten Strahlen, um die Luft zu entzünden und eine große Flamme zu erzeugen, die er auf die Schiffe schleuderte, welche in seinem Bereich vor Anker lagen." Vielleicht handelt es sich hier blos um Brennstoffe, die in Brand gesteckt und alsdann auf die Schiffe geworfen wurden. Jedoch kann man sich auch denken, daß die hölzernen Schiffswände direct angezündet wurden, wie dies mit großen Hohlspiegeln wohl möglich ist. Tschirnhausen construirte um 1687 einen kupfernen Brennspiegel von fast 6 Fuß Durchmesser, dessen Focus mehr als 6 Fuß vor der Oberfläche des Spiegels lag; man konnte damit Silber und Kupfer schmelzen, Dachziegel verglasen, u. dgl. m. Noch stärker war der Hohlspiegel von Glas, mit Zinnfolie belegt, den Bernières i. J. 1757 für Ludwig XV. construirte. Mariotte entzündete Pulver mit einem Hohlspiegel aus Eis.

Berühmt sind auch die Versuche von Buffon mit einem Apparat, der aus 168 ebenen Glasspiegeln von 6 Zoll Höhe und 8 Zoll Breite bestand, die alle mit Charnieren an einem

Rahmen befestigt waren, so daß sie zusammen eine ziemlich regelmäßige Kugelfläche bildeten. Man konnte sie so stellen, daß alle oder ein Theil das Sonnenbild nach demselben Punkte warfen, und dadurch in Entfernungen von 20 bis 150 Fuß große Hitze erregten. So zündete Buffon mit 40 Spiegeln auf 50 Fuß ein getheertes buchenes Brett an; mit 128 Spiegeln auf 158 Fuß getheertes Tannenholz; mit 117 Gläsern schmolz er Silber, u. s. w. Vielleicht bediente sich Archimedes auch solcher ebenen Spiegel.

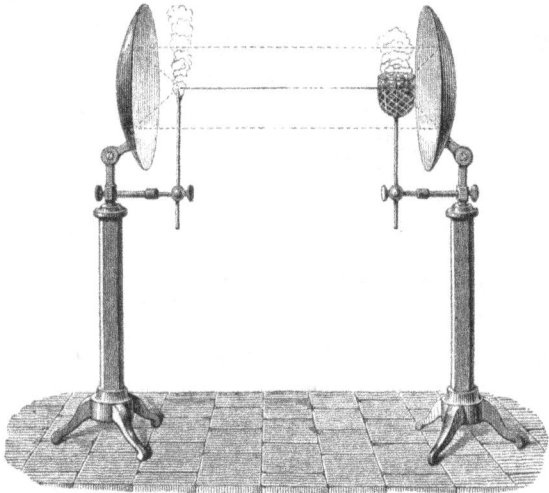

Fig. 25. Gepaarte Hohlspiegel.

Wir werden nun sehen, daß die Gesetze, nach denen die Wärme sich reflectirt, dieselben sind, nach welchen die Reflexion des Lichtes und des Schalles stattfindet.

Nehmen wir zwei ganz gleiche kupferne Hohlspiegel, deren Oberflächen Theile von Kugelflächen sind. Man nennt Axe

des Spiegels die gerade Linie, welche durch das Centrum der
Kugel und die Mitte der Spiegelfläche geht. Stellen wir nun
die beiden Spiegel einander so gegenüber, daß ihre Axen
zusammenfallen (Fig. 25). Legen wir darauf glühende Kohlen in einen Drahtkorb, welchen wir in den Focus des einen
Spiegels bringen (der Focus befindet sich in der Mitte zwischen dem Centrum der Kugel und der Mitte des Spiegels).
Wird der Versuch in der Dunkelheit angestellt, so findet man
leicht den Focus des zweiten Spiegels mit Hilfe eines Papier-
blatts, auf welchem ein Lichtpunkt erscheint, sobald es sich in
dem fraglichen Brennpunkt befindet. Welchen Weg haben
nun die Lichtstrahlen genommen? Ein von den glühenden
Kohlen ausgegangener Strahl fällt auf den ersten Spiegel,
wird in paralleler Linie zur Axe zurückgeworfen, und trifft
so nothwendigerweise den zweiten Spiegel, wird hier noch
ein Mal zurückgeworfen und passirt den Brennpunkt. Alle
Lichtstrahlen, welche der erste Spiegel erhält, begegnen sich
gleichermaßen in dem Brennpunkt des zweiten. Daher kommt
die Concentration des Lichtes. Wenn diese Schlußfolgerung
richtig ist, so müßte man die Spiegel von einander entfernen
können, ohne daß die Wirkung sich ändert, und das ist in
der That der Fall.

Bringen wir jetzt auf den Lichtpunkt Pulver und Zünd-
schwamm, nachdem wir vorher einen hölzernen Schirm zwi-
schen die beiden Spiegel gestellt, um die Strahlen aufzuhalten.
Sobald wir den Schirm entfernen, werden die zündbaren
Stoffe in Brand gerathen, was auf schlagende Weise dar-
thut, daß der Brennpunkt mit dem Lichtpunkt übereintrifft.
Es nehmen also die Wärmestrahlen denselben Weg als die
Lichtstrahlen.

Entfernen wir die Kohlen und legen eine Uhr an ihre

Stelle.   Wir können, wenn wir in der Nähe des zweiten
Spiegels einen beliebigen Platz einnehmen, das Ticken der
Uhr nicht hören; halten wir aber das Ohr an die vorhin als
Brennpunkt bezeichnete Stelle, so hören wir es deutlich, selbst
wenn die beiden Spiegel mehrere Schritte von einander entfernt stehen.   Die Wärme pflanzt sich also nach demselben
Gesetze fort, wie das Licht und der Schall.   Dies bestätigt
wieder die Annahme, daß die Wärme durch Aetherschwingun-
gen entsteht.   Der Schall ist eine schwingende Bewegung der
Luft, die von der Schallquelle an unser Ohr gelangt; wir
nennen Schallstrahlen die Richtungen, in denen diese Fortpflanzung stattfindet.   Ebenso können wir uns Wärme und
Licht als Schwingungen des Aethers vorstellen, deren Fort-
pflanzungslinie wir eben Wärme- und Lichtstrahlen nennen.
Es ist übrigens wohl anzunehmen, daß die strahlende Wärme
von dem Licht gar nicht verschieden, sondern nur eine a n d e r e
W i r k u n g derselben Schwingungsbewegung ist.

2. Brechung der Wärmestrahlen.   Benngläser.

Nicht alle Wärme, welche auf irgend einen Körper fällt,
wird zurückgeworfen.   Gewöhnlich wird ein Theil davon
verbraucht, entweder um den Körper zu erwärmen, seine
Temperatur zu erhöhen, oder auch um ihn zu schmelzen oder
zu verdampfen.   Ein anderer Theil dringt durch den Körper,
wie das Licht durch die Glasscheiben dringt.   Die Metalle,
welche wir zur Anfertigung der Brennspiegel brauchten, absorbiren die Wärme, die nicht zurückgeworfen wird, vollständig; sie lassen keinen Strahl durch, weder Wärme- noch
Lichtstrahl.   Mit andern Worten: die Metalle sind undurch-
dringlich für Wärme und Licht; deshalb benutzt man sie zu
Schirmen; desgleichen auch Holz und Stein.

Wir sehen alle Tage, daß die Sonnenstrahlen uns durch
die Glasscheiben hindurch erwärmen; wir schließen daraus,
daß das Glas die Sonnenwärme durchläßt.   Nehmen wir
eine „biconvexe" Linse von weißem Glas und halten sie in
die Sonne. Wir werden leicht mit Hilfe eines Kartenblatts

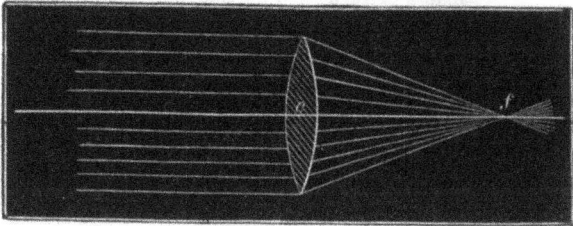

Fig. 26. Biconvexes Glas.

einen Lichtpunkt auf der Seite der Linse, wo die Strahlen
austreten, ausfindig machen; dies ist der Focus oder Licht=
herd. Dieser Versuch zeigt uns, daß ein Lichtstrahl, wenn
er das Linsenglas durchdringt, von seiner ursprünglichen
Richtung abgelenkt wird, wir sagen: er bricht sich, und
nennen diese Aenderung der Richtung: Refraction oder
Strahlenbrechung. Die Wärme nun ist ebenfalls auf
derselben Stelle concentrirt, denn das Papier fängt hier
Feuer. Wenn wir die Kugel eines Thermometers an diesen
Punkt halten, so steigt das Quecksilber sehr schnell in der
Röhre, was eine starke Erwärmung beweist; befindet die
Kugel sich nicht genau an diesem Punkte, so steigt das Queck=
silber kaum um einige Grade. Die Wärmestrahlen werden
also ebenfalls gebrochen, sie nehmen denselben Weg als die
Lichtstrahlen. Wieder ein neues Resultat, das uns die Ana=
logie zwischen Wärme und Licht beweist.

Die Eigenschaft der Brenngläser war auch schon den

alten Griechen und Römern bekannt, wie folgender Dialog
aus dem Drama: „Die Wolken" von Aristophanes beweist,
den wir in der Vossischen Uebertragung hersetzen.

S t r e p s. Du hast bei den Heilkrauthändlern doch wohl jenen
                                                    Stein

      Ehmals gesehen, den schönen, den durchsichtigen,
      Womit sie Feuer zünden.

S o k r.   Meinst Du den Brennkrystall?

S t r e p s. Den mein' ich.

    . . . . Ja, nähm' ich den,
      Indeß der Schreiber jene Klag' anfertigte,
      Abwärts mich stellend, also nach der Sonne hin,
      Jedweden Buchstab schmelzt' ich hinweg aus der
                                                    Klagschrift.

    Vom Brennen mittelst gläserner und krystallener Kugeln
ist auch bei Plinius und Lactantius die Rede. Tschirnhausen
verfertigte mehrere Linsengläser von beinahe 3 Fuß Durch=
messer, und 7 bis 12 Fuß Brennweite; er hat damit angeb=
licherweise Gold schmelzen können. Eines seiner Gläser,
von 2 Fuß Durchmesser und 6 Fuß Brennweite befindet sich
vermuthlich noch auf der Rathsbibliothek zu Görlitz. Im Jahre
1763 experimentirte man in England mit einer Eislinse von
9 Fuß Durchmesser, welche, der Sonne ausgesetzt, in ihrem
Focus Pulver entzündete. Buffon verschaffte sich eine flüssige
Linse, indem er zwei wie Uhrgläser gewölbte Glasscheiben
mit ihren Rändern verband, so daß sie eine Art linsenförmi=
gen Trog bildeten, der mit einer Flüssigkeit gefüllt wurde.
Sehr kräftige Wirkungen wurden im Jahre 1774 von Ver=
nières und Trudaine mit einer solchen Linse erzielt, die über
3 Fuß im Durchmesser hatte und mit Alkohol gefüllt war.

    Figur 26b zeigt den Apparat, mit welchem experimentirt

Fig. 26b. Das große Brennglas von Bernières.

wurde, nach einer in den „Oeuvres de Lavoisier (t. 3.)" veröffentlichten Zeichnung. Mit Hilfe eines sinnreichen Mechanismus konnte ein einziger Mensch die Linse dirigiren und der Sonne derart folgen, daß der Brennpunkt immer auf derselben Stelle unterhalten wurde. Ehe die Strahlen, welche aus der großen Linse kamen, sich im Brennpunkt kreuzten, passirten sie ein zweites, kleineres Linsenglas; dadurch wurden die Sonnenstrahlen in einen engeren Raum zusammengedrängt und der Brennpunkt bedeutend wirksamer.

Fig. 27. Zonenlinse.

Es gelang hier sehr leicht das Eisen zu schmelzen, und selbst Platin zeigte Spuren von Schmelzung.

Wenn man sehr große Brenngläser haben will, wie sie zur Lichtverstärkung der Leuchtthürme angewandt werden, so construirt man sie aus einer, den Mittelpunkt bildenden Linse und mehreren concentrischen Zonen oder Ringen, welche aus einzelnen Stücken zusammengekittet werden. Eine der Seiten ist platt, die andere zeigt Abstufungen, deren jede von einer der ringförmigen Linsen gebildet wird, wie Figur 27 zeigt, und die so berechnet sind, daß alle Sonnenstrahlen sich in demselben Punkte sammeln. Man nennt diese Gläser: Zonenlinsen. Ihr Vorzug besteht darin, daß sie vermöge ihrer geringen Dicke nicht so viele Wärme oder Licht absorbiren, als die Linsen aus einem Glasstück. Buffon war der Erste, welcher auf diese Idee kam, aber die wirkliche Ausführung verdankt man Fresnel.

3. Identität von Licht und Wärme. — Das Sonnenspectrum.

Lange Zeit hindurch kannte man nur die Aehnlichkeit der Wärme- und Lichtstrahlen; neuere Arbeiten haben zu der Annahme ihrer Identität geführt. Jetzt glaubt man allgemein, daß Wärme- wie Lichtquellen nur eine Art von Pulsation durch den Aether senden, und daß diese Pulsationen in der Geschwindigkeit ihrer Aufeinanderfolge differiren können, ebenso wie die hohen Töne sich von den tiefen durch größere Schnelligkeit der Schwingungen unterscheiden. Ein Strahl, welcher eine Reihe sehr schnell auf einander folgender Vibrationen durch den Aether fortpflanzt, wirkt besonders auf unser Auge und macht hier den Eindruck von Licht, weil der Sehnerv dafür organisirt ist; ein Strahl dagegen, welcher eine Reihe weit von einander entfernter Pulsationen fort pflanzt, macht auf unser Auge keinen Eindruck, während er unsere Hautnerven afficirt und ihnen die Empfindung von Wärme verursacht. Es giebt indeß keinen wesentlichen Unterschied zwischen dem einen und anderen in Bezug auf die Bewegung, welche sie repräsentiren; mechanisch sind sie von gleicher Art, sie unterscheiden sich allein durch ihre Beziehung zu unseren Sinnen.

Nehmen wir ein kupfernes Rad, dessen Rand in 34 gleiche Theile ausgezackt ist, und lassen es um seine Axe drehen. Halten wir dabei eine Karte gegen den Rand, so vernehmen wir jedesmal, wenn die Karte einen Zahn berührt, ein deutliches Geräusch. Lassen wir es immer schneller drehen; die Stöße folgen schneller auf einander und zuletzt entsteht ein ununterbrochener Ton, der stufenweise höher wird. Man kann die Umschwingungen zählen, die das Rad in einer Secunde macht; wir wollen einmal annehmen, es wären deren zehn, das giebt in einer Secunde 340 Stöße und ebenso viel Pulsationen, die durch die Luft an unser Ohr gelangen. Diese Pulsationen folgen einander in Zwischenräumen von einem Meter und der Zwischenzeit von $\frac{1}{340}$stel Secunde, so daß, wenn die 340ste von der Karte abgeht, die erste in 340 Meter Entfernung anlangt. Der Ton, den wir hören, ist nahezu das tiefe E der Violine.

Lassen wir jetzt das Rad sich zehn Mal schneller drehen, so haben wir 3400 Pulsationen in der Secunde; die Entfernung zweier auf einander folgender Pulsationen im Schallstrahl beträgt einen Decimeter, und wenn die 3400ste von der Karte abgeht, so erreicht die erste die Körper, welche sich wie vorhin in einer Entfernung von 340 Metern befinden. Der Ton, den wir jetzt vernehmen, ist ungefähr das A der dritten höhern Octave.

7*

Die Entfernung zwischen zwei auf einander folgenden Pulsationen oder Tonwellen wird Wellenlänge genannt. Die kürzesten Wellenlängen geben also die höchsten Töne; in unserem Beispiel haben wir zwei Wellenlängen, die eine von einem Meter, die andere von einem Decimeter.

Bringen wir jetzt auf dieselbe Axe zwei Räder mit 34 und 340 Zähnen (Fig. 28) und bewerkstelligen zehn Umdrehungen in der Secunde; wenn wir die Räder abwechselnd

Fig. 28. Zahnräder.

mit der Karte berühren, so rufen wir einen um den andern der beiden vorher genannten Töne hervor, und Jemand, der sich von dem Apparat entfernt, hört sie immer in denselben Zeitintervallen. Das können wir auch jederzeit constatiren, wenn wir ein Musikstück aus der Entfernung anhören: wie weit wir uns auch entfernen mögen, die Töne erreichen unser Ohr in derselben Ordnung, mit unveränderter Höhe; nur ihre Stärke nimmt ab, aber es bleibt immer dieselbe Melodie.

Wir schließen hieraus, daß die hohen und die tiefen Töne sich mit derselben Geschwindigkeit fortpflanzen. Die Geschwindigkeit des Schalls beträgt in der Luft 340 Meter auf die Secunde; im Wasser, im Holz, im Eisen ist sie weit größer.

Ganz ebenso verhält es sich nun mit den Licht = und Wärmewellen, die sich im Aether fortpflanzen, wie der Schall in der Luft; nur sind die Zahlen andere. Die verschiedenen Licht = und Wärmestrahlen bestehen aus Wellen von sehr verschiedener Länge, die sich aber alle mit derselben Geschwindigkeit fortpflanzen: sie durchlaufen wohl 300,000 Kilometer (beinahe 8 mal den Umfang der Erde) in der Secunde. Was die Wellenlänge betrifft, so gehen auf einen Millimeter ungefähr 1600 Wellen des rothen Lichts, oder 2300 des violetten, woraus folgt, daß die rothen Strahlen 500, die violetten 700 Billionen Schwingungen in einer Secunde machen.

Das Licht, welches von der Sonne ausgeht, läßt sich auf folgende Weise in verschiedenfarbige Strahlen zerlegen.

In die Fensterladen eines verdunkelten Zimmers macht man eine Oeffnung und stellt außerhalb derselben einen Spiegel so auf, daß die Sonnenstrahlen durch Reflexion ins Zimmer geleitet werden. (Fig. 29.)*) In der Richtung der Strahlen befestigt man ein Stück Steinsalz von der Form eines dreikantigen Prismas so, daß die Strahlen nur auf eine der drei Flächen fallen können. Während sie nun durch das Prisma gehen, werden sie von ihrer ursprünglichen Richtung abgelenkt, d. h. gebrochen. Man fängt die gebrochenen Strahlen mit einem weißen Papierschirm auf, und es erscheint

*) Siehe das Titelblatt.

darauf ein ſchönes Bild, ein leuchtender Streif, von ſieben
herrlichen Farben, in folgender Ordnung:

Violett, Purpur, Blau, Grün, Gelb, Orange, Roth.

Die Reihenfolge der Farben beweiſt eine Ablenkung der
Strahlen, die von Violett bis Roth allmählich abnimmt.

Newton, der dieſes wundervolle Experiment zuerſt aus-
führte, hat dieſer Erſcheinung den Namen Sonnenſpectrum gegeben. Man beobachtet ſie gewöhnlich mit einem
Glasprisma, doch haben wir hier Steinſalz gewählt, weil
daſſelbe die ſogenannten dunkeln Wärmeſtrahlen, von denen
ſogleich die Rede ſein wird, beſſer durchläßt. Stellen wir
ein ſehr empfindliches Thermometer der Reihe nach in die
Mitte von jeder der ſieben Farben unſeres Spectrums und
laſſen es eine Weile darin ſtehen. Vom Violett an beginnt
es ſich zu erwärmen, aber in verſchiedenem Grade: je mehr
es ſich dem Roth nähert, deſto höher ſteigt es. Laſſen wir
das Thermometer jetzt das Roth paſſiren und entfernen es
allmählich in der Richtung des leuchtenden Streifs bis in die
dunkle Region, ſo ſehen wir, daß hier die Wärme viel ſtärker
iſt als vorhin; an einem Punkte, etwas über das Roth hinaus,
befindet ſich ihr Maximum und von da an nimmt ſie wieder
ab, bleibt aber noch in einer großen Entfernung wahr-
nehmbar. Es giebt alſo unter den Sonnenſtrahlen ſolche,
die blos Wärme erzeugen, und durch das Prisma weniger
als die ſichtbaren Lichtſtrahlen abgelenkt werden. Wir ſehen
ferner, daß die Lichtſtrahlen, welche verſchiedenen Farben
entſprechen, auch in verſchiedenem Grade gebrochen werden;
die violetten am ſtärkſten, die rothen am ſchwächſten. Alle
ſichtbaren Strahlen erzeugen auch Wärme, aber die dunkeln
Strahlen jenſeits des Roths ſind die wärmſten.

Wenn wir jetzt noch die Strahlen jeder einzelnen Gruppe

durch ein Loch in einem Lichtschirm auf ein zweites Prisma
fallen lassen, wie die Figur 30 des Titelblatts zeigt, so
finden wir, daß sie zwar gebrochen werden, sonst aber keine
Aenderung erleiden.

Man sagt, die durch das erste Prisma gegangenen
Strahlen sind e i n f a ch e; die Sonnenstrahlen bestehen aus
der Mischung dieser einfachen Strahlen, die sich wieder von
einander trennen, während sie das Prisma passiren. Die
verschiedenen einfachen Strahlen unterscheiden sich, wenn sie
alle in derselben Weise auf das gleiche Prisma fallen, durch
den Grad der Ablenkung, die sie erleiden. Von den am
stärksten abgelenkten sagt man: sie sind brechbarer als die
übrigen. Die Brechbarkeit nimmt von Violett bis zum Roth
beständig ab, und noch weiter unter den dunkeln Wärme=
strahlen, jenseits des Roths. Ueber das Violett hinaus wächst
sie dagegen; hier liegen noch dunkele Strahlen, die blos
chemische Wirkungen hervorbringen.

Sehr sorgfältige Experimente haben bewiesen, daß, wenn
man einen einfachen Lichtstrahl Operationen unterwirft, die
sein Licht verändern, er stets eine wärmeerzeugende Kraft
bewahrt, die genau dieselben Veränderungen erleidet. Man
hat also keine Ursache, anzunehmen, daß jeder Lichtstrahl von
einem anderen, besonderen Wärmestrahl begleitet ist, man
darf vielmehr sagen, daß derselbe Strahl zwei verschiedene
Wirkungen hervorbringen kann: Wärme und Licht, und daß
zwischen Beiden nur in Bezug auf unsere Sinne ein Unter=
schied besteht.

Nun bleibt uns noch zu untersuchen, wie die Wellen=
theorie mit der Trennung der einzelnen Strahlen, deren
Gesammtheit den Sonnenstrahl bildet, zusammenhängt. Wir
dürfen unsere Aufmerksamkeit nur auf die Fläche des Prismas

richten, durch welche die Sonnenstrahlen eintreten, denn die
Austrittfläche bringt dieselbe Wirkung hervor. Die Trennung
beginnt an der ersteren und wird einfach an der zweiten
fortgesetzt.

Betrachten wir einen violetten und einen rothen Licht=
strahl, die zusammen auf dem Prisma anlangen. Die Wellen
des ersteren sind kürzer als die des zweiten, werden noch
kürzer während sie durch das Prisma gehen und pflanzen sich
hier mit weit geringerer Geschwindigkeit fort als in der Luft.
Man kann mathematisch beweisen, daß die Verkürzung der
Wellen die Brechung der Strahlen nach sich zieht und daß sie
dieselben von der Eintrittsfläche ablenkt. Außerdem pflanzen
die rothen Lichtwellen sich in der Substanz des Prismas
schneller fort als die violetten, und werden deshalb weniger
abgelenkt; deshalb trennen sich die Strahlen nach der Ord=
nung ihrer verschiedenen Brechbarkeit.

Man wird bemerken, daß nach dieser Auseinandersetzung
die verschiedenen Wellen sich in derselben durchsichtigen Sub=
stanz nicht mit gleicher Geschwindigkeit fortpflanzen, was
scheinbar mit dem früher Gesagten nicht übereinstimmt. Aber
man darf nicht vergessen, daß eine gleiche Schnelligkeit nur
in dem Aether des leeren Raumes möglich ist; in den Kör=
pern besteht die Wirkung der materiellen Theilchen darin, daß
sie die Licht= und Wärmewellen um so mehr aufhalten, je
kürzer diese sind.

4. Die Sichtung der Strahlen.

Wir haben zu unserer Beobachtung ein Prisma von
Steinsalz genommen. Hätten wir statt dessen ein Glas=
prisma benutzt, so wäre uns dasselbe Sonnenspectrum er=
schienen wie vorhin, aber wir hätten keine dunklen Wärme=

strahlen herausgefunden. Hieraus schließen wir, daß das
Glas die dunkeln Strahlen, die von der Sonne anlangen,
absorbirt und nur die hellen allein fortpflanzt. Nehmen wir
aber ein gefärbtes Prisma, z. B. ein rothes, so werden nicht
nur alle dunkeln Strahlen absorbirt, sondern auch eine Partie
der leuchtenden wird nicht durchgelassen: das Spectrum ist
unvollständig; die rothe Farbe zeigt sich deutlich, aber Blau
und Violett fehlen ganz; gewöhnlich sind auch alle übrigen,
außer der rothen Farbe, sehr matt. Demnach passiren die
rothen Strahlen allein ohne Absorption, die andern werden
theilweise oder vollständig absorbirt. Man kann auch gewisse
Arten von rothem Glas finden, die nur diese eine Farbe
durchlassen. Man sagt, das Roth dieses Glases ist einfach,
während das des vorigen ein zusammengesetztes ist.

Es ist jetzt leicht, sich eine Vorstellung zu machen von der
großen Mannigfaltigkeit der Resultate des Durchgangs durch
transparente Körper. Man darf sich nur an Stelle der
Sonnenstrahlen Körner von allen Größen denken, und an
Stelle der transparenten Medien Siebe mit Löchern von allen
möglichen Dimensionen.

Ein erstes Sieb hat Löcher, die größer sind, als die Körner, und alle gehen leicht hindurch. Ebenso läßt das Steinsalz sich von Strahlen aller Gattungen durchdringen.

Ein anderes Sieb hat kleinere Löcher; die großen Körner
bleiben darin zurück. So fängt das Glas die dunklen Strahlen auf.

Sind die Löcher noch kleiner, so werden auch Körner,
welche vorher passirten, aufgehalten. So absorbirt das far-
bige Glas alle dunkeln und auch gewisse helle Strahlen.

Setzen wir unter dieses Sieb ein ganz gleiches. Alle
Körner, die das erste durchgelassen, fallen auch durch das

zweite. So verhält es ſich mit der Fortpflanzung der Sonnen=
ſtrahlen durch zwei transparente Platten derſelben Art. Die
Wärme, welche auf die zweite fällt, geht ganz durch, weil
ſie durch die erſte „geſiebt" worden iſt. Z. B., die Sonnen=
ſtrahlen begegnen einer Glasſcheibe. Die helle Wärme allein
wird durchgelaſſen; fällt ſie nun auf eine zweite Glasſcheibe,
ſo geht ſie vollſtändig durch; es hat den Anſchein, als ob das
Glas im zweiten Fall keine Wärme abſorbirt, im erſten da=
gegen ſehr viel; das kommt daher, daß die Strahlen, welche
auf beiden Gläſern anlangen, nicht derſelben Art ſind. Das
Reſultat hängt alſo gleichzeitig von dem Medium und von
der Natur der Strahlen ab.

Denken wir uns noch einmal zwei Siebe, das eine mit
recht großen Löchern, das andere mit ſolchen, die kleiner, als
die Körner ſind. Alles, was durch das erſte Sieb gefallen
iſt, wird von dem zweiten vollſtändig aufgehalten. So können
wir uns die Sonnenſtrahlen denken, die erſt einem rothen,
und darauf einem blauen Gaſe begegnen. Das erſtere hat nur
die rothen durchgelaſſen, das andere hält auch dieſe auf, ſo
daß wir, wenn wir beide Gläſer übereinander legen, aus zwei
durchſichtigen Körpern einen undurchſichtigen gemacht haben.

Nach dem vorhergehenden Experiment, wo die Sonnen=
ſtrahlen durch das Prisma in die einfachen Farben zerlegt,
das Sonnenſpectrum gaben, könnte man fragen, warum denn
unſere Fenſtergläſer nicht dieſelbe Trennung bewirken, und
warum das beim Eintritt weiße Licht auch weiß beim Austritt
iſt? Dies kommt daher, daß die Ein= und Austrittsflächen
beide parallele Flächen ſind, während ſie bei dem Prisma
einen gewiſſen Winkel bilden.

Bringen wir (Fig. 31) zwei Prismen von gleichem
Glaſe zuſammen, derart, daß ſie eine Platte mit paralleler

Oberfläche bilden, so gehen die Sonnenstrahlen ungetrennt
hindurch, denn die Strahlen, welche im ersten Prisma eine
Trennung erlitten, werden durch das zweite im entgegen-

Fig. 31. Doppel-Prisma.

gesetzten Sinne abgelenkt, sammeln sich von Neuem, und
bilden bei ihrem Austritt wieder den ursprünglichen Strahl.

Fassen wir nun kurz zusammen, was wir über die
Strahlung der Wärme wissen.

Die Sonnenstrahlen sind aus einer unendlichen Menge
einfacher Strahlen zusammengesetzt, die sich durch ihre verschiedene Brechbarkeit, oder durch ihre Wellenlänge von einander unterscheiden. Wenn sie auf einen Körper fallen, so
wird ein Theil zurückgeworfen, ein anderer Theil durchgelassen. Der Rest wird absorbirt und dient zur Erwärmung
des Körpers.

Melloni hat über die Absorption der Wärmestrahlen
durch verschiedene Substanzen allerlei Messungen angestellt.
So fand er z. B., daß Steinsalz fast alle dunkle Wärme
(92 pro Cent) durchließ, Alaun und Eis dagegen dieselbe
beinahe vollständig absorbirte. Eine Glasscheibe ließ 40 pro
Cent der Wärme einer hellen Lampenflamme durch, ab-

forbirte aber alle dunkeln Strahlen, die von einem mit
siedendem Wasser gefüllten Kupfergefäß ausgingen, u. s. w.
Unter den Flüssigkeiten ist Schwefelkohlenstoff besonders
diatherman, d. h. er läßt die Wärmestrahlen fast vollständig durch. Eine Lösung von Jod in Schwefelkohlenstoff
ist eine schwarze Flüssigkeit, die kein Licht, wohl aber die
dunkle Wärme durchläßt; Tyndall hat dieselbe benutzt, um
die dunkeln Wärmestrahlen des elektrischen Lichts abzu-
sondern und mit diesen dunkeln Strahlen allein Metalle
ins Glühen zu bringen. Wasser läßt nur sehr wenig Wärme
durch.

Nach Tyndall ist die Luft, ebenso wie der Sauerstoff,
der Stickstoff, der Wasserstoff, beinahe absolut diatherman,
während gewisse Gase und Dämpfe die Wärmestrahlen stark
absorbiren. Schwefelwasserstoff absorbirt (unter dem Druck
einer Atmosphäre) 390 mal soviel Wärme als die Luft,
und Ammoniakgas beinahe 1200 mal so viel. Stellt man
die Vergleichung bei niedrigem Druck an, so ist die Ungleich-
heit noch auffallender; unter $^1/_{30}$ Atmosphäre z. B. ist die
Absorption des Schwefelwasserstoffs 2100 mal, die des
Ammoniaks 5460 mal so stark als die der Luft. Die
chemische Verbindung steigert das Absorptionsvermögen der
Gase; so absorbirt Bromwasserstoff 6 bis 7 mal mehr Wärme
als einfaches Bromgas. Diese Bemerkung kann für das
Studium der Molecularbewegungen sehr wichtig werden.

5. Einfluß der Temperatur auf die Ausströmung der Wärme.

Wir unterscheiden die von einer Wärmequelle ausgesand-
ten Strahlen nach Quantität und Qualität. Beschäftigen
wir uns zunächst mit der Quantität. Je höher die Tempe-

ratur der Quelle, desto größer ist die Wärmemenge, die sie
ausstrahlt, vorausgesetzt, daß die Temperatur des Körpers,
zu dem sie gesandt wird, beständig und zugleich niedriger als
diejenige der Quelle ist. Wenn im Gegentheil seine Tempe=
ratur steigt, indem sie jedoch immer niedriger als die der
Quelle (welche nicht variirt) bleibt, so nimmt die Quantität
der gegen den Körper gestrahlten Wärme ab; sie verschwindet,
sobald beide dieselbe Temperatur haben; sie ändert ihre
Richtung, wenn der Körper wärmer als die Quelle wird,
d. h., wenn er seinerseits Wärme ausstrahlt, also selber als
Quelle zu betrachten ist. So sendet die Sonne uns that=
sächlich Wärme, weil ihre Temperatur höher, als die unserer
Erdkugel ist*); könnte aber die Erde eine höhere Temperatur,
als die der Sonne erreichen, so würde sie ihrerseits dieses
Gestirn mit Wärme versorgen. Was also die Ausströmung
von Wärme bei einem Körper veranlaßt, ist die Gegenwart
eines anderen von niederer Temperatur. So hat man z. B.
berechnet, daß die Himmelsräume eine Temperatur von 200
Graden unter Null haben; diesen Räumen gegenüber ist die
Erde eine Wärmequelle; sie strahlt ununterbrochen Wärme
gegen sie aus. Kommt aber aus einer gewissen Richtung eine
Wolke, die lange keine so niedrige Temperatur hat, so sendet
die Erde nach dieser Richtung weniger Strahlen.

Diese Principien erklären verschiedene Vorgänge, bei
denen es den Anschein hat, als ob Kälte ebenso wie Wärme
zurückgestrahlt würde.

Kehren wir wieder zu unseren Hohlspiegeln (Fig. 24)
zurück, und legen an Stelle der glühenden Kohlen ein Stück
Eis in den Rost, welcher sich in dem einen Brennpunkte be=

---

*) Man kann die Temperatur der Sonne auf 3000 Grad
schätzen.

findet. In den andern Brennpunkt stellen wir ein Thermo=
meter. Wir werden sehen, daß Letzteres sich abkühlt, während
bei Entfernung der Spiegel keine Wirkung an ihm bemerkt
werden kann. Dies geht nun so zu. Das Thermometer
spielt dem Eise gegenüber die Rolle der Wärmequelle. Die
Strahlen, die es (außer denen, welche direct ankommen und
der großen Entfernung wegen unwirksam sind) dem Eise
zusendet, fallen zuerst auf den benachbarten Spiegel, werden
von hier nach dem entfernteren zurückgeworfen und von
diesem durch Rückstrahlung auf das Eis geleitet. Da aber
in dem Thermometer nichts den Wärmeverlust ersetzt, so
fällt seine Temperatur. Allerdings ist jetzt die ganze Um=
gebung wärmer, als das Thermometer, und strahlt dem=
selben deshalb eine gewisse Wärme zu; aber dieser Ersatz
ist von geringer Bedeutung, das Thermometer bleibt daher
stationär auf einer Temperatur, die ein wenig höher als die=
jenige des Eises ist.

**6. Einfluß der Natur der Quelle auf ihre Strahlung.
Wechselbeziehung zwischen Strahlung und Absorption.**

Es bleibt uns nun noch übrig, die Qualität der von
einer Quelle ausgegebenen Strahlen zu betrachten. Zu=
nächst giebt es dunkle Wärmequellen, wie zum Beispiel eine
auf 400 Grad erwärmte Metallplatte oder ein Gefäß voll
siedenden Wassers. Solche Quellen senden dunkle Strahlen
aus, die das Steinsalz durchdringen, von Glas aber auf=
gehalten werden. Ferner giebt es leuchtende Quellen,
welche dunkle und helle Strahlen zugleich aussenden; letztere
gehen durch Glas, während erstere von demselben aufge=
halten werden. Die Mischung der Strahlen hängt also
von der Natur der Quelle ab. Bei Körpern, die als

Wärmequellen dienen, ist es besonders die äußere Ober=
fläche, welche den Unterschied der Ausströmung bestimmt.
Nehmen wir einen mit Wasser gefüllten Kupferwürfel und
bringen das Wasser mit Hilfe
einer darunter befindlichen Alko=
hollampe zum Sieden (Fig. 32).
Die vier Seitenflächen des Wür=
fels haben alle die Temperatur
des siedenden Wassers, sie unter=
scheiden sich aber nach dem Zu=
stande ihrer äußeren Oberfläche:
die erste ist berußt; die zweite mit
Bleiweiß bezogen; das Metall
der dritten ist rauh, das der
vierten glatt polirt. Wenden wir
diese vier Seiten des Würfels
nach einander dem Thermometer
zu, indem wir dasselbe durch einen

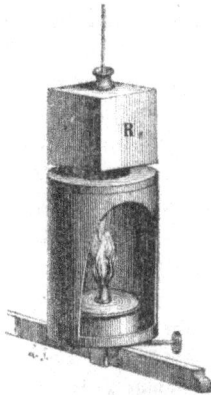

Fig. 32. Leslie's Versuch.

Schirm vor der directen Strahlung der Lampe schützen, so
wird dasselbe von jeder der vier Flächen in verschiedenem
Grade erwärmt, und zwar nimmt die Erwärmung ab,
wenn wir die Flächen in der genannten Ordnung ihm zu=
kehren. Der Ruß gestattet die stärkste Wärmeausströmung,
die Politur des Kupfers macht sie dagegen zu einer sehr
schwachen. Die Verschiedenheit der Ausströmung kann man
auch ohne physikalische Apparate jederzeit wahrnehmen,
wenn man zum Beispiel einen gußeisernen Ofen mit rauher
Oberfläche und einen anderen aus polirtem Eisen mit
einander vergleicht; ersterer erwärmt die benachbarten
Körper weit stärker als letzterer. Oder füllen wir mit
siedendem Wasser zwei Kupfergefäße, von denen das eine

gut polirt, das andere vom Rauch geschwärzt ist; wir
werden bemerken, daß ersteres sich langsamer abkühlt, als
letzteres, und schließen daraus, daß die Ausstrahlung durch
die geschwärzte Oberfläche stärker ist, als durch die polirte.

Und umgekehrt, stellen wir dieselben beiden Gefäße
mit kaltem Wasser gefüllt ans Feuer, so wird das geschwärzte sich eher erwärmen, als das andere. Wir schließen
daraus, daß bei ersterem die Absorption der Wärme stärker
ist, als bei dem zweiten, und gelangen so zu der Ansicht,
daß die Körper, welche die meiste Wärme absorbiren, dieselbe auch am leichtesten ausströmen lassen. Diese wechselseitige Beziehung zwischen Absorption und Strahlung ist in
der That durch zahlreiche Experimente festgestellt; sie besteht nicht nur hinsichtlich der Quantität, sondern auch in
Rücksicht auf die Qualität der Wärme. Demnach giebt
eine Substanz dieselbe Gruppe von Strahlen verschiedener
Brechbarkeit aus, welche sie zu absorbiren fähig ist. Wir
müssen nach unserer Theorie von der Identität der Licht-
und Wärmestrahlen annehmen, daß dasselbe Gesetz auch
für die Ausstrahlung und die Absorption des Lichtes gilt;
und so bestätigen es auch wirklich die neueren Experimente,
welche man über das Sonnenspectrum angestellt hat.

Bringt man z. B. etwas Natrium zwischen die Kohlenspitzen des elektrischen Lichts (Fig. 33), so wird der
Natriumdampf zur Lichtquelle und giebt eine große Menge
gelber Strahlen aus; läßt man dieselben durch ein Prisma
gehn, so erhält man ein Spectrum mit einer charakteristischen
gelben Linie. Verdampft man aber das Natrium in einiger
Entfernung von dem Kohlenlicht, und läßt nun die Strahlen
des elektrischen Lichts durch den Dampf hindurchgehn, so
werden die gelben Strahlen von dem Natriumdampf aus-

gelöscht, und es erscheint an ihrer Stelle im Spectrum
eine schwarze Linie, wie dies die Figur 34 des Titelblatts anschaulich macht. Versuche dieser Art
haben die Physiker zu einer Beobachtungs-
methode geführt, welche besonders von Kirchhoff und Bunsen ausgebildet worden ist, und
Spectralanalyse genannt wird. Dieselbe
erlaubt, aus dem Spectrum einer Flamme auf
die Natur der Substanzen zu schließen, welche
der Verbrennung unterworfen sind; oft erkennt man auch auf demselben Wege die Natur
der Dämpfe, durch welche die Strahlen der
Flamme gegangen sind. So haben Kirchhoff
und Bunsen aus den schwarzen Linien des
Sonnenspectrums geschlossen, daß die Sonne
Eisen, Magnesium, Calcium u. a. Substanzen
in Dampfform enthält.

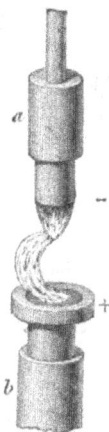

Fig. 33.
Der galvanische
Flammenbogen.

7. Einfluß der Entfernung auf die Wärmestrahlung.

Wir müssen bei dem Studium der Wärme, welche
eine Quelle gegen einen Körper ausstrahlt, auch der Entfernung Rechnung tragen. Wenn der Körper sich von der
Quelle um das Doppelte, Dreifache u. s. f. entfernt, so
wird die gegen ihn ausgestrahlte Wärme vier, neun
Mal u. s. f. geringer. Der Grund hiervon ist derselbe, wie
bei dem Ton, dessen Intensität demselben Gesetze folgt.

Denken wir uns eine Hohlkugel, deren Mittelpunkt
in der Quelle liegt, während ihre Oberfläche durch den
Körper geht. Der Einfachheit wegen wollen wir annehmen,
daß der Körper eine Platte sei, welche auf der Oberfläche

der Kugel aufliegt, und daß diese Oberfläche tausendmal größer sei als die Platte; die Kugel wird also tausendmal mehr Strahlen erhalten als der Körper. Nehmen wir jetzt eine concentrische Kugel mit doppeltem Radius, und legen die Platte auf dieselbe. Die Oberfläche der neuen Kugel ist viertausendmal die des Körpers. Nun aber wird in gleicher Zeit auf der großen, wie auf der kleinen Kugel, die gleiche Anzahl von Strahlen anlangen, und da die große Kugel viertausendmal mehr Strahlen enthält, als der Körper, so kommt auf diesen nur noch $\frac{1}{4000}$ des Ganzen, d. h. viermal weniger als vorhin.

8. Verschiedene Anwendungen der vorhergehenden Principien. — Der Thau. — Atmosphärischer Wasserdampf.

Die Gesetze der Strahlenwerfung erklären eine Menge Erscheinungen, die wir täglich beobachten können.

Unser Körper ist während des Tages der erwärmenden Wirkung der Sonne ausgesetzt und während der Nacht der abkühlenden der Himmelsräume. Er kann nicht ohne Schaden für die Gesundheit aus der Hitze plötzlich in starke Kälte versetzt werden. Deshalb hat der Neger, welcher die heißen Länder bewohnt, eine schwarze Haut, damit eine reichliche Ausströmung seiner eigenen Wärme ihn abkühlt; und weil eine gleich starke Absorption der Sonnenstrahlen diesen Vortheil wieder aufheben könnte, so macht ein ölichter Schweiß seine Haut glatt und glänzend und bewirkt eine starke Zurückwerfung der Sonnenstrahlen. Der Araber hüllt sich in weißen Wollenstoff, wenn er die schattenlosen Wüsten durchstreift, weil dieser Stoff weniger als alle andern die Sonnenstrahlen absorbirt.

Bei uns bewirkt der Gebrauch der weißen Wäsche die

Conservation unserer eigenen Körperwärme, welche von allen Theilen der Wäsche, die nur durch die Luft vom Körper getrennt sind, zurückgeworfen wird. Unsere schwarzen Kleidungsstücke sind dagegen gewöhnlich unzweckmäßig, denn in der Sonne absorbiren sie stark die Wärme und im Schatten lassen sie unsere eigene leicht durch; sie befördern also einen schnellen Temperaturwechsel, statt ihn zu mäßigen. Angemessen sind weiße Kleidungsstücke, die nur eine schwache Absorption zulassen.

Aus demselben Grund, um den Wärmeverlust zu hindern, hat die Natur den Thieren der Polargegenden einen weißen Pelz gegeben, und in den andern Ländern, die einen strengen Winter haben, bleicht sie die Pelze nur während dieser Jahreszeit.

Sehr oft im Leben werden wir Gelegenheit finden, folgende einfache Vorschriften anzuwenden.

Um einen Körper gegen Wärmestrahlen zu schützen, gebe man ihm eine polirte Oberfläche, womöglich von Metall. Tyndall führt ein sehr merkwürdiges Beispiel von dieser Art der Präservirung an. Eine Holztafel mit goldenen Buchstaben setzte man der Strahlung eines großen Feuers aus. Das Holz verkohlte rund um die Buchstaben und blieb unter denselben unversehrt; weil eben das unbedeckte Holz die Strahlen absorbirte, die Vergoldung sie dagegen zurückwarf.

Will man die Absorption der Wärmestrahlen im Gegentheil vermehren, so gebe man dem Körper eine schwarze Oberfläche. Nach diesem Grundsatz streichen Gärtner die Wände der Spaliere schwarz an, damit die Sonnenstrahlen hier absorbirt werden und die erwärmte Wand alsdann ihrerseits gegen die Früchte strahlt, so daß dieselben diese

8 *

Wärme und auch die von der Sonne direct anlangende er=
halten. Oft benutzen wir auch die Eigenschaft des Glases,
dunkle Strahlen zu absorbiren und die hellen durchzulassen.
In Schmelzhütten überwachen die Arbeiter durch Glas=
scheiben den glühenden Fluß der Metalle; nur die leuch=
tenden Strahlen erreichen ihr Auge, und diese sind die am
wenigsten warmen. Hauptsächlich der Augenlider wegen
nimmt man diese Vorschrift, denn das Auge selbst ist weniger
ausgesetzt, weil seine Feuchtigkeit die dunklen Strahlen auf=
hält und so den Grund des Auges vor dem Verbrennen
schützt. Aus demselben Grunde benutzt man Kaminschirme
aus Glas, welche die Wärmestrahlen des Feuers dämpfen.
Die Glasglocken, mit denen Gärtner die jungen Spröß=
linge bedecken, sollen ihre Erwärmung in der Sonne er=
höhen. Die hellen Strahlen, welche das Glas durchläßt,
werden nämlich von der Pflanze und dem Erdboden ab=
sorbirt, während diese nur dunkle Strahlen ausgeben, welche
das Glas nicht passiren können. So erreicht die rund um
die Pflanze eingeschlossene Luft eine viel höhere Temperatur
als die draußen befindliche. Denselben Zweck haben auch
unsere Gewächshäuser, wo die Blumen hinter Glaswänden
der Sonne ausgesetzt werden. Wir kommen auf diese Rolle
der Glasfenster ausführlicher zu sprechen im nächsten
Kapitel, Seite 140.

Wollen wir unsere Beispiele einem großartigeren
Schauplatz entnehmen, so dürfen wir nur einen Blick auf
unseren Erdball werfen.

Während der Nacht verlieren die Körper der Erde all=
mählig einen Theil der Wärme, die sie tagüber von der
Sonne erhalten haben. Ist der Himmel bewölkt, so wird
diese von der Erdoberfläche ausgestrahlte Wärme von den

Wolken, die bedeutend kälter sind, absorbirt, und die Aus=
strahlung ist desto geringer, je wärmer die Wolken sind.
Wenn der ganze Himmel ohne Wolken ist, so wird auch
die Erdstrahlung intensiver, weil dann die Temperatur
der Himmelsräume außerordentlich kalt ist; aber nicht bei
allen Körpern zeigt sie sich gleich stark. Wasser strahlt mehr
Wärme aus, als der nackte oder mit Pflanzen bedeckte
Erdboden. Die Körper, denen der Himmel durch Mauern,
Bäume, Erderhöhungen u. dgl. theilweise verdeckt ist, ver=
lieren aus diesem Grunde viel weniger Wärme. Bei
gleicher Exposition ist die Ausstrahlung der Metalle ge=
ringer als bei den Steinen, und bei letzteren wieder
geringer als bei den grünen Theilen der Pflanzen.

Die Atmosphäre besteht hauptsächlich aus Luft, einem
Gemisch von Sauerstoff, Stickstoff und Wasserdampf. Dieser
Wasserdampf ist ein unsichtbares, völlig durchsichtiges
Gas, welches man nicht mit dem Nebel verwechseln darf:
letzterer besteht nämlich aus sichtbaren, flüssigen Wasser=
tröpfchen. Die Luft absorbirt wenig dunkle Wärme, und
strahlt deshalb auch nur wenig davon aus; daher kommt
es, daß sie in einer gewissen Höhe über dem Erdboden
wärmer als dieser letztere ist. Ganz nahe am Boden kühlt
sie sich aber durch die Berührung mit den irdischen Körpern
ab, und wenn die Temperatur derselben sehr niedrig ist,
so verdichtet ihr Wasserdampf sich auf der Oberfläche der
Körper und bildet hier den Thau, welchen wir in schönen
Sommernächten beobachten. Er ist ungleich vertheilt je
nach Beschaffenheit und Lage der Körper. Legt man zum
Beispiel auf einer Wiese ein Stück Eisen über einen Stein,
so wird das Eisen trocken bleiben, der Stein etwas feucht
und die Wiese stark mit Thau bedeckt sein. Im Früh=

jahr, wo die Tagestemperatur niedriger, als während des
Sommers ist, kann die nächtliche Abkühlung gewisse Körper,
wie die grünen Theile der Pflanzen, junge Sprößlinge,
bis unter Null erkälten; das Wasser, welches sie enthalten,
wird dann zu Eis, die Gewebe durchbrechend, und die
Pflanze erfriert. Man nennt diese Erscheinung den R e i f.
Der Thau schlägt sich dann nicht im flüssigen Zustande als
kleine Tröpfchen nieder, sondern in Form von Eisnadeln,
welche den R a u h r e i f bilden.

In Bengalen kann man, obgleich die Tagestemperatur
sehr hoch ist, während der nächtlichen Abkühlung Eis gewinnen, wenn man künstliche Hilfsmittel anwendet. Eine
mäßig tiefe Grube wird mit Stroh, bekanntlich ein schlechter
Wärmeleiter, gefüllt; über das Stroh stellt man flache unbedeckte Gefäße mit Wasser, das aber vorher durch Sieden
von Luft befreit werden muß. Das Wasser strahlt sehr
viel Wärme aus, während das Stroh die Erdenwärme von
ihm abhält, und so bildet sich das Eis. Man hat bemerkt,
daß klare wolkenlose Nächte, in denen wenig Thau fällt,
der Eisbereitung besonders günstig sind. Die Trockenheit
der Luft befördert also die nächtliche Bodenstrahlung,
während die feuchte Luft die Strahlung hindert. In der
That absorbirt der atmosphärische Wasserdampf nach Tyndall bedeutend mehr Wärme, als die trockene Luft, und
es folgt hieraus, daß er die strahlende Wärme zurückhält,
anstatt sie durchzulassen, so daß die feuchte Luftschicht den
Boden wie ein Kleidungsstück schützt.*)

---

*) Bei trockenem Wetter absorbirt die atmosphärische Feuchtig-
keit noch 72 mal soviel Wärme als die Luft selber; die unterste,
etwa 10 Fuß hohe, Luftschicht hält daher 10 pro Cent der Erdstrahlung auf. Auch eine mit Wohlgerüchen geschwängerte Luft

Der Frühlingsreif richtet den Landwirthen vielen Schaden an, und diese, die meistens die wahre Ursache nicht kennen, beschuldigen die Gestirne eines schädlichen Einflusses auf die Erde. Da der Reif nur bei sehr reiner, klarer Luft entsteht, so zeigt sich auch der Mond am Himmel in seinem schönsten Glanze und zieht dadurch natürlich die Aufmerksamkeit auf sich. Wir haben jedoch keinen Grund, ihm diese abkühlende Wirkung zuzuschreiben, ebenso wenig einen Einfluß auf schnellere Fäulniß thierischer Substanzen wie man das oft gethan hat, weil man sie unter diesen Umständen schneller verwesen sah. Man vergaß, zu bemerken, daß die Substanzen stark mit Thau bedeckt waren, und daß das Wasser die Fäulniß beschleunigt. Weit entfernt, die Erde abzukühlen, giebt der Mond ihr im Gegentheil noch reflectirte Sonnenwärme ab, wie Melloni das mit Hilfe sehr feiner Instrumente bewiesen hat.

Nachdem der Reif nun durch Strahlung erklärt ist, wird man leicht begreifen, wie großen Schutz die Strohmatten gewähren, die der Gärtner über seine zarten Pflänzchen deckt, und desgleichen die Wirkung von Rauchwolken, welche man über die Weinberge leitet, indem man spät in der Nacht, wo ihre Temperatur auf Null fallen kann, große Feuer aus harzigen Stoffen anzündet. Dieses Verfahren, das durch ganz Frankreich verbreitet werden sollte, ist schon seit langer Zeit in mehreren Ländern, besonders in Peru gebräuchlich.

Die Körper, welche sich in der Nacht am meisten ab-

abierbirt die Wärmestrahlen sehr stark: Lavendelduft 60 mal, Camillenblüthe 87 mal, Anis 372 mal soviel, Ozon über 100 mal soviel als reine Luft.

kühlen, werden auch am Tage, sobald die Sonnenstrahlen sie erreichen, am stärksten erwärmt. Die Pflanzen machen scheinbar eine Ausnahme, doch muß man sich erinnern, daß das in ihnen enthaltene Wasser verdampft und die Verdampfung Wärme verbraucht, welche also nicht zur Erhöhung der Temperatur dienen kann. Die trockene Erde kann, wenn sie der Sonne ausgesetzt ist, eine 20 bis 40 Grad höhere Temperatur als die Luft erreichen, und schwarze Körper erlangen sogar einen noch größeren Temperaturüberschuß. Diese Thatsachen zeigen deutlich die wechselseitige Beziehung, welche zwischen Ausstrahlung und Absorption der Wärme besteht.

Im Winter bewirken die Sonnenstrahlen eine theilweise Schmelzung des Schnees, der unsere Felder bedeckt; diese Schmelzung verhindert eine Temperaturerhöhung des Erdbodens und giebt ihm eine für die Pflanzen äußerst dienliche Feuchtigkeit. In Folge mäßiger Absorption von Wärmestrahlen geht die Schmelzung nur langsam vor sich, wovon man sich leicht überzeugen kann, wenn man ein wenig Kohlenstaub auf den Schnee schüttet; rings um die Stäubchen schmilzt der Schnee jetzt schnell, weil diese mehr Wärme absorbiren, und bald wird die Kohlenspur durch eine tiefe Furche auf dem Schnee bezeichnet. Der Schnee absorbirt mehr dunkle als leuchtende Strahlen; aus diesem Grunde schmilzt er unter Bäumen schneller, welche, sobald sie von der Sonne erwärmt sind, gegen den an ihrem Fuße befindlichen Schnee strahlen.

Seine präservirende Rolle spielt der Schnee wieder in der Nacht bei klarem Himmel. Der weiße Teppich, welcher unsere Felder bedeckt, strahlt nur mäßig Wärme gegen die Himmelsräume aus: seine Temperatur sinkt nur

wenig unter Null und die in dem Erdboden befindlichen
Pflanzen werden so vor einer zu starken Abkühlung be=
wahrt. Zum Schlusse erwähnen wir hier einige merkwür=
dige Beobachtungen, die sich auf die Rolle der Luftfeuchtig=
keit beziehen.

Nach Tyndall absorbirt der Wasserdampf, den ein ge=
wisses Volumen Luft enthalten kann, 72 Mal so viel Wärme,
als dieselbe Luft, wenn sie trocken ist. Dasselbe Verhältniß
findet zwischen der Wärmestrahlung der feuchten und der
trocknen Luft statt.

In einem Thalgrunde, durch den ein Fluß sich schlängelt,
ist die Luft nothwendigerweise feuchter, als auf Hochebenen
oder auf Bergen. Am Abend nach einem schönen Sommer=
tage, wenn die Sonne hinter den Hügeln verschwindet,
wird das Thal früher in Dunkelheit getaucht, als die um=
liegenden Hügelspitzen. Sofort beginnt die feuchte Luft
ihre Wärme gegen die Himmelsräume zu strahlen, und der
Wasserdampf macht diese Ausstrahlung besonders intensiv.
Es tritt eine plötzliche Abkühlung ein und verdichtet den
Wasserdampf zu kleinen, unbemerkbaren Tröpfchen, die wie
ein feiner, dichter Regen niederfallen, ohne daß eine Wolke
am Himmel zu sehen ist. Dies ist der Abendthau.

Je höher man auf Gebirgen steigt, desto trockenere,
weniger Sonnenstrahlen absorbirende Luftschichten trifft
man an. Die Reisenden, welche bei Sonnenschein die
Alpengletscher betreten, empfinden die Wirkungen einer so
schwachen Absorption; mit den Füßen auf dem Eise, fühlen
sie eine unerträgliche Hitze im ganzen Körper. Die Sonnen=
strahlen durchdringen leicht die trockene Atmosphäre und
werden von den Kleidungsstücken so stark absorbirt, daß
diese glühend heiß werden: die Luft aber ist kalt, eben

weil sie keinen Wasserdampf enthält, der die Wärme ein=
zieht, und wenn die Reisenden in den Schatten treten,
so fühlen sie die scharfe Kälte in der Luft. Man begreift
nun, weshalb Brennspiegel und Gläser auf den Bergen
oder überhaupt in trockener Atmosphäre am wirksamsten sind.

Trockenheit der Luft ist also während des Tages der
Erwärmung, während der Nacht der Abkühlung irdischer
Körper günstig, weshalb auch alle dürren Gegenden den
stärksten Temperaturwechsel erleiden. In der Wüste Sa=
hara ist der Sand tagüber glühend heiß, die Atmosphäre
wie Feuer; aber die Nacht bringt eine so strenge Kälte
mit, daß sich sogar Eis bildet. Man findet in der Be=
schreibung einer kürzlich vom Grafen Henry Russel=Killough
unternommenen Reise durch Asien und Australien die
merkwürdigsten Angaben über die extremen Temperatur=
verhältnisse von Sibirien, Thibet und Australien (in allen
diesen Gegenden ist zu gewissen Zeiten des Jahres die
Dürre außerordentlich groß). Zu Kaïnsk, in Sibirien,
fiel das Thermometer eines Tages binnen 4 Stunden von
Null auf 15 Grad darunter; einige Tage später trat das
Quecksilber vollständig in die Kugel zurück, welche darauf
nur halb voll erschien; wäre das Niveau nur am Fuße
der Röhre stehen geblieben, so hätte es schon 35 Grad
unter Null angezeigt; an diesem Tage gefror der Brannt=
wein, den man mit Heu und Pelzwerk bedeckt hatte. „Das
Alles," sagt der Verfasser, „geschah bei hellstem Sonnen=
schein; wo sollten auch Wolken herkommen bei einer Tem=
peratur, in der alle Dämpfe zu Stein werden, und das
Blut in den Adern gerinnt?"

In Australien erreicht die tägliche Schwankung der
Temperatur zuweilen 50 Grad. Unser Reisender hat 49

Grad im Schatten und 64 Grad in der Sonne gezählt. „Die Sterblichkeit", sagt er, „war besonders unter den Kindern erschrecklich. Die Vögel fielen todt von den Bäumen, andere ließen sich mit den Händen fangen oder kamen in das Innere der Häuser und suchten in unseren Theekannen Erfrischung. Die Pflanzen waren in einem Grad verdorrt, daß sie wie Zigarrenasche auseinander fielen wenn man sie anrührte." Kapitän Sturt beobachtete im Innern von Australien 54 Grad im Schatten und 71 in der Sonne. Ritchie und Lyon haben im Schatten der Oasis von Murzuk 56 Grad beobachtet; der Militärarzt Dr. Armand hatte in der Schlucht der Chiffa (im algerischen Atlas) eines Tages 48 Grad im Schatten eines Gurbi und 64 Grad unter dem Zelt. Die niedrigste Temperatur ist 1838 von Neveroff in Jakutsk beobachtet worden: 60 Grad unter Null.

Fünftes Kapitel.

Wärmeleitungsfähigkeit der Körper.

1. Gute Wärmeleiter.

Wenn man nur einen Theil eines Körpers der Wirkung einer Wärmequelle aussetzt, so erwärmt sich doch bald der ganze Körper. Diese Fortpflanzung der Wärme im Innern eines Körpers geschieht langsam, und dadurch unterscheidet sie sich bedeutend von der Wärmestrahlung. Die Eigenschaft der Körper, die Wärme von Theilchen zu Theilchen in ihrem Innern fortzupflanzen, heißt Leitungsvermögen. Man kann sich diese Wärmeleitung leicht erklären, wenn man sich jedes Theilchen des Körperinhalts als der wärmenden Wirkung anderer Theile, welche wärmer als dasselbe und der Abkühlung durch solche, die eine kältere Temperatur haben, unterworfen denkt. Jedes Theilchen ist im Gleichgewicht, wenn diese beiden Wirkungen, die den Gesetzen der Strahlung folgen, sich genau ausgleichen. Die an der Oberfläche des Körpers befindlichen Theilchen sind außerdem noch der Einwirkung anderer Körper ausgesetzt, und hier müssen zwei Arten von Wirkungen unterschieden werden: die Strahlung zwischen der Oberfläche und den entfernt stehenden Körpern, und der Uebergang der Wärme von der Oberfläche auf die

Gegenstände, welche mit ihr in Berührung stehen (oder um=
gekehrt, je nachdem die Oberfläche wärmer oder kälter, als
dieser Körper ist); dieser Uebergang heißt äußere Lei=
tungen, zum Unterschiede von der inneren.

Wenn ein Körper durch eine Wärmequelle an einem
Punkt erwärmt ist, so rufen Strahlung und Leitung eine Ab=
kühlung hervor, und jeder Punkt des Körpers bekommt erst
eine beständige Temperatur, wenn diese Abkühlung genau die
Erwärmung durch die Quelle ausgleicht.

Ein einfacher Versuch dient dazu, die Unterschiede des
Leitungsvermögen zu erkennen. Man befestigt neben einan=

Fig. 35. Leitungsvermögen fester Körper.

der zwei Stäbe von gleicher Länge, aber aus verschiedenem
Material, wie Fig. 35 zeigt. Unter dieselben klebt man
mit Wachs eine Reihe Holzkugeln; darauf erwärmt man
die Stäbe an der Stelle, wo sie zusammenstoßen, und sieht
nun die Kugeln eine nach der andern abfallen, indem das
Wachs über ihnen schmilzt.

Hat man einen Kupfer= und einen Eisenstab zu dem
Versuch genommen, so findet man, daß von dem ersten
mehr Kugeln fallen, als von dem letztern, daß also die
Wärme im Kupfer weiter vordringt, als im Eisen. Deshalb
sagen wir: das Kupfer ist ein besserer Wärmeleiter,
als das Eisen.

Um eine größere Anzahl von Stoffen gleichzeitig zu untersuchen, bildete Ingenhous aus denselben gleich lange und dicke Stäbe, die er an der Vorderseite eines Blech= kastens befestigte (Fig. 36). Die Stäbe überzog er mit

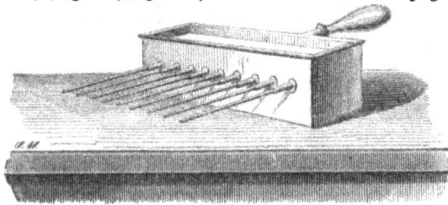

Fig. 36. Apparat von Ingenhous.

Wachs und beobachtete dann, wie weit auf jedem Stabe das Wachs schmolz. So erhielt er folgende Liste, in welcher die Metalle nach a b n e h m e n d e r Leitungsfähigkeit geordnet sind.

Silber.

Kupfer.

Gold.

Messing.

Zinn.

Eisen.

Blei.

Platin.

Wismuth.

Die große Leitungsfähigkeit des Silbers kann man bei täglichem Gebrauch leicht bemerken, wenn man z. B. einen silbernen und einen zinnernen Löffel zu gleicher Zeit in siedendes Wasser taucht; der Stiel des ersteren wird sich bedeutend stärker erwärmen als der des anderen.

Man darf bei Versuchen dieser Art die Intensität der

Erwärmung nicht mit der Schnelligkeit derselben ver=
wechseln, denn erstere hängt nur von dem Leitungsvermögen,
letztere aber außerdem von der specifischen Wärme des Kör=
pers ab, von der weiter unten die Rede sein wird. So zeigt
der Versuch z. B., daß das Wachs auf dem Eisen weiter
schmilzt, als auf dem Wismuth, woraus wir schließen, daß
mehr Wärme in das Eisen dringt und daß dieses ein besserer
Leiter ist, als der Wismuth; trotzdem schmilzt das Wachs
früher bei dem Wismuth. Dieselbe Bemerkung gilt für
den Versuch mit den Holzkugeln: die Entfernung zwi=
schen dem erwärmten Ende und dem Punkte, an welchem
die letzte Holzkugel abfällt, muß beachtet werden, nicht
aber die Geschwindigkeit, mit der die Kugeln hinter einan=
der fallen.

Hier noch ein anderes Experiment, das auf den ersten
Blick paradox scheint, sich aber auf ganz ähnliche Weise
erklärt.

Setzen wir auf
den Deckel eines mit
siedendem Wasser
gefüllten Gefäßes
zwei kleine Cylinder
von gleichen Dimen=
sionen, den einen
aus Eisen, den an=
dern aus Kupfer,
und überziehen bei
beiden das obere
Ende mit Wachs
(Fig. 37). Die

Fig. 37. Leitungsvermögen des Eisens und Wismuths.

Wärme aus dem Gefäß dringt allmählich in die Cylinder,

bis das Wachs schmilzt. Auf dem Wismuth beginnt die
Schmelzung zuerst, obgleich wir ihn für einen schlechteren
Wärmeleiter, als Eisen, erklärt haben.

Wir werden aber später sehen, daß ungefähr viermal so
viel Wärme dazu gehört, ein bestimmtes Gewicht Eisen um
einen Grad zu erwärmen, als dasselbe Gewicht Wismuth
(oder daß die „specifische Wärme" des Eisens viermal größer
ist); wenn daher der Wismuth schon heiß geworden ist,
während das Eisen sich nur wenig erwärmt hat, so hat das
letztere doch mehr Wärme absorbirt; so kommt es, daß
die Wirkung im Eisen langsamer zum Vorschein kommt,
aber schließlich doch bedeutender ist.

Die guten Leiter, wie die Metalle, fassen sich kalt an:
weil nämlich die Hand, welche sie berührt, durch die natür=
liche Wärme des Blutes eine weit höhere Temperatur be=
sitzt, so gibt sie ihnen durch Leitung von ihrer Wärme ab,
und während diese sich im Innern des Metalls leicht fort=
pflanzt, wird der Wärmeverlust, den die Hand erleidet,
fortwährend erneuert und dadurch sehr empfindlich. Aber
nicht immer erscheinen die besten Wärmeleiter bei der Be=
rührung am kältesten. Die Wirkung hängt auch von der
specifischen Wärme ab, ist also, wie wir oben sahen, eine
zusammengesetzte. Nichtsdestoweniger kann man die grö=
beren Unterschiede der Leitbarkeit durch bloße Berührung
mit der Hand herausfinden. So erscheint das Holz lange
nicht so kalt wie Marmor, Marmor nicht so kalt als Me=
tall; die Ordnung, in der wir diese drei Stoffe nennen, ist
auch zugleich die ihrer abnehmenden Leitungsfähigkeit. Es
wird angenommen, daß man die Körper berührt, nachdem
sie eine Zeitlang in demselben Zimmer gestanden, um die
Temperatur desselben anzunehmen.

Die nämliche Bemerkung bezieht sich auch auf folgendes Experiment. Man umwickelt einen zur Hälfte aus
Kupfer, zur Hälfte aus Holz constiruirten
Cylinder mit einem Papierblatt (Fig. 38) und
hält die weiße Oberfläche einige Augenblicke
in eine Flamme. Sofort zeigt sich der Unterschied beider Stoffe: die Papierhülle des
Holzes ist verkohlt, die des Kupfers aber weiß
geblieben. In seiner Eigenschaft als guter
Wärmeleiter entzieht das Kupfer die Wärme
dem Papiere in dem Maße, als sie von der Flamme anlangt, während das Holz sie an derselben Stelle sich ansammeln läßt.

Fig. 38.

Wir finden noch ein sehr merkwürdiges Beispiel der
Leitbarkeit in einer Eigenschaft der Metallgewebe. Wenn
man ein Drahtnetz über die Flamme eines Gasbrenners
hält (Fig. 39), so durchdringt diese es nicht; ihre äußere

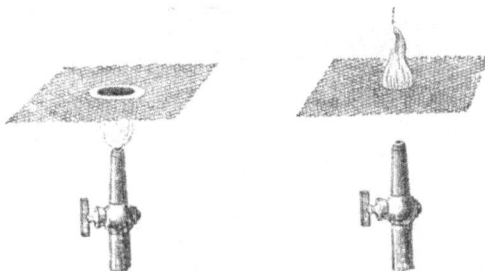

Fig. 39. Eigenschaft der Metallgewebe.

Hülle, die (wie wir im dritten Kapitel gesehen haben), auch
die wärmste ist, erhitzt das Metallnetz, und der rothglühende
Kreis, den sie darauf markirt, ist ein neuer Beweis für die
angegebene Constitution der Flamme. Ueber dem Netz findet

keine Verbrennung statt, es dringt aber brennbares Gas
durch die Maschen, wovon wir uns leicht überzeugen können,
indem wir dasselbe durch ein brennendes Hölzchen über dem
Netz entzünden (was auch noch dann gelingt, wenn die Gasflamme zuvor ausgelöscht worden ist; in diesem Fall erhält
man eine Flamme, die blos über dem Netz brennt).

Das Metallgewebe hält also nur die Wärme auf, es
kühlt das Gas so weit ab, daß die auf der einen Seite be-
gonnene Verbrennung sich nicht bis zur andern Seite fortsetzen kann. Diese Abkühlung beruht auf der Leitung, wie
in dem vorigen Experiment mit dem Doppelcylinder.

Auf die eben erwähnte Eigenschaft der Drahtnetze
gründet sich auch die Davy'sche Sicherheitslampe, welche
die Arbeiter in den Steinkohlengruben vor Gas=Explo-
sionen bewahren soll.

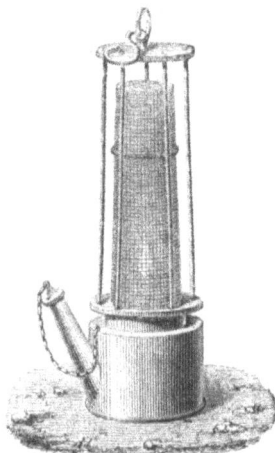

Fig. 40. Davy'sche Sicherheitslampe.

Jeder Schlag der Hacke,
der einen Steinkohlenblock
loslöst, befreit auch eine
gewisse Quantität eines
aus Kohlenstoff und Was-
serstoff zusammengesetzten
Gases. Da die Steinkohlen
immer sehr tief in der Erde
lagern, so muß man zu
ihrer Gewinnung unter-
irdische Gänge graben, wo
das Grubengas sich auf-
hält und mit der Luft
mischt. Kommt eine Flamme
dieser Mischung zu nahe,
so erfolgt aus der Ver-

bindung des Kohlen= und Wasserstoffs mit dem Sauerstoff
der Luft eine Explosion. Es ist daher einerseits nöthig,
die Circulation der Luft in den Stollen zu befördern, damit
das Grubengas gleich beim Entstehen ausgetrieben wird,
andrerseits aber den Bergleuten ein Mittel an die Hand
zu geben, daß sie von der nahenden Gefahr unterrichtet.
Zu diesem Zweck wird die Flamme einer Oellampe mit
einem Drahtnetz umschlossen (Fig. 40). Das brennbare
Gas tritt durch die Maschen in die Lampe und verbrennt
über der Oelflamme; diese dehnt sich aus, wird blässer und
erfüllt das ganze Innere des Apparats. Aber diese Flamme
kann nicht nach Außen dringen, wenn die Maschen des
Netzes hinreichend dicht sind und nicht etwa durch längeren
Gebrauch Löcher in dem Drahtnetz entstanden sind. Der
auf diese Weise gewarnte Arbeiter muß nun schleunigst den
Stollen verlassen, jedoch vorsichtig, ohne die Lampe stark
zu bewegen; denn sonst könnten Funken durch die Maschen
fliegen und eine Explosion bewirken.

Leider erfordert die Anwendung der Davy'schen Lampe
eine große Vorsicht und Aufmerksamkeit von Seiten der
Bergleute und kann, wenn sie nicht gut in Stand gehalten
wird, sehr gefährlich werden. Sind einige Drähte verrostet,
so trägt die durch das Grubengas verstärkte Flamme zu
ihrer gänzlichen Zerstörung bei, es entstehen Löcher in dem
Netz und die Explosion erfolgt. Deshalb fängt man schon
an, die Davy'sche Lampe durch die Geisler'schen elektrischen
Leuchtröhren zu ersetzen.

2. Schlechte Wärmeleiter.

Wir haben uns bisher hauptsächlich mit Körpern be=
schäftigt, die gute Wärmeleiter sind. Stein, Glas, Holz,

thierische und vegetabilische Gewebe sind schlechte Wärme=
leiter; die Wärme pflanzt sich nur schwer in ihnen fort.
Wenn man diese Stoffe als Pulver oder Fasern anwendet,
so können sie die Wärme sogar ganz aufhalten, denn einer=
seits hebt diese Zertheilung den innern Zusammenhang der
Theilchen auf, und andrerseits drängen sich kleine Luft=
schichten, die die Wärme schlecht leiten, zwischen die Theilchen.
Legt man z. B. Asbest in die hohle Hand, so kann man ohne
Schaden ein glühendes Eisen darüber legen. Artilleristen
transportiren glühende Kugeln in einem hölzernen, mit
trockenem Sande gefüllten Karren. Desgleichen conservirt
man Eis in Säge=
späne. Die ver=
einigten Staaten ex=
portiren das Eis in
Blöcken von 100
Kilogramm, welche
in Sägespäne ver=
packt werden, nach
wärmeren Ländern.
So hat man im
Jahre 1851 mehr
als 50,000 Tonnen
Eis exportirt und
dazu für 35,000
Gulden Sägespäne
verbraucht. Trotz
aller Vorsichtsmaß=
regeln schmilzt doch
ein Theil des Eises
während der Ueber=

Fig. 41. Eiskeller.

fahrt. Von Boston bis Calkutta schmelzen wol vier
Fünftel.

Zur Herstellung der Eiskeller wird das geringe
Leitungsvermögen der Ziegel benutzt. Tiefe Gruben mauert
man mit Ziegeln aus, um der Erdenwärme den Zutritt
zu dem Eise, das im Winter eingebracht wird, zu wehren.
(Fig. 41). Das Dach bedeckt man mit Stroh, um auch die
Sonnenwärme abzuhalten, und pflanzt rund um die Grube
Bäume, welche mit ihren schattigen Zweigen eine weitere
Schutzwehr gegen die Sonne bilden. Auch muß man
verhindern, daß die innere Luft durch die vom Eise gebil=
deten Zwischenräume circulirt; deshalb gießt man während
des Winters eine Quantität Wasser in die Grube, damit
dieses gefrierend die Eisstücke zu einer einzigen Masse ver=
bindet. Beim Herannahen der wärmeren Jahreszeit
schmilzt das Eis allmählich, aber nur langsam und das
daraus entstehende Wasser fließt durch ein im Boden an=
gebrachtes Gitter in einen Abzugsbehälter.

Auch wendet man die Ziegel ihrer geringen Leitungs=
fähigkeit wegen zur Construction der Stubenöfen an. Sie
eignen sich dazu vortrefflich, weil sie sich sehr langsam ab=
kühlen, nachdem sie stark erwärmt worden sind. Man heizt
die Oefen nur des Morgens, und wenn der Brennstoff nur
noch glühende Kohlen bildet, wird die Feuerung hermetisch
verschlossen; die Wärme strahlt langsam durch die äußere
glasirte Oberfläche, und dies genügt, um den durch die Wände
verursachten Wärmeverlust zu ersetzen. Ziegelwände sind
ebenfalls die am meisten praktischen; die aus Stein gebauten
müssen weit dicker sein, weil Stein die Wärme besser leitet
als Ziegel. Eine vortreffliche Mauer würde ein doppelter
Holzverschlag mit Sägespänen ausgefüllt bilden. Eine solche

Wand eignete sich eben so gut für warme, als für kalte
Länder, da sie auch die äußere Wärme in die Häuser einzu-
dringen hindern würde, wenn man tagüber alle Oeffnungen
verschlossen hielte.

Als Beispiel der eigenthümlichen, durch Leitbarkeit der
Wärme erklärlichen Wirkungen, erwähnt Tyndall ein Dampf-
schiff, das unter folgenden Umständen beinahe zu Grunde
gegangen wäre. Bei einer Meerfahrt ereignete es sich, daß
der Kessel der Maschine sich auf der Innenseite mit einer
dicken Schicht erdiger Materien überzog, welche aus dem Wasser stammten. Ansätze dieser Art bilden sich immer an den
Wänden der Gefäße, in welchen man gewöhnliches Wasser
sieden läßt, weil dieses verschiedene Substanzen enthält, die
es bei seiner Berührung mit dem Erdboden aufnimmt. In
dem besagten Dampfkessel hatte man diese Schicht über Ge-
bühr anwachsen lassen, und weil diese ein sehr schlechter
Wärmeleiter ist, mußte man, um die genügende Quantität
Dampf zu erzielen, das Feuer verstärken und sehr viel mehr
Kohlen verbrennen als sonst. Bald war der ganze Vorrath
erschöpft, noch ehe man den Hafen erreichte, und man war
genöthigt, alles was nur von Holz auf dem Schiffe vorhanden, sogar das Deck zu verbrennen. Nachträglich entdeckte
man die Ursache dieses ungewöhnlichen Verbrauchs von
Brennmaterial.

Gewebe organischen Ursprungs sind die festen Körper,
welche die Wärme am schlechtesten leiten. Deshalb können
viele Thiere und Pflanzen plötzlichen Temperaturwechseln
widerstehen, Dank den vortrefflichen Kleidern, welche die
Natur ihnen verliehen. Wir selbst suchen die Natur in
unserer Bekleidung nachzuahmen. Wollene Kleidungsstücke
schützen unseren Körper im Winter vor dem Verlust seiner

eigenen Wärme und im Sommer vor zu starker Absorption
der äußern Wärme; sie sind deshalb zweckmäßiger als
baumwollene oder leinene Stoffe, welche die Wärme besser
leiten*. Die Gewebe unserer Kleidungsstücke sind alle von
Substanzen gebildet, die vorher Thieren oder Pflanzen
zur Bekleidung gedient haben. Die Thiere besonders,
welche warmes Blut haben, bedürfen eines kräftigen Schutzes,
weil der Wärmeverlust eines Körpers wächst mit dem
Ueberschuß seiner Temperatur über diejenige der Umgebung.
Darum sehen wir auch die Vierfüßler der kalten Länder
mit einem dicken Pelz bekleidet, und die Vögel mit
einem Gefieder, das noch wirksamer als dieser ist. In diesen
natürlichen Bekleidungen ist die mechanische Zertheilung
der schlechten Wärmeleiter ins Unendliche getrieben. Die
tausend Fasern, welche Fell oder Federn bilden, sind das
größte Hinderniß für die Verbreitung der Wärme.

Was die in der Luft oder im Wasser lebenden Thiere
anbetrifft, deren Körper eine nur wenig höhere Tempera=
tur besitzt als die Elemente, die ihnen zum Aufenthalte dienen,
so bedürfen diese keiner Bekleidung, und die Thätigkeit ihrer
Lebensfunctionen variirt mit der Temperatur ihres Auf=
enthaltsortes, so daß auch die Temperatur ihres Körpers die=
selbe Veränderung erleidet. Es sind dies die Thiere mit
kaltem Blut; der Frost erstarrt sie, weil ihre Lebensthätig=
keit bei dieser Temperatur abnimmt; die Wärme im Gegen=
theil ermuntert sie wieder, weil ihre Lebensthätigkeit zu=
nimmt, um dem Körper die genügende Wärme zu erhalten.

Flüssigkeiten leiten die Wärme ebenso wie feste Körper,

*) Ueber die zweckmäßigste Farbe der Kleider, siehe die Be=
merkungen auf Seite 114. Ueber die Rolle des Pelzwerks, weiter
unten, Seite 140.

aber mit ihrem Leitungsvermögen verbreitet sich gewöhnlich eine andere Erscheinung, welche hier erwähnt werden muß.

3. Fortführung der Wärme in Flüssigkeiten und Gasen.

Betrachten wir ein Glasgefäß, das mit Wasser gefüllt ist und von unten her erwärmt wird (Fig. 42). Man hat in dasselbe Sägespäne von Eichenholz gestreut, welche ungefähr das specifische Gewicht des Wassers haben. Wir sehen die Holzspäne in der Mitte des Glases aufsteigen und längs den Wänden wieder niederfallen. Was mag wol die Ursache dieser Circulation sein? Das am Boden erwärmte Wasser wird leichter, steigt empor und führt die Sägespäne mit sich fort. An der Oberfläche angelangt, ist es bereits unterwegs abgekühlt, und wird dieses noch mehr durch die Berührung mit der Luft und durch eigene Wärmeausstrahlung. Die Wände des Gefäßes sind ebenfalls durch die beiden letzten Ursachen abgekühlt, so daß das Wasser, welches mit ihnen in Berührung steht, schwerer ist als das des Mittelpunkts. Dieses schwere Wasser fällt also auf den Boden, wo es erwärmt wird, um längs der Achse wieder aufzusteigen, u. s. w. Die Späne folgen allen Bewegungen des Wassers und machen uns dieselben sichtbar.

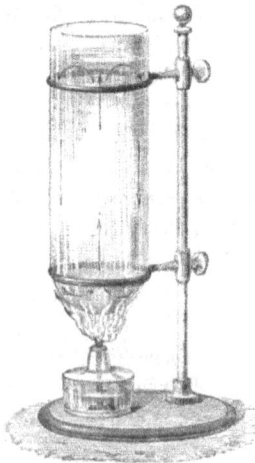

Fig. 42. Verbreitung der Wärme im Wasser.

Die „Fortführung" besteht in dieser Wanderung der ungleich erwärmten Schichten; sie bewirkt eine schnelle Verbrei-

tung der Wärme durch die ganze Masse, selbst wenn die
Flüssigkeit zu den schlechtesten Wärmeleitern gehört. Denn
die warmen Partien erwärmen bei ihrer Bewegung die käl=
teren und diese Vermischung dauert so lange, als das Gefäß
über dem Feuer steht. Wenn man die Leitung allein beob=
achten will, so muß man diese Wärmeverbreitung durch
Mischung beseitigen, indem man die Flüssigkeit von oben
erwärmt. Despretz stellte zu diesem Zweck auf die Ober=
fläche der Flüssigkeit einen Blechkasten, durch den ein Strom
heißes Wasser geleitet wurde. Die erste Schicht, durch die
Erwärmung leichter gemacht, blieb an der Oberfläche und
erwärmte durch Leitung die folgende Schicht, diese die nächst=
folgende u. s. w. Horizontale Thermometer, welche man an

Fig. 13. Apparat für das Leitungsvermögen der Flüssigkeiten.

dem Gefäße befestigt hatte, zeigten nach einer gewissen Zeit verschiedene Temperaturen, die von oben nach unten zu abnahmen (Fig. 43.) Demnach leiten die Flüssigkeiten gleich festen Körpern die Wärme, sie sind aber im Allgemeinen schlechte Leiter; besonders Wasser hat ein so geringes Leitungsvermögen, daß dieses lange Zeit ganz geläugnet wurde. So kann man zum Beispiel Eis auf den Boden eines Glas=

Fig. 44. Wasser über Eis siedend.

rohres legen und darüber Wasser an der Oberfläche zum Sieden bringen, ohne daß das Eis auf dem Grunde schmilzt. (Fig. 44.)

In Gasen ist die Fortführung der Wärme viel schwerer

zu vermeiden. Es entstehen darin Strömungen, nicht nur in vertikaler Richtung als Folge der ungleichen Dichtigkeit der wärmeren und kälteren Partien, sondern nach allen Seiten hin wegen der Ausdehnbarkeit der Gase durch Wärme. In allen Experimenten, welche man über Gase angestellt, muß man die hervorgebrachten Wirkungen gleichzeitig der Leitung und der Mischung zuschreiben. Sehr interessant ist es, diese Wirkungen an verschiedenen Gasen zu beobachten.

Im dritten Kapitel haben wir gesehen, daß ein Metalldraht sich erwärmt, wenn ein elektrischer Strom durch denselben geht. Wird dieser Draht durch eine Reihenfolge metallischer Theile ersetzt, unter denen sich ein feiner Platinafaden befindet, so kann dieser zum Glühen gebracht werden. Eine starke Glasröhre enthält diesen Faden in ihrer Achse zwischen zwei Kupferstäben (Fig. 45), die durch Pfropfen gehen. Jeder Pfropfen trägt außerdem eine kleine Glasröhre. Sind diese Röhren offen, so umgiebt die Luft den Draht und kühlt ihn ab. Dies sieht man daraus, daß der Draht stärker glüht, wenn man eine Röhre schließt und durch die andere die Luft auspumpt. Oeffnen wir nun wieder die

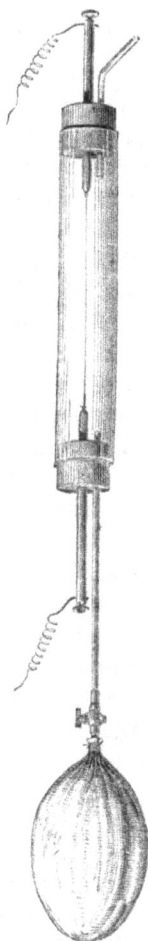

Fig. 45. Abkühlende Wirkung der Gase.

kleinen Röhren und befestigen an eine derselben eine mit
Wasserstoff gefüllte Blase; wenn wir diese zusammenpressen
und dadurch den Wasserstoff rund um den Faden einführen,
so hört er sofort auf zu glühen. Es geht daraus hervor,
daß Wasserstoff noch mehr als Luft die warmen Körper
durch seine Berührung abkühlt. Man darf annehmen, daß
die Leitbarkeit in diesem Experiment die hauptsächlichste
Ursache der verschiedenen Wirkungen von Luft und Wasserstoff ist, und daß Letzterer unter allen Gasen der beste
Wärmeleiter ist. Der Contact des glühenden Fadens mit
dem Gase ruft dieselbe Wirkung hervor als wenn man ihn
seiner ganzen Länge nach mit einem Metall berührte.

Wenn man die Mischung der Schichten verhindert, so
pflanzt sich die Wärme in der Luft nur wenig fort, ein Beweis
von dem geringen Leitungsvermögen der Luft. Dieser Umstand trägt Vieles zur Wirksamkeit der Pelze und Kleidungsstücke bei. Die Luft, welche alle Zwischenräume ihrer Fasern
ausfüllt, bildet hier stehende Schichten, welche die Wärme
zurückhalten. Drückt man die Stoffe stark zusammen, um
die Luft daraus zu entfernen, so vergrößert man ihr Leitungsvermögen. Ebenso würde diese Luft, wenn sie sich erneuern könnte, die Wärme fortführen und die Bekleidungen
verlören dadurch wieder ihre Wirksamkeit. Deshalb ist auch
Pelzwerk viel wärmer, wenn man die rauhe Seite nach
innen kehrt.

4. Praktische Anwendung.

Die in kalten Ländern und in den Gewächshäusern gebräuchlichen Doppelfenster sind eine Anwendung dieser Principien. Zwischen den beiden Glaswänden befindet sich eine
Luftschicht, die sich nicht erneuern kann, und in der die

Strömung kaum merklich ist; sie wirkt als schlechter Wärmeleiter, indem sie die Wärme der Zimmer und Gewächshäuser hindert, durch Leitung zu entweichen. Durch Strahlung kann die Wärme sich ebenso wenig vermindern, denn
die Glasscheiben lassen keine dunklen Strahlen durch, dagegen aber sehr leicht die Sonnenstrahlen, welche zur Erhöhung der inneren Temperatur beitragen.

Saussure construirte eine im Innern geschwärzte Holzkiste, deren eine Wand von drei Glasscheiben gebildet wurde,
deren jede von der andern durch eine dünne Luftschicht getrennt war. In diese Kiste stellte er ein Gefäß mit Wasser,
setzte die Glaswand den Sonnenstrahlen aus und brachte
so das Wasser zum Sieden. Die Erklärung dieses merk-
würdigen Experiments faßt alles in sich, was wir über
Strahlung und Leitung der Wärme gelernt haben. Die
Sonnenwärme durchdringt die Glasscheiben und Luftschichten
vermittelst Strahlung und wird durch die geschwärzten
Wände stark absorbirt. Einmal in dunkle Wärme verwandelt, kann sie das Glas nicht wieder durch Strahlung
passiren und wird vollständig zur Erwärmung der in der
Kiste enthaltenen Luft- und Wassermasse verwandt. Die
stark erwärmten Holzwände behalten eine hohe Temperatur
in Folge ihres geringen Leitungsvermögens, welches sie
gegen die abkühlende Wirkung der benachbarten Körper
unempfindlich macht. Dasselbe gilt auch von der Glaswand,
weil die Luftschichten darin unbeweglich bleiben.

Diese Experimente wurden im Jahre 1837 von
Sir John Herschel am Cap der guten Hoffnung wiederholt. In einer innen geschwärzten Holzkiste, die mit einer
einfachen Glasscheibe verschlossen war, stieg das Thermometer unter der Einwirkung der Sonnenstrahlen auf

67 Grad; als die Kiſte im trockenem Sand vergraben
wurde, ſtieg die Temperatur in derſelben auf 81 Grad.
Als über die erſte Glaswand eine zweite gelegt wurde,
ſtieg die Temperatur bis auf 103, 115, ja 120 Grad.
Dieſe Vorrichtung wurde nun benutzt, um Eier, Gemüſe,
endlich ſogar ein Gericht Rindfleiſch an der Sonne zu
kochen. Mit einer größern Anzahl von Glaswänden und
kupfernen Behältern, die im Innern geſchwärzt und von
außen mit Watte und trockenem Sand bedeckt würden,
könnte man gewiß noch weit höhere Temperaturen erzielen.
Herr Mouchot, in ſeinem Buch über die Anwendungen
der Sonnenwärme (1869), beſchreibt eine Menge Vorrichtungen, die er zu dieſem Zweck conſtruirt hat. Eine

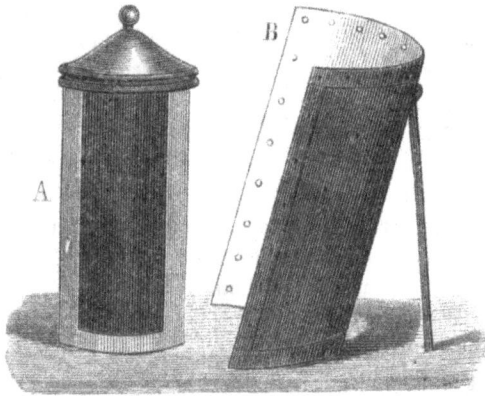

Fig. 46.

der einfachſten iſt die Fig. 46 dargeſtellte. In einem Glas-
pokal A, der einen gläſernen Deckel hat, ſteht ein von außen
geſchwärzter Blechcylinder, deſſen oberer Rand umgebogen iſt

und das Glas berührt; B ist ein cylindrischer Reflektor aus versilbertem Blech, der die Sonnenstrahlen auf den Blech=kessel concentrirt; man giebt demselben eine passende Neigung. In diesem Blechtopf hat Mouchot mit Leichtig=keit Fleisch und Gemüse in einigen Stunden gar gekocht, oder auch Brod gebacken (zu diesem Zweck wurde der Blechtopf noch mit einer Eisenplatte unter dem Glasdeckel zugedeckt). Der Reflector allein kann auch benutzt werden, Fleisch in freier Luft zu braten, wenn man den Bratspieß in der Fokallinie aufstellt; jedoch nimmt in diesem Falle das gebratene Fleisch einen widerwärtigen Geschmack an, wenn man nicht die Vorsicht gebraucht, die Sonnenstrahlen durch eine gelbe oder rothe Glasscheibe zu filtriren, ehe dieselben das Fleisch berühren. In Tours funktionirt ge=genwärtig eine große „Sonnen=Kochmaschine" dieser Art.

Nach der Meinung des H. Mouchot würde sich die Laubereau'sche Warmluftmaschine sehr wol durch Sonnen=wärme heizen lassen. Ericson in Amerika hat im J. 1868 Sonnenmaschinen dieser Art gebaut, deren eine durch Dampf, die andere durch die Ausdehnung der Luft getrieben wird.

Eine solche Maschine hat dazu gedient, Getreide zu mahlen. Da die Steinkohlenlager in Europa nach einigen Jahrhunderten erschöpft sein werden, so ist es gut, bei Zeiten diese direkte Nutzanwendung der Sonnenwärme zu studiren und praktisch zu verwerthen.

Es mag bei dieser Gelegenheit auch die Sonnen=pumpe erwähnt werden, deren Princip in der Fig. 47 nach Belidor dargestellt ist, die aber eigentlich nichts an=deres als die schon 1615 von dem berühmten Salomon von Caus angegebene „continuirliche Fontäne" ist. Das Gefäß A steht durch eine Röhre C mit einem Wasserbe=

hälter E in Verbindung, aus dem das Wasser gepumpt werden soll. Das Ventil C öffnet sich nach oben, ebenso das Ventil D durch welches das Wasser aus dem Gefäß A in den Behälter B übergeführt wird. Wenn die Sonnen= strahlen die Luft in A erwärmen, so dehnt sich dieselbe aus und treibt das Wasser durch die Röhre D nach B; kühlt sich A wieder ab, so nimmt der Druck über der

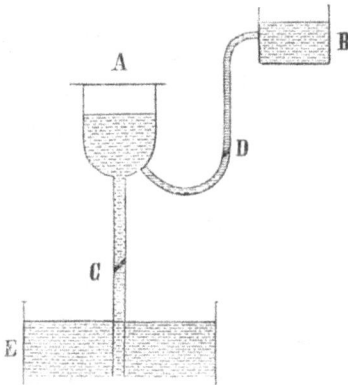

Fig. 47.

darin befindlichen Flüssigkeit ab, und es steigt wieder Wasser aus dem Behälter E empor. Die Abkühlung des Gefäßes A findet nach Sonnenuntergang statt; man könnte dieselbe aber auch periodisch erhalten, z. B. durch Begießen mit Wasser aus dem Reservoir B, in welchem man einen Heber zu diesem Zwecke installiren könnte. Jedenfalls ließe sich eine solche Pumpe in heißen Gegenden vortheilhaft verwerthen.

5. Wanderung der Wärme im Ocean. — Meeresströmungen.

Durch die Fortführung in den Gewässern des Oceans und der Atmosphäre wird hauptsächlich die Vertheilung der Sonnenwärme auf der Erde bewirkt. Immense Strömungen unterhalten in den Meeren eine Temperaturordnung, deren Gesetze noch wenig bekannt sind. Andere Strömungen bewegen die Luftschichten in allen Höhen; dies sind die

Winde, welche abwechselnd unseren Festländern trockenes oder nasses Wetter bringen und Gesetzen folgen, von denen nur ein sehr kleiner Theil hat beobachtet werden können.

Um uns begreiflich zu machen, wie die Wärme Meeresströmungen hervorrufen kann, denken wir uns einmal den Erdball ringsum von Wasser umgeben und betrachten die Wirkungen der Sonnenstrahlen auf diesen gewaltigen Ocean. Am Aequator langen die Strahlen in fast vertikaler Richtung an, sie werden immer schräger, je näher wir den Polen kommen, bis sie an den Polen selbst die Erdoberfläche in fast horizontaler Richtung streifen. Ihre Wirkung nimmt deshalb vom Aequator zu den Polen ab, und die an der Oberfläche befindlichen Wasserschichten haben in den Aequatorgegenden eine wärmere Temperatur als an den Polen. Hier nun senken sie sich auf den Grund des Oceans und bilden in der Tiefe Strömungen, welche von den Polen nach dem Aequator fließen. Die Wassermassen erwärmen sich dabei, und am Aequator angelangt, steigen sie an die Oberfläche, erreichen hier ihre höchste Temperatur und fließen wieder nach den Polen zurück, Strömungen an der Oberfläche bildend. So entstände in der flüssigen Hülle der Erdkugel eine beständige Circulation, wie sie auf Figur 48 durch Pfeile angedeutet ist.

Betrachten wir nun die Erde mit ihren Festländern und ihren Meeren. Die Form der Küsten und ihre eigene Temperatur modificirt die

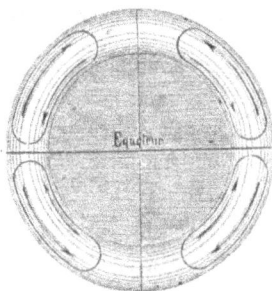

Fig. 48 Theorie der Meeresströmungen.

Strömungen, welche sich zwischen dem Aequator und den Polen etabliren würden. In Meeren, welche beinahe vollständig von Festländern begrenzt werden, können sie gar nicht vorkommen, die Temperatur wird hier allein von der lokalen Wirkung der Sonnenstrahlen bestimmt. Daher kommt es, daß das Mittelmeer wärmer als der Ocean ist, daß die Gewässer des Indischen Meeres, welche nach Norden keinen Ausgang finden, sich hier bedeutend erwärmen und dazu beitragen, die Hitze in diesen Gegenden während des Sommers so unerträglich zu machen. Dagegen können die Meeresströmungen sich im Atlantischen Ocean und in der Südsee, welche sich von einem Pole bis zum anderen erstrecken, sehr gut bilden, und ihre Existenz ist auch constatirt. Duperrey und Maury haben sie genau beobachtet, und die Arbeiten Maury's haben zu einer sehr nützlichen Anwendung geführt. Fahrzeuge, welche von Amerika nach Europa gehen dürfen nur eine in dieser Richtung fließende Strömung aufsuchen, und machen dann die Ueberfahrt in weit kürzerer Zeit, als wenn sie eine andere Route wählten.

Man sieht auf Figur 48b die großen, bis jetzt bekannten Strömungen. Für uns ist der Golfstrom eine der wichtigsten, weil er einen bedeutenden Einfluß auf das Klima des westlichen Europas ausübt. Seine beträchtlichen, unter der glühenden Sonne Centralamerikas erwärmten Wassermassen wälzen sich nach den Küsten Englands, Frankreichs und Spaniens. Im Atlantischen Ocean findet man auf der Karte zwei gewaltige Strudel bezeichnet, deren einer unterhalb, der andere oberhalb des Aequators sich befindet. Ersterer wird durch eine vom Südpol kommende Strömung gebildet, welche erst, die Westküste Afrikas kühlend, bis zum Aequator steigt, wo sie ihre höchste Temperatur

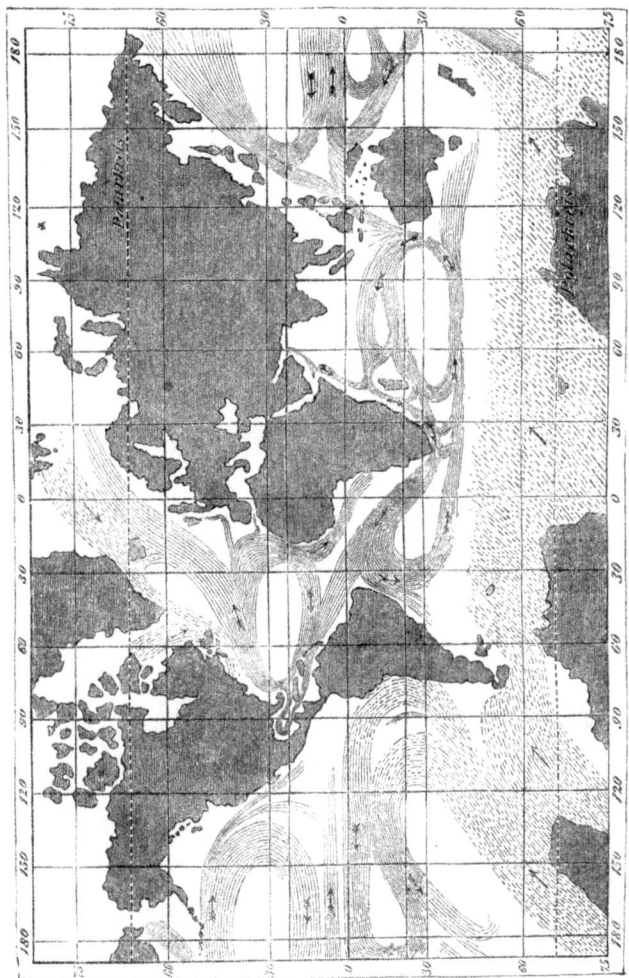

Fig. 18 u. Meeresströmungen.

erreicht und sich dann in zwei Arme theilt. Der eine fließt
an der Küste Patagoniens herunter, um den Kreislauf zu
schließen, während der andere längs der Küste von Brasilien
aufsteigt und in dem zweiten Strudel endet. Dieser zweite
Arm ist es, welcher im Golf von Mexiko zurückgetrieben
zum Golfstrom wird. Bei seinem Austritt aus dem Golf
besitzt er eine Geschwindigkeit von 2 Meter in der Secunde
und eine Temperatur von 27 Graden. Er nimmt seinen
Lauf nach Norden, dann nach Neufundland, wendet sich
plötzlich gegen Osten und theilt sich wieder; der niederwärts
fließende Arm badet die Gestade Englands, wo er eine
mäßige Temperatur unterhält, und kehrt dann, ohne sich
weit von den Küsten Frankreichs und Spaniens zu ent=
fernen, nach den Aequatorgegenden zurück, wo der Kreis=
lauf sich vollendet. Was den andern Arm betrifft, so fließt
dieser nordwärts, das Klima Irlands und Norwegens
mildernd. Die vollständige Circulation des Golfstroms
repräsentirt eine Seereise von mehr als dreitausend Meilen.
Seine höchste Temperatur in der Nähe des Aequators be=
trägt 28 Grad, gegen die Vereinigten Staaten 18 Grad,
während das Meerwasser in derselben Entfernung vom
Aequator, aber außerhalb der Strömung nicht mehr als
14 Grad erreicht. Man kann sich die mannigfaltigen
Wirkungen, die solche Strömungen hervorbringen, leicht
denken. Die aus dem Norden kommenden führen Eisstücke
mit sich, welche allmählich schmelzen, sobald sie sich wärmeren
Regionen nähern; Bäume, Trümmer aller Arten werden
von einem Festland an das andere transportirt; Samen=
körner, Eier, die nach einer weiten Reise noch keimen oder
sich öffnen, und so erklären sich die merkwürdigsten Emi=
grationen. Der Mensch selbst findet seine Wege auf dem

Ocean vorgezeichnet, und ein Blick auf unsere Karte ge=
nügt, um zu begreifen, warum die Wilden der Südseeinseln
mit ihren Pirogen niemals an der amerikanischen Küste
landen konnten; eine gewaltige Strömung zieht sich von
Osten nach Westen durch das Stille Meer und bildet ein
unüberwindliches Hinderniß für dergleichen Fahrzeuge.

Peru und Brasilien sind betreffs der Meeresströmungen
sehr verschieden situirt. Ersteres genießt die abkühlende
Wirkung eines vom Südpol kommenden Stromes, weßhalb
es sich trotz seiner Nähe zum Aequator an den Küsten
einer mäßigen Temperatur erfreut. Die Bewohner konnten
ohne Hilfe von Sclaven den Erdboden cultiviren und haben
sich ihre milden Sitten bewahrt. Brasilien dagegen ist der
erwärmenden Wirkung des durch den Atlantischen Ocean
fließenden Aequatorstromes ausgesetzt; die übermäßige Hitze
des Klimas hat die Eingebornen gezwungen, sich zur Be=
arbeitung ihrer Ländereien Sclaven anzuschaffen. Jetzt
ist freilich auch hier die Sclaverei aufgehoben.

Die Meeresströmungen hängen übrigens nicht allein
von der Wirkung der Sonnenstrahlen auf das Wasser ab;
sie stehen auch im Zusammenhang mit den Winden, der
täglichen Umdrehung der Erde und noch vielen anderen Um=
ständen, was die Ergründung ihrer Gesetze sehr erschwert.

Man weiß durch die Seefahrer, daß von den Polen
aus Strömungen an der Oberfläche des Oceans nach dem
Aequator fließen und Eisstücke mit sich führen. Im nächsten
Kapitel werden wir sehen, weßhalb die mit Eis gemischten
Strömungen sich immer an der Oberfläche zeigen. Dieses
Wasser aber, welches die Pole verläßt, muß durch weniger
kaltes Wasser vom Aequator her ersetzt werden, es befinden
sich also wahrscheinlich in der Tiefe der Eismeere gewaltige

unterseeische Strömungen, welche die Wärme nach den Polen führen. Unmöglich ist es daher nicht, daß die Polargegenden in bewohnbaren Meeren bestehen, allenthalben von einem ewigen Eiskranz umgeben, der unten abschmilzt und sich oberhalb wieder erneuert durch die Condensation der Wasserdämpfe, welche aus den Meeren emporsteigen. Das wäre eine beständige Ausgleichung zweier entgegengesetzter Wirkungen, wie bei den Strömungen der Aequatorgegenden; es würde also die Wärmevertheilung in den Gewässern der Erde durch zwei Circulationssysteme ausge-

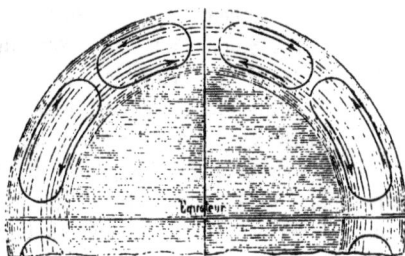

Fig. 48c Theorie der Polarströmungen.

führt, wie Figur 48c zeigt. Dieser Schluß hat sich im Jahre 1853 bestätigt. Doctor Kane aus Philadelphia entdeckte nach zwei Jahren voll unsäglicher Strapazen und großer Gefahren am Nordpol ein Meer, welches von Thieren, die man sonst nur in gemäßigten Erdstrichen antrifft, bewohnt wurde. Ein dichter Nebel lagerte über demselben. Leider konnten die Untersuchungen nicht lange ausgedehnt werden, denn die erschöpften Reisenden mußten an ihre Rückkehr denken.

6. Vertheilung der Wärme in der Atmosphäre. — Die Winde.

Die Vertheilung der Wärme in der Atmosphäre folgt Gesetzen, die womöglich noch complicirter sind, als diejenigen der Meeresströmungen.

Nehmen wir den einfachsten Fall und versetzen uns in Gedanken an den Strand des Meeres an einem Abend, der einem warmen Tage folgt: die Nacht rückt heran, die Sonne ist verschwunden. Auf die Absorption der Sonnenwärme folgt die Strahlung gegen die Himmelsräume. Während des Tages erwärmt die Oberfläche des Meeres sich stärker, als der Erdboden, und die Wärme dringt bis in seine Tiefen; in der Nacht kühlt das Meer sich wieder langsamer ab, als die Erde, denn die tieferen Schichten kommen unaufhörlich an die Oberfläche und ersetzen die abgekühlten Schichten. Die über dem Meer lagernde Luft vermindert ebenfalls seine Abkühlung, weil sie feucht ist und der Wasserdampf die dunklen Wärmestrahlen absorbirt. Diese Luft nun ist wärmer als die, welche die Erde bedeckt, weil sie die Wärme des Meeres aufnimmt. Warme und feuchte Luft ist aber leichter, als trockne und kalte; folglich erhebt die Meeresluft sich, und die Luft vom Lande senkt sich und gleitet dem Meere zu. So entsteht der Wind, welchen man Abendbrise nennt und der so lange anhält, als ein bedeutender Unterschied zwischen der Temperatur des Meeres und des Landes stattfindet, und auch keine andern Ursachen Winde erzeugen. Diese Abendbrise benutzen die Seeleute zu ihrer Abfahrt aus dem Hafen.

Wenn die Sonne am Morgen aufgeht, so veranlaßt sie einen Seewind, denn jetzt erwärmt sich die Erde schneller und die Brise kommt vom Meer; sie führt die

Schiffe in den Hafen. Der Wind kommt also immer aus
der kälteren Gegend.

Auf dieselbe Weise erklären sich auch die Gebirgs=
winde. Am Abend weht in den Thälern ein Wind, der
von den Bergen kommt, wo die Abkühlung eine stärkere
ist. Des Morgens zeigt der Wind sich in veränderter
Richtung, weil die Bergesspitzen von der Sonne früher er=
wärmt werden als der Thalgrund.

Wenden wir unsere Schlußfolgerung auf große Land=
strecken und große Luftmassen an, so haben wir die Er=
klärung der Moussons, die in gewissen Gegenden sechs Mo=
nate lang in einer Richtung, und sechs Monate lang in der
entgegengesetzten wehen. Der Wind auf dem Mittelmeere
zum Beispiel kommt während des Sommers gewöhnlich
aus Norden, während des Winters aus Süden. Die un=
regelmäßigen Winde, welche außerdem die Atmosphäre be=
wegen, lassen wir bei Seite. Die Sommer=Mousson wird
durch die Erwärmung der Wüste Sahara bewirkt, und die
Winter=Mousson durch ihre Abkühlung, während das Meer
und die südlichen Küsten Europas fast die gleiche Tempe=
ratur behalten. Diese Moussons sind die Ursache der ver=
schiedenen Dauer der Hin= und Herreise zwischen Toulon
und Algier. Da die Erwärmung der Wüste intensiver als
ihre Abkühlung ist, so ist auch die aus Norden kommende
Mousson wirksamer als die aus Süden, und ein Segelschiff,
das während des ganzen Jahres regelmäßige Ueberfahrten
in beiden Richtungen macht, braucht durchschnittlich für die
Reisen von Algier nach Toulon mehr Zeit, als umgekehrt.

Betrachten wir jetzt den ganzen Erdball. Am Aequator
ist die Erwärmung der Oberfläche am stärksten; die Luft=
schichten sind hier am leichtesten, theils in Folge ihrer

Temperatur, theils wegen ihrer Feuchtigkeit. Wenn die Erde sich nicht drehte, so würden diese Luftschichten sich von der Oberfläche entfernen und durch kältere, von den Polen zuströmende ersetzt werden; es entstände daraus ein Circulationssystem, wie Figur 48 es veranschaulicht. In der nördlichen Hemisphäre hätte man beständigen Nordwind in der südlichen Hemisphäre beständigen Südwind, und am Aequator, wo der Luftstrom aufwärts steigt, Windstille.

Aber die Erde dreht sich von Westen nach Osten. Die Geschwindigkeit eines Punktes der Oberfläche ist viel größer, je näher er beim Aequator liegt; an den Polen ist die Geschwindigkeit unmerklich. Wenn die Polarluft daher dem Aequator zuströmt, so trifft sie auf eine Oberfläche, welche u n t e r i h r f o r t n a c h O s t e n eilt; das Resultat ist dasselbe, als wenn die Oberfläche ruhte, während die ankommende Polarluft ü b e r d e r s e l b e n n a c h W e s t e n strömte. So entsteht ein Wind, der von Nordosten nach Südwesten gerichtet ist, d. h. ein N o r d o s t w i n d. Dieser weht auf der nördlichen Halbkugel, während auf der süd= lichen S ü d o s t w i n d herrscht. Am Aequator entsteht aus ihrem Zusammentreffen ein O s t w i n d. Dies sind die P a s s a t w i n d e. Christoph Columbus hat sie zuerst er= kannt; sie trieben sein Schiff nach der neuen Welt, und man erzählt, daß seine Gefährten darüber entsetzt waren, weil sie fürchteten, nie wieder zurückkehren zu können.

Die eben entwickelte Theorie der Passatwinde verdanken wir Halley. Natürlich ist die Erscheinung in Wirklichkeit nicht so einfach, als wir sie dargestellt haben, weil die Oberfläche der Erde unregelmäßig gestaltet ist, aber die Grundzüge sind doch richtig.

Wenn die Passatwinde auf der Oberfläche der Erdkugel

leicht constatirt werden können, so scheint es dagegen schwieriger, die Existenz der oberen Winde festzustellen, welche in den höheren Regionen der Atmosphäre wehend den Kreislauf schließen. Ihre Richtung muß den unteren Winden entgegengesetzt sein, d. h. Südwest in der nördlichen, Nordost in der südlichen Hemisphäre. Der Passatstaub, welchen diese Winde mit sich führen, verräth ihr Dasein.

Im Frühjahr und Herbst zeigt sich nämlich in Frankreich und Italien häufig ein Staubregen, in welchem das Mikroskop allerlei organische, aus Centralamerika stammende Ueberreste erkennen läßt. Es giebt dort Sümpfe, die um diese Zeit austrocknen; heftige Wirbelwinde fegen darüber hin und führen die Erdstäubchen zu der Höhe des oberen Passatwindes, welcher aus Südwest kommend dieselben in nordwestlicher Richtung nach Europa trägt, im Zeitraume von einem Monat ohngefähr.

Ferner muß noch ein Transport von Asche aus einem Vulkan Guatemalas angeführt werden, die im Jahre 1853 von Westen nach Osten gegen Jamaika geweht wurde, und zwar in solcher Menge, daß das Land mehrere Tage hindurch in völlige Dunkelheit getaucht war.

Aus diesen Beobachtungen schließen wir, daß die Fortführung und Ausgleichung der Wärme, wenn auch nicht die einzige, so doch die Hauptursache der Meeresströmungen und Winde ist. Erst nachdem man ihre Wirkungsart genau ergründet hat, kann man daran denken, auch einen Versuch zur Auffindung der übrigen Ursachen zu machen, und dies ist die Aufgabe der Meteorologie.

Sechstes Kapitel.

Volumenänderung der Körper.

---

1. Wirkung der Wärme auf Gase. — Fühlbare Wärme. — Aeußere Arbeit.

Nehmen wir eine fest verschlossene Blase, welche Luft ent=
hält, und nähern sie dem Feuer; wir sehen sie allmählich
größer werden, sich aufblähen, obgleich
die Quantität der darin befindlichen Luft
dieselbe bleibt. Zu gleicher Zeit erwärmt
sie sich, und wenn wir den Hals der Blase
um eine Thermometerröhre befestigen
(Fig. 49), so daß die Kugel bis in den
Mittelpunkt reicht, so können wir wahr=
nehmen, wie die Temperatur der inneren
Luft sich erhöht. Entfernen wir die Blase
vom Feuer, so fällt sie langsam zusammen,
kühlt sich ab und nimmt wieder ihren ur=
sprünglichen Zustand an. Der Tempe=
raturwechsel, welchen das Thermometer
anzeigt, beruht darauf, daß die ein=
geschlossene Luft im ersten Falle Wärme
absorbirt, im zweiten Wärme verliert. Die Wärme, welche

Fig. 49.
Ausdehnung der Luft unter
constantem Drucke.

auf das Thermometer wirkt, nennt man die freie oder fühl=
bare Wärme; wir werden sehen, daß dies lange nicht alle
Wärme ist, die absorbirt oder verloren wurde. Es kommt
hierbei nämlich die Volumenänderung in Betracht.

Die Blase erleidet einen zweifachen Druck; im Innern
den der eingeschlossenen Luft, äußerlich den der Atmosphäre.
Da sie sehr biegsam und nicht elastisch ist, so hält der Druck
der beiden Seiten sich das Gleichgewicht. Wenn man sie nun
erwärmt, so nimmt der innere Druck etwas zu; die Blase
bläht sich, bis das Gleichgewicht des Druckes wieder hergestellt
ist, und wenn man mit der Erwärmung fortfährt, so nimmt
diese Aufblähung allmählich zu, ohne daß der innere Druck
den der Atmosphäre merklich übersteigt. Man sagt: die ein=
geschlossene Luft erwärmt sich unter constantem Druck,
nämlich unter dem Druck der Atmosphäre. Jeder Quadrat=
centimeter der Oberfläche trägt ungefähr 1 Kilogramm.
Wird ein Theil der Oberfläche um die Länge eines Centi=
meters vorgeschoben, so wird damit 1 Kilogramm per
Quadratcentimeter um 1 Centimeter transportirt. Indem
sich die eingeschlossene Luft ausdehnt und die umgebende
äußere Luft zurücktritt, verrichtet sie also eine gewisse me=
chanische Arbeit, welcher nach den im 1. Kapitel aufgestellten
Principien ein gewisser Verbrauch von Wärme entspricht.
Wenn also ein Gas unter constantem Druck erwärmt
wird, so bleibt ein Theil der zugeführten Wärme
frei oder fühlbar, d. h. er dient dazu, die Tem=
peratur des Gases zu erhöhen, der Rest wird
verbraucht, d. h. in Arbeit verwandelt.

Da die Theilchen der Gase keine merkliche Cohäsion be=
sitzen, so geschieht die Ausdehnung ohne Widerstand von
Innen; es wird keine Kraft auf die Trennung der Theilchen

verwandt, oder, wie man zu sagen pflegt, keine innere Arbeit geleistet.

Die Abkühlung der Blase ist ein dem vorigen ent= gegengesetzter Prozeß; die fühlbare Wärme des Gases geht in die benachbarten Körper über, wobei sie ihren Zustand bewahrt; die Atmosphäre wirkt, indem sie die Blase auf ihr ursprüngliches Volumen zurückführt, als zusammenpressende Kraft und leistet eine mechanische Arbeit, die in Wärme umgewandelt wird: diese Wärme geht mit der vorigen in benachbarte Körper über.

Die Luftballons bieten uns ein Beispiel der Erwär= mung eines Gases unter constantem Druck, welcher dem der Atmosphäre gleich ist. Der erste Versuch wurde 1782 zu Avignon von den beiden Brüdern Joseph und Etienne Montgolfier gemacht. Sie verfertigten einen großen Ballon von 35 Fuß Durchmesser aus Leinwand, mit Papier ge= füttert. Am unteren Ende befand sich eine weite Oeffnung, unter der man ein großes Feuer anzündete, welches die innen befindliche Luft erwärmend, den Ballon aufblähte, und man sah diesen alsbald in die Höhe steigen. Bei einem zweiten, im nächsten Jahre zu Annonay ausgeführten Experiment wurde unter der Oeffnung ein Korb aus Eisen= draht angebracht, in welchen man den Brennstoff hinein= legte, um das Feuer so während der Auffahrt unterhalten zu können. Der Ballon stieg zu der Höhe von 2000 Metern auf. Einen viel größeren Luftballon ließ man in Versailles vor dem versammelten Hof aufsteigen und diesmal nahm derselbe einen Käfig mit einigen Thieren mit, welche wohl= behalten wieder auf der Erde anlangten. Nach diesen Ver= suchen wagten sich auch zwei Männer in die bis dahin un= ergründeten Regionen der Atmosphäre. Es waren dies

der Marquis d'Arlandes und Pilatre de Rozier, welche
am 20. November 1783 vom Schlosse de la Muette auf=
stiegen und zum ersten Male in einem Luftballon über

Fig. 50. Versailler Luftballon.

Paris hinschwebten (Fig. 50). Der Erfolg dieser Luftfahrt
gab den Anstoß zu zahlreichen Unternehmungen derselben
Art. Statt der warmen Luft wandte man bald das leichtere
Wasserstoffgas an; heutzutage werden die Ballons gewöhn=
lich mit Leuchtgas gefüllt, welches zwar nicht so leicht als
Wasserstoff, aber weit billiger ist.

Die Ursache des Aufsteigens eines Luftballons liegt darin, daß er specifisch leichter ist, als die umgebende Luft. Warme Luft ist leichter, als kalte Luft; Wasserstoffgas ist leichter als beide. Wenn der Ballon zur Abfahrt bereit ist, so verhält er sich wie ein Kork, den man unter Wasser festhält; sobald man ihn losläßt, fährt er in die Höhe.

Aehnliches beobachtet man täglich an unsern Kaminen und Stubenöfen. Die gasförmigen Verbrennungsproducte und die heiße Luft des Ofens sind leichter, als die äußere kalte Luft; sie entweichen daher durch den Schornstein, während die Zimmerluft in die Feuerung strömt. Zu gleicher Zeit tritt von Außen her kalte Luft in das Zimmer durch Thüren und Fenster; wenn aber die Oeffnungen nicht groß genug sind, oder wenn die äußere Luft' verhältnißmäßig zu warm ist, so zieht der Ofen nicht, d. h. der aufsteigende Luftstrom ist nicht kräftig genug, die äußere Luft sinkt durch den Schornstein und veranlaßt einen Gegenstrom, welcher das Zimmer mit Rauch erfüllt.

Die Strömungen im Ocean und in der Luft, die wir im vorigen Kapitel beschrieben haben, und deren Resultat eine Ausgleichung der Temperaturen durch Transport und Vertheilung der Wärme ist, entspringen ebenfalls derselben Ursache, nämlich der Ausdehnung durch die Wärme.

Im Vorigen haben wir die Erwärmung eines Gases unter constantem Druck betrachtet, wobei Ausdehnung stattfand und mechanische Arbeit geleistet wurde. Wir wollen uns jetzt mit dem Falle beschäftigen, wo das Gas sich unter constantem Volumen erwärmt, also ohne Ausdehnung und ohne Arbeit.

Ein Glasgefäß (Fig. 51) enthält Luft und eine geringe Quantität einer schwerflüchtigen Flüssigkeit, z. B. Oel:

dasselbe ist durch einen Pfropfen verschlossen, durch welchen eine enge Glasröhre bis in die Flüssigkeit geht. Erwärmt man nun das Gefäß, so sieht man das Oel in der Glas-röhre steigen, woraus man schließt, daß die Federkraft der einge-schlossenen Luft zunimmt, während dieselbe wärmer wird. (Daß sie nämlich wärmer wird, zeigt ein Thermometer, welches man neben der Röhre durch den Propfen führt.) Die Ausdehnung der Luft ist hier unmerklich, denn sie rührt nur von der Ausdehnung des Glases und dem verdrängten Oel her, dagegen ist die Zunahme der Elasticität oder des Drucks sehr fühlbar, denn sie wird durch die Höhe der Flüssigkeitssäule ge-messen. Wir haben also den Satz bewiesen: wenn ein Gas sich erwärmt, ohne sich auszu-dehnen, so wächst der Druck, den es ausübt.

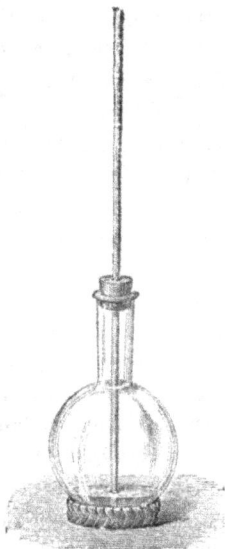

Fig. 51. Erwärmung bei con-stantem Volumen.

Wir können dieselbe Erscheinung auch an dem Apparat beobachten, der Fig. 1 dargestellt ist und aus einer hohlen Metallkugel besteht, die auf zwei Rädern ruht. Pfropfen wir die Kugel gut zu und zünden die darunter befindliche Lampe an. Die Luft in der Kugel wird erwärmt und drückt gegen die Wände ihres Gefängnisses: diese aber widerstehen und nichts verräth äußerlich ihren Druck. Hat die Temperatur gegen 272 Grad erreicht, so wird jeder

Quadratcentimeter der inneren Wand mit der Kraft von 2 Kilogrammen nach außen gedrückt, während die Atmosphäre auf denselben Theil der äußeren Oberfläche nur den Druck von 1 Kilogramm ausübt. Wenn der Pfropfen 1 Quadratcentimeter ausfüllt, so erfährt er jetzt einen Drucküberschuß von 1 Kilogramm, und wenn er nicht sehr fest in die Mündung gepreßt ist, so fliegt er heraus. Dabei erfolgt der Rückprall des Gestelles, den wir schon früher beschrieben haben. Ist der Pfropfen sehr fest hineingetrieben, so muß die Temperatur erhöht werden und die Elasticität noch mehr zunehmen, um seinen Widerstand zu beseitigen. Der Beweis dieser Zunahme findet sich dann in dem lebhafteren Zurückweichen des Gestelles.

Dieses Experiment erklärt uns auch die Explosionen, die bei verschiedenen Gelegenheiten vorkommen. Meistens werden sie durch entzündbare Stoffe veranlaßt, die sich in einem verschlossenen Raume befinden, der auch Luft enthält. Bricht hier Feuer aus, so entsteht eine chemische Verbindung mit Befreiung von Wärme und Licht; die Mischung wird stark erwärmt, ohne sich ausdehnen zu können; die schnell zunehmende Elasticität beseitigt endlich den Widerstand der Wände, diese geben nach, und das Gas fährt mit Heftigkeit heraus. Eine Explosion kann aber auch ohne Zutritt der Luft stattfinden, zum Beispiel durch Pulver, weil die Substanzen, aus denen es besteht, sich in Gase verwandeln, wie das schon im ersten Kapitel gesagt wurde.

So lange das Gas in einem verschlossenen, sein Volumen begrenzenden Raum erwärmt wird, dient die Wärme nur dazu, seine Theilchen zu einer besonderen Thätigkeit zu erregen, die sich in Zunahme der Elasticität und fühlbaren Wärme äußert. Man darf aber nicht glauben, daß

die Zunahme der Elasticität eine mechanische Arbeit der
Wärme sei. Die Wärme übt hier nur eine Wirkung aus:
die Erhöhung der Temperatur, und dies ist keine Arbeit,
weil bei der Veränderung, die das Gas erleidet, keine
Massen von Ort und Stelle bewegt werden; es gilt hier
nicht, wie bei Erwärmung des Gases unter constantem
Druck, einen Widerstand zu beseitigen. Die der Gasmasse
zugeführte freie Wärme verleiht ihr eine Elasticität, nach
welcher man die Quantität dieser Wärme ebenso gut als
mit dem Thermometer messen kann. Wir dürfen sagen,
daß die Dehnbarkeit und Temperatur zwei Formen der
fühlbaren Wärme sind, welche das Gas besitzt.

Es folgt daraus ein zweiter, auf die Erwärmung der
Gase bezüglicher Satz:

Wenn ein Gas bei constantem Volumen erwärmt wird, so bleibt alle Wärme, die ihm zu-
fließt, in fühlbarem Zustande und dient dazu,
seine Temperatur zu erhöhen. Diese Temperaturerhöhung ist von zunehmendem Druck gegen die Wände
begleitet, welchen diese durch ihren Widerstand das Gleichgewicht halten. Kühlt sich das Gas im Gegentheil ab, indem es sein Volumen beibehält, so verliert es einen Theil
seiner fühlbaren Wärme, und diese geht in die umgebenden
Körper über; Temperatur und Druck nehmen gleichzeitig
ab. Aus unseren Sätzen können wir nun folgenden Schluß
ziehen.

Will man die Temperatur eines Kilogramms Luft von
Null auf 272 Grad erhöhen, so verbraucht man dazu,
wenn die Luft sich ausdehnt und denselben Druck bewahrt,
weit mehr Wärme, als wenn sie auf ein unveränderliches
Volumen beschränkt bleibt; denn in dem ersten Fall wird

Wärme zur Ausführung einer mechanischen Arbeit verbraucht, die in dem zweiten fortfällt. Die Erfahrung bestätigt diesen Schluß.

Meistentheils werden Gase unter Umständen erwärmt, die gleichzeitig eine Veränderung des Volumens und Druckes zulassen; die Quantität der Wärme, die sie alsdann verbrauchen, hängt sowohl von der Erhöhung ihrer Temperatur, als von der dabei geleisteten mechanischen Arbeit ab. Sie variirt also mit der Arbeit, unter sonst gleichen Umständen. Ein Kilogramm Gas verbraucht, um von einer Temperatur auf eine andere höhere gebracht zu werden, und verliert, indem es zu einer niedrigern zurückkehrt, sehr verschiedene Wärmequantitäten, je nach den dabei betheiligten mechanischen Wirkungen. Nimmt das Volumen zu, so wird eine mechanische Arbeit ausgeführt und Wärme verbraucht; nimmt es ab, so wird eine Arbeit verbraucht und Wärme erzeugt.

Dies Princip erklärt, wie die Dampfmaschine Arbeit ausführt, indem sie Wärme zerstört. In der Ausdehnungsperiode führt die in der Maschine enthaltene Luft eine Arbeit aus; in der Zusammenziehungsperiode verbraucht dieselbe Luft eine Arbeit, die geringer ist, als die vorige: die Differenz ist der Gewinn, welchen man als Leistung der Maschine nutzbar macht. Ferner wird in der ersten Periode Wärme verbraucht, in der zweiten Wärme erzeugt, deren Quantität aber kleiner ist als die vorige; die Differenz dieser beiden Wärmequantitäten wird vernichtet, oder vielmehr in Arbeit umgewandelt.

2. Wirkung der Wärme auf feste Körper und Flüssigkeiten. — Größe der Molekularkräfte. — Innere Arbeit.

Da die Theilchen der festen Körper und der Flüssig=
keiten durch bedeutende Cohäsionskräfte verbunden sind,
welche bei jeder Volumenänderung überwunden werden
müssen, so ist die Wirkung der Wärme auf diese Körper
weit complicirter, als ihre Wirkung auf die Gase.

Denken wir uns einen Würfel von Eisen, 1 Meter
hoch und ebenso lang und breit. Wird derselbe von Null
auf 90 Grad erhitzt, so wird jede Kante um 1 Millimeter
länger. Der atmosphärische Druck beträgt auf jeder der
6 Flächen 10300 Kilogramm. Durch die Ausdehnung wird
also diese Last sechsmal um $\frac{1}{2}$ Millimeter vorgeschoben,
was einer Arbeit von 31 Kilogrammetern gleichkommt.
Eine Wärmeeinheit beträgt 425 Kilogrammeter; die äußere
Arbeit der Ausdehnung des Eisens ist hier also noch nicht
dem zehnten Theil einer Wärmeeinheit äquivalent.

Unvergleichlich größer ist die innere Arbeit, welche
zur Besiegung der Cohäsion verwandt worden ist. Directe
Versuche ergaben nämlich, daß man, um eine Kante des
eben beschriebenen Eisenwürfels um 1 Millimeter zu ver=
längern, eine Zugkraft von ungefähr 22 Millionen Kilo=
gramm ausüben müßte.

Was eine so ungeheure mechanische Anstrengung er=
fordern würde, führt also die Wärme ohne Schwierigkeit
aus, indem sie die Temperatur von 0 auf 90 Grad er=
höht. Sie wirkt auf die Theilchen des Eisens wie eine
mechanische Kraft, trennt sie gewaltsam und leistet auf diese
Art eine innere Arbeit, die sich nach Kilogrammetern schätzen
läßt. Jedesmal, wenn eine innere Arbeit von 425 Kilo=

grammetern geleistet ist, verschwindet eine Wärmeeinheit, d. h. sie ist für das Thermometer verloren.

Einen anderen Beweis für die Größe der Molekular= kräfte haben wir in der enormen mechanischen Gewalt, welche die Ausdehnung oder Zusammenziehung fester und flüssiger Körper entwickelt, wenn diese einen Temperatur= wechsel erleiden.

Will der Stellmacher einen Eisenreifen um das Rad legen, so erwärmt er ihn stark, um ihn auszudehnen, bis er ihn ganz leicht auf das Rad bringen kann und läßt ihn dann erkalten: der Reif zieht sich zusammen und preßt den Rand des Rades, das er vorhin nur lose umspannte, mit großer Gewalt zusammen.

Die Eisenbahnschienen dürfen sich nicht berühren, son= dern jede ist von der folgenden ein wenig entfernt, damit sie Platz zur Ausdehnung behalten. Ohne diese Vorsichts= maßregel würden sie während des Sommers durch die Wärme gekrümmt werden. Auf einer Strecke von 100 Kilo= metern beträgt die Verlängerung der Schienen durch die Sonnenwärme 30 Meter, und wenn sie im Winter dicht an einander stießen, könnten sie, da sie am Boden befestigt sind, eine solche Ausdehnung nicht erleiden, ohne sich zu werfen.

Eine fernere Wirkung der ausdehnenden und zusammen= ziehenden Kraft sind die Brüche, welche in schlecht wärme= leitenden Körpern entstehen, wenn dieselben einem plötz= lichen Temperaturwechsel unterworfen werden. Berührt man zum Beispiel Glas mit einem glühenden Eisen, so bricht das Glas entzwei, weil die berührten Theile sich sehr schnell ausdehnen und die benachbarten Theile, welche kalt bleiben, auseinander sprengen. Wenn man Glas mit einem außerordentlich kalten Körper berührte, würde es ebenfalls

zerbrechen, und zwar infolge des plötzlichen Zusammen=
ziehens der berührten Theile. Man benutzt diese Eigen=
schaft des Glases, um Glasgefäße am Rande auszuschneiden,
indem man auf der Oberfläche einen Strich mit der Feile
zieht und eine glühende Kohle auflegt. Der Bruch ge=
schieht in der Richtung des Striches, worauf man die
Kohle weiter führt, immer in der Richtung, welche man
dem Schnitt geben will.

Um die Ausdehnungskraft der Flüssigkeiten zu be=
obachten, kann man ein Gefäß mit der betreffenden Flüssig=
keit füllen, mit einem Pfropfen schließen und dann er=
wärmen; das Gefäß wird springen, wenn der Pfropfen
gut schließt. Nehmen wir z. B. ein Eisengefäß von einem
Liter Inhalt, füllen es mit Wasser, schließen es mit einem
Schraubenpfropfen gut zu und erwärmen es auf 100 Grad.
Das Gefäß wird sich kaum um 4 Kubikcentimeter aus=
dehnen, das Wasser dagegen um 43 Kubikcentimeter, also
mehr als zehnmal so viel. Dieses Wasser nun übt auf die
Eisenhülle einen gewaltigen Druck aus, der sie sprengt,
wenn sie sich nicht mehr ausdehnen kann.

Eine höchst merkwürdige Anwendung der Kraft der
Zusammenziehung fester Körper wurde von dem Architekten
Molard an dem Conservatorium der Künste und Gewerbe
zu Paris gemacht. In einem gewölbten Gange des Erd=
geschosses waren die Mauern durch den Druck der Wölbung
gewichen und man hatte einen Einsturz zu befürchten.
Molard führte nun parallele Eisenstangen (Fig. 52), welche
an beiden Enden Schraubenmuttern trugen, durch die
Mauern, ließ sie ihrer ganzen Länge nach stark erhitzen,
die Schrauben anziehen, dann Alles abkühlen. Indem die
Eisenstangen sich zusammenzogen, richteten sie die Mauern

ohne heftigen Ruck. Man wiederholte dieses Verfahren
noch mehrmals, bis die Mauern wieder ihren vertikalen

Fig. 52. Richtung eines Gewölbes.

Stand hatten. Die Eisenstangen sind ihnen als Stütze
geblieben, und wer nach Paris kommt, kann sie noch heute
dort sehen.

Es ist sehr wichtig, die Gesetze der Ausdehnung der
Metalle zu kennen, da sie zur Zeit so vielfältig als Bau=
material verwendet werden. Und man muß dieselben wol
zu Rathe ziehen, wenn ihre Anwendung nicht gefährlich
werden soll, wenn unsere heutigen Häuser nicht durch bloßen
Temperaturwechsel der Gefahr des Einsturzes ausgesetzt
sein sollen. Die Blei= und Zinkdächer, welche aus an=
einander gelötheten Blättern bestehen, werden im Sommer
stellenweise aufgetrieben, weil sie durch die gelötheten Stellen
in der Ausdehnung gehindert werden; im Winter bekommen

sie Risse, weil die Zusammenziehung ebenso gehindert wird. Man sollte daher die Metallblätter gleich Dachziegeln nur übereinanderlegen, damit sie alle Veränderungen ihrer Dimensionen ungehindert erleiden könnten. Ebenso dürfen die Abzugsröhren aus Metall, welche der Luft ausgesetzt sind, nicht auf einer zu großen Länge gelöthet werden. Man hat Eisenstangen durch ihre Ausdehnung harte Steine, in die sie eingegossen waren, zersprengen sehen. Die Steine selbst, obgleich ihre Dehnbarkeit nicht sehr groß ist, trennen sich bei starkem Frost von einander, und drängen sich, wenn es recht warm wird, wieder dicht zusammen. Bei Brücken entsteht dadurch eine Hebung oder Senkung ihrer Wölbung. Besonders die Hängebrücken zeigen große Veränderungen an ihren Bogen. Eine Hängebrückenkette von 100 Meter Länge erleidet im Laufe eines Jahres eine Variation von 7 Centimetern. Auf diese Wirkungen muß bei Ausführung von Bauten Rücksicht genommen werden, und besonders darf man niemals Materialien von sehr verschiedener Dehnbarkeit mit einander verbinden, sonst entstehen unregelmäßige Bewegungen, die leicht Sprünge verursachen. Glücklicherweise haben Metalle, Steine, Ziegel fast die gleiche Dehnbarkeit, und es hat daher keine Gefahr, dieselben gemeinsam bei Bauten zu verwenden, wenigstens hinsichtlich der Wärmewirkungen, — mit anderen haben wir uns hier nicht zu befassen.

Nachdem wir so die wichtige Rolle der Molekularkräfte in festen und flüssigen Körpern erkannt haben, können wir sagen, daß die Wärme, indem sie den Widerstand dieser Kräfte beseitigt, eine innere mechanische Arbeit ausführt, und daß sie bei dieser Operation theilweise verbraucht wird. Daraus ziehen wir folgenden Satz:

Wenn man einen festen Körper oder eine Flüssigkeit erwärmt, und er bei seiner Ausdehnung einen äußeren Widerstand, wie den der Atmosphäre beseitigt, so theilt die Wärme, welche verbraucht wird, sich in drei Theile; der erste wird zur Ausführung einer äußeren Arbeit, der zweite zur Ausführung einer inneren Arbeit verwandt, der dritte verbreitet sich in dem Körper als freie oder fühlbare Wärme, und dient zur Erhöhung seiner Temperatur.

Kühlt derselbe Körper sich ab, so rührt die Wärme, welche er abgiebt, ebenso wieder aus drei Ursachen her. Ein Theil entsteht durch den äußeren Druck, welcher etwa den Körper zusammenpreßt, ein anderer stammt von den Molekularkräften her, welche die kleinsten Theilchen einander nähern und wieder in ihre frühere Lage zurückführen; dies ist die Wärme, welche durch den Verbrauch der äußeren und der inneren Arbeit erzeugt wird; der dritte Theil ist die freie Wärme des Körpers, welche derselbe vor seiner Abkühlung besaß.

Die Existenz der innern Arbeit bildet einen wesentlichen Unterschied zwischen den Gasen und den festen oder flüssigen Körpern. Gewöhnlich sind die letzteren keinem anderen äußeren Druck als dem Atmosphärendruck ausgesetzt; in diesem Fall ist die äußere Arbeit ganz unbedeutend, und man hat neben der freien Wärme nur diejenige der innern Arbeit in Rechnung zu ziehen, welche man Dilatationswärme nennen könnte.

3. Wie man die Ausdehnung der Körper mißt. — Dichtigkeitsmaximum des Wassers.

Wir werden jetzt sehen, wie man die Ausdehnung der Körper messen kann. Zu diesem Zweck mußten sehr feine und empfindliche Instrumente erfunden werden.

Das einfachste Instrument für Gase hat die Form des Galilei'schen Thermometers. (Fig. 6 A.) Man wiegt das Quecksilber, welches die Kugel enthalten kann, und auch das, welches eine Abtheilung der Röhre einnimmt, und berechnet daraus, wie viel Mal die Kugel das Volumen einer Abtheilung enthält. Führt man nun das Gas in die Kugel ein und darüber einen Quecksilberindex, so weiß man, wieviel Abtheilungen dem vom Gase eingenommenen Volumen entsprechen. Darauf hält man die Kugel neben einem Thermometer in Wasser und erwärmt dieses; die kleine Quecksilbersäule hebt sich und die Zahl der Abtheilungen, welche sie durchläuft, mißt die Ausdehnung, während das Thermometer anzeigt, um wie viel Grade die Temperatur gestiegen ist. Auf diese Art kann man das Gesetz Gay-Lussacs finden: für jeden Grad nimmt das Volumen irgend eines Gases um $\frac{1}{273}$ seines ursprünglichen Werthes zu.

Dasselbe Instrument dient auch für die Flüssigkeiten. Man darf nur die Kugel damit füllen, als ob es sich um Herstellung eines Thermometers handelte, und dasselbe Verfahren wie bei dem Gase anwenden.

Bei allen diesen Versuchen muß der Ausdehnung des Glases Rechnung getragen werden, welche die Volumenzunahme des in der Kugel enthaltenen Gases oder der Flüssigkeit zu geringe erscheinen läßt, wie wir das bei dem folgenden Experiment sehen werden.

Man nimmt eine Glaskugel mit einem Halse, auf welchem Abtheilungen markirt sind und füllt sie mit rothgefärbtem Alkohol in der Weise, als wollte man ein Thermometer herstellen (Fig. 53). Taucht man die Kugel in siedendes Wasser, so sieht man das Niveau anfangs sinken, und erst etwas später sich erheben und allmählich höher

und höher steigen. Die Glashülle erwärmt sich nämlich
früher als die Flüssigkeit, dehnt sich aus, und das Niveau
sinkt; bald darauf erwärmt sich auch die Flüs=
sigkeit, dehnt sich bedeutend mehr aus als das
Glas, und ihr Niveau steigt weit über seinen
ursprünglichen Stand.

Mit Berücksichtigung dieser Wirkung der
Gefäße hat man für viele Flüssigkeiten den
Ausdehnungscoefficienten berechnet, d. h. die
Quantität, um welche die Volumeneinheit zu=
nimmt, wenn die Temperatur um 1 Grad
steigt. Man hat gefunden, daß sie nicht den
gleichen Coefficienten haben. So dehnt Alko=
hol sich mehr aus als Wasser, Aether mehr
als Alkohol.

Zu bemerken ist, daß jeder Körper, welcher
durch Erwärmung ausgedehnt wird, sich bei

Fig. 53.
Ausdehnung der
Flüssigkeiten.

der Erkaltung nach demselben Gesetze zusam=
menzieht, d. h. wieder dasselbe Volumen an=
nimmt, wenn er zu derselben Temperatur zurückkehrt.

Das Wasser zeigt eine andere Erscheinung, die in der
Natur eine wichtige Anwendung findet.

Füllen wir ein, dem vorigen ähnliches Thermometer
mit Wasser, stellen dasselbe in Wasser, das 8 Grad hat
und warten, bis es dieselbe Temperatur zeigt; das Niveau
bleibt an einer gewissen Abtheilung stehen, die wir mar=
kiren. Werfen wir darauf kleine Eisstückchen in das Bad,
um es abzukühlen; das Niveau des in der Röhre befind=
lichen Wassers wird sinken, bei 4 Grad stationär erscheinen,
darauf wieder steigen, und wenn das Bad Null hat, bei=
nahe bei seinem ursprünglichen Stand angelangt sein.

Das Wasser in der Röhre hat also sein kleinstes Volumen bei 4 Grad.

Wir folgern daraus, daß das Wasser von Null an sich zusammenzuziehen beginnt, bei 4 Grad sein kleinstes Volumen erreicht, und sich von da an mehr und mehr ausdehnt bis zum Siedepunkt. Ein Maß Wasser von 4 Grad wiegt also mehr als ein Maß Wasser von jeder anderen Temperatur; man sagt deshalb: das Wasser besitzt sein **Maximum der Dichtigkeit** bei 4 Grad. Auf Grund dieser Eigenthümlichkeit hat man zu dem Kilogramm das Gewicht eines Liters Wassers von dieser Temperatur gewählt.

Saussure, der berühmte Genfer Physiker, hat gefunden, daß die Temperatur auf dem Grunde tiefer Seeen stets 4 Grad behält in allen Jahreszeiten; die Ursache davon wissen wir jetzt. Während der Herbstnächte kühlt die Oberfläche der Seeen sich ab; wenn die oberste Schicht 4 Grad erreicht hat, ist sie so dicht, als sie irgend werden kann, und sinkt auf den Grund, während eine andere ihren Platz einnimmt. Diese sinkt, nachdem sie 4 Grad erreicht, ebenfalls, u. s. f. Es entsteht dadurch eine niedersteigende Strömung von Wasser, das 4 Grad besitzt, und eine aufsteigende von wärmeren Theilen, so daß die Temperatur von der Oberfläche nach dem Grunde zu, wo sie genau 4 Grad beträgt, abnimmt. Während des Tages erwärmen sich die oberen Schichten, verlieren dadurch an Dichtigkeit und bleiben an ihrem Platz. Je weiter die Jahreszeit vorschreitet, desto überwiegender wird die nächtliche Abkühlung, und zu einem gewissen Zeitpunkte hat der See in allen seinen Tiefen die gleiche Temperatur von 4 Graden. Kommt nun der Winter, so kühlen sich die oberen Schichten unter 4 Grad ab, verlieren wieder an Dichtigkeit und be-

halten daher wiederum ihren Platz. Die Temperatur wächst
von der Oberfläche, wo sie etwa Null ist, bis zum Grunde,
wo man immer 4 Grad findet. Hat die Oberfläche Null,
so gefriert das Wasser langsam, es bilden sich kleine Eis=
nadeln, die auf der Oberfläche schwimmen, weil sie leichter
als das Wasser sind; vom Winde hin und her getrieben,
vergrößern sie sich durch das Gefrieren des Wassers, das
sie berühren, und werden zu Eisschollen, bis zuletzt den
ganzen See eine einzige Eisfläche bedeckt. Sie bewahrt
die unteren Schichten vor der Abkühlung, und diese be=
halten den ganzen Winter hindurch ihre Temperatur.
Wenn die wärmere Jahreszeit kommt, schmilzt das Eis;
so lange das Schmelzwasser auf Null steht, bleibt es an
der Oberfläche; erst nach fortgesetzter Erwärmung erreicht
es 4 Grad, so daß es auch im Frühjahr einen Moment
giebt, wo der ganze Wasserinhalt des Sees wieder die
gleiche Temperatur von 4 Graden hat. Im Sommer sind
die obersten Schichten die wärmsten, und wenn der See
recht tief ist, so dringt die Sonnenwärme nie bis auf den
Grund. Was die Erwärmung durch Leitung anbetrifft, so
ist diese äußerst schwach, denn Wasser ist ein schlechter
Wärmeleiter. Alles in Allem genommen, ist demnach die
Wärme, Dank diesem Dichtigkeitsmaximum des Wassers,
in den Seeen und Meeren wie eingespeichert und unterhält
das Leben einer unendlichen Menge von Thieren und
Pflanzen, welche da weder große Hitze noch starken Frost zu
fürchten haben.   .

    Hier noch ein anderes Beispiel von der Wirkung des
Dichtigkeitsmaximums. Auf einer Alpenreise bemerkte
Rumford im Eise ein tiefes Loch voll Wasser, und im
Grunde unter dem Wasser einen Stein. Dies brachte ihn

auf folgende Erklärung der Erscheinung. Im Anfang befand der Stein sich auf dem Eise; durch die Sonnenstrahlen
erwärmt, welche er mehr als das Eis absorbirt, macht er
eine kleine Quantität Eis ringsum schmelzen. Das Schmelzwasser erwärmt sich, bis es 4 Grad erreicht, und fällt auf
den Grund der angefangenen Höhlung, woselbst es eine
neue Quantität Eis zum Schmelzen bringt; das Loch vergrößert sich, die unterste Wasserschicht, welche jetzt an
Dichtigkeit verloren hat, steigt wieder an die Oberfläche,
wird abermals von der Sonne erwärmt, und sinkt dann
auf den Boden nieder, um das Werk der Schmelzung fort-
zusetzen.   Der Brunnen wird so allmählich gegraben durch
die bloße Circulation des Wassers, welches die Sonnenwärme von der Oberfläche auf den Grund trägt. Der
Stein aber ist auf dem Boden geblieben als Zeuge der Umstände, welche die Aushöhlung des Brunnens bewirkt haben.

Die Ausdehnung der festen Körper durch die Wärme
ist so unbedeutend, daß man, um sie zu messen, besondere
Apparate hat construiren müssen. So verlängert sich z. B.
ein Eisenstab, der 1 Meter lang ist, zwischen Null und
100 Gr. nur um wenig mehr als 1 Millimeter. Um diese
Quantität zu beobachten, verfährt man wie folgt.

Ein Eisenstab von 1 Meter Länge wird derart in
eine große Kufe placirt, daß eines seiner Enden auf eine
unverrückbare Widerlage stößt; das andere an den kurzen
Arm eines vertikalen Hebels sich stützt (Fig. 54). Der
größere Arm des Hebels hat tausendmal die Länge des
kleineren, und seine Spitze ruht auf einem getheilten horizontalen Lineal. Man legt rund um die Eisenstange Eis
und notirt die Theilung, wo die Spitze steht. Darauf entfernt man das Eis, füllt die Kufe mit Wasser und bringt

dieses zum Sieden. Das Eisen erreicht so eine Temperatur von 100 Graden, drückt gegen den Hebel, und die

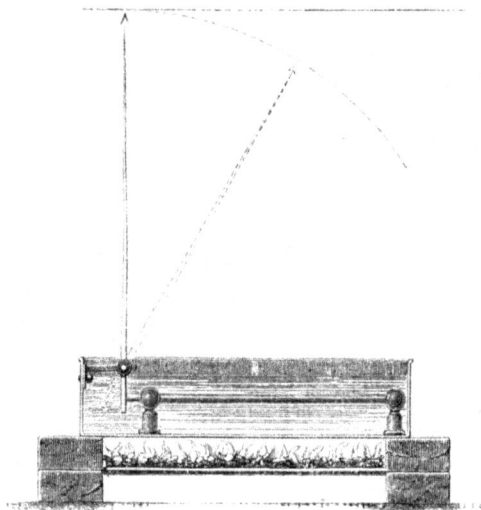

Fig. 51. Ausdehnung fester Körper.

Spitze desselben rückt auf der Theilung um 12 Decimeter
weiter. Die Ausdehnung des Eisens beträgt den tausend-
sten Theil davon, d. h. 12 Zehntel eines Millimeters.
Man erkennt mit Hilfe dieses Instruments, daß sie hundert-
mal so gering ist, wenn das Eisen nur um einen Grad erwärmt wird. Hieraus ergiebt sich, daß die lineare Ausdehnung des Eisens für jeden Centesimalgrad 12 Milliontel seiner Länge bei Null beträgt, oder daß sein Aus-
dehnungscoefficient 0,000012 ist. Für jede andere feste Substanz findet man einen andern Coefficienten (0,000008 für
Glas, 0,000031 für Zink, 0,000017 für Kupfer u. s. w.)

Die verschiedene Ausdehnung der Metalle springt in die Augen, wenn man einen Stab erwärmt, der aus zwei Streifen verschiedener Metalle (z. B. aus Kupfer und Eisen) zusammengesetzt ist. Derselbe krümmt sich dann, und das Metall, welches sich am stärksten ausdehnt (Kupfer), bildet

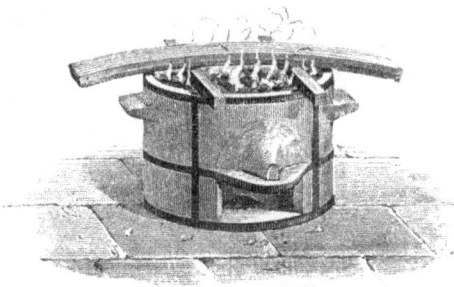

Fig. 55. Doppelstreifen aus Kupfer und Eisen.

die convexe Seite, wie Fig. 55 anschaulich macht. Läßt man den Stab erkalten, so wird er wieder gerade. Setzt man ihn einem starken Frost aus, so krümmt er sich nach der entgegengesetzten Seite. Auf dieser Beobachtung beruht das Breguet'sche Thermometer und eine Art von Pyrometer.

Die Volumenänderung eines festen Körpers ist das Dreifache seiner linearen Ausdehnung. Das Volumen des Eisens wächst also für jeden Centesimalgrad um 36 Milliontel seines Werthes; ein Cubikmeter Eisen nimmt um 36 Cubikcentimeter zu, wenn seine Temperatur um 1 Grad erhöht wird, um $3\frac{6}{10}$ Cubikdecimeter zwischen 0 und 100 Grad, u. s. w.

4. Erklärung verschiedener Erscheinungen.

Im Jahre 1805 beobachtete Hütteninspector Schwarz zu Hettstädt folgende merkwürdige Erscheinung. Eine heiße Silbermasse gab, als sie auf einen Ambos gelegt wurde, einen orgelähnlichen Ton von sich. Dieselbe Beobachtung machte im Jahre 1829 Trevelyan, als er eines Tages einen heißen Löthkolben gegen einen kalten Bleiblock stützte. Robison hat den Versuch folgendermaßen abgeändert. Zwei Bleiplatten, durch ein fingerdickes Brettchen getrennt,

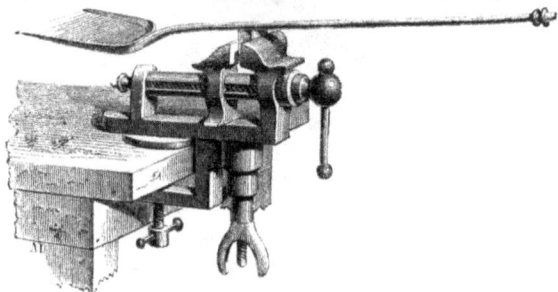

Fig. 56. Die singende Schaufel.

werden in einen Schraubstock gespannt (Fig. 56). Man erhitzt dann eine Feuerschaufel und legt sie querüber, so daß sie auf dem Rande der einen Platte balancirt. Sie wiegt sich dann hin und her, und man vernimmt einen Ton, der sehr rein wird, wenn man den Stil der Schaufel leicht mit einem Finger unterstützt. Dieser Versuch erklärt sich wie folgt.

Das Blei wird an einem seiner Punkte durch die Berührung mit der Schaufel erwärmt, dehnt sich an diesem Punkte aus und bildet plötzlich eine kleine Erhöhung, welche die Schaufel ins Schwanken bringt; sie fällt auf

die zweite Platte, wo die nämliche Wirkung erfolgt, kehrt
zu der ersten zurück und wiegt sich so lange hin und her,
als sie warm genug bleibt, um auf dem Blei, welches sie be=
rührt, eine genügende Erhöhung zu bilden. Diese Schwing=
ungen pflanzen sich durch die Luft bis an unser Ohr fort
und erregen hier die Empfindung eines Tones, der um so
höher erscheint, als die Schwingungen schneller auf einan=
der folgen.

Fig. 57. Gore's Experiment.

Gore hat ein anderes Experiment angegeben, das sich
auf dieselbe Weise erklärt. (Fig. 57.) Zwei Kupferschienen
sind auf einer hölzernen Platte, mit einem Zwischenraum
von zwei Centimetern derart aufgestellt, daß eine hohle
Kupferkugel bequem darauf hinrollen kann. An einem Ende
jeder Schiene befestigt man einen Kupferdraht und führt
diese beiden Drähte bis an die Pole einer galvanischen
Säule. Der elektrische Strom circulirt durch die Schienen
und die Kupferkugel und erwärmt die Stelle, an welcher
beide sich berühren, am stärksten, weil er hier den größten
Widerstand trifft. Es bildet sich eine Erhöhung, welche
die Kugel aus dem Gleichgewicht bringt; sie vibrirt erst
ein wenig und rollt dann fort, weil bei jedem neuen Be=
rührungspunkte eine neue Erhöhung entsteht.

12*

Dehnen sich alle festen Körper durch die Wärme aus? Wir haben gesehen, daß Wasser sich zusammenzieht bei einer Erwärmung von Null bis 4 Grad, und der Gedanke liegt nicht fern, daß es sich mit festen Substanzen ebenso verhalten könnte. In der That ist das bei Holz und einigen Erdarten der Fall; sie ziehen sich durch die Wärme zusammen. Das rührt jedoch von dem Wasser her, welches ihre Poren enthalten; wenn dieses Wasser in der Wärme verdampft, so rücken die festen Theilchen näher zusammen. Das Verhalten dieser festen Körper hat offenbar nichts mit dem des Wassers bei 4 Grad gemein. Die angebliche Verkürzung des vulkanisirten Kautschuks durch die Wärme beruht auf ungenauen Beobachtungen.

5. Von der specifischen Wärme.

Nehmen wir einen Eisblock und machen darin zwei Höhlungen, thun in die eine 1 Kilogramm Wasser von 100 Grad und in die andere 1 Kilogramm Kupfer von der gleichen Temperatur. Nach Ablauf einiger Zeit werden wir finden, daß das von dem heißen Wasser geschmolzene Eis 1260 Gramm wiegt, während die durch das Kupfer geschmolzene Quantität 126 Gramm beträgt.

Folglich giebt das Kupfer, indem es sich um ebenso viel Grade als ein gleiches Gewicht Wasser abkühlt, zehnmal weniger Wärme ab. Und umgekehrt, wenn es bei gleichem Gewicht mit dem Wasser denselben Wärmegrad erreichen soll, wird es eine zehnmal geringere Wärmemenge verbrauchen.

Gießt man in eine Eishöhlung 1 Kilogramm Wasser von 50 Grad (statt 100 Grad), so findet man 630 Gramm geschmolzenes Eis (statt 1260 Gramm). Die Wärme, welche ein bestimmtes Gewicht Wasser abgiebt, wenn es sich von 100 Grad bis Null abkühlt, ist also doppelt so groß, als wenn es sich von 50 Grad auf Null abkühlt. Um es kurz zu sagen: der Wärmeverlust ist der Abkühlung, der Wärmeverbrauch der Erwärmung proportional.

Nennen wir eine Wärmeeinheit die Wärmemenge, welche erforderlich ist, um 1 Kilogramm Wasser von Null auf 1 Grad zu bringen, so sind 2 Einheiten erforderlich, um es auf 2 Grad zu bringen, und 100 Einheiten, um es von Null bis 100 Grad zu erwärmen. Wird 1 Kilogramm Wasser von 100° auf Null abgekühlt, so giebt dasselbe 100 Einheiten ab. So viel betrug die durch das heiße Wasser in unserem ersten Experiment befreite Wärme. Was das Kupfer anbetrifft, so gab dieses zehnmal weniger ab; folglich erfordert 1 Kilogr. Kupfer, um von Null bis 1 Grad erwärmt zu werden, 1 Zehntel einer Wärmeeinheit. Diese Zahl nennt man die Wärmecapacität oder specifische Wärme des Kupfers. Man kann in ähnlicher Weise die specifische Wärme der übrigen Körper bestimmen: diejenige des Wassers wird dabei immer als Einheit angenommen.

Unter allen festen Körpern und Flüssigkeiten braucht das Wasser die meiste Wärme, um bei dem gleichen Gewicht eine bestimmte höhere Temperatur zu erlangen. Es ist dies eine sehr wichtige Eigenthümlichkeit.

Das Wasser ist uns bereits als ein gewaltiges Reservoir für die Sonnenwärme erschienen. Es giebt in der Natur keinen Körper, der bei einer bestimmten Abgabe an Wärme eine so geringe Temperaturabnahme erleidet. Die Meeresströmungen, welche die Wärme vom Aequator nach den kälteren Gegenden tragen, kühlen sich also auch weniger

ab, als Strömungen jeder anderen Flüssigkeit, und eignen
sich daher am besten zur Milderung des Klimas dieser Ge=
genden. Für einen Quecksilberocean wäre die Temperatur=
abnahme bei einem entsprechenden Wärmeverlust 33 Mal
so groß als für unseren Wasserocean.

Zwei französische Physiker, Dulong und Petit, haben
eine sehr merkwürdige Beziehung zwischen der specifischen
Wärme eines Körpers und seiner chemischen Beschaffenheit
entdeckt. Das daraus folgende Gesetz wirft ein neues Licht
auf die innere Structur der Materie. Die Chemie lehrt
nämlich, daß ein Bleiatom ebenso viel wiegt als 3 Zink=
atome; es zeigt sich nun, daß umgekehrt die specifische
Wärme des Bleis nur $\frac{1}{3}$ von der des Zinks ist. Aehn=
liche Beziehungen finden für alle anderen einfachen Körper
statt. Die specifische Wärme steht im umgekehrten Ver=
hältniß zu dem Atomgewicht. Es scheint daraus hervorzu=
gehen, daß jedes Atom dieselbe Wärme braucht, um
eine bestimmte Temperatur zu erreichen. In der That,
ein Bleiatom braucht $\frac{1}{3}$ der Wärme, welche dasselbe Ge=
wicht Zink braucht, d. h. $\frac{1}{3}$ der Wärme, welche 3 Zink=
atome brauchen, oder ebenso viel als ein Zinkatom. Eben=
so verhält es sich mit den übrigen Körpern. Wir kommen
also zu dem Schluß, daß die Atomwärme oder specifische
Wärme der Atome eine für alle einfachen Körper constante
Größe ist.

Siebentes Kapitel

Schmelzen und Festwerden.

---

1. Temperaturgesetz. — Die Wärme.

Wir haben im zweiten Kapitel gesehen, daß ein Thermometer, in Eis gestellt, während der ganzen Dauer der
Schmelzung stationär bleibt: die Schmelztemperatur
des Eises ist also constant.
Diese Eigenschaft besitzen alle festen
Körper, welche zum Schmelzen
gebracht werden können. Erwärmt
man Schwefel in einem Glasgefäß (Fig. 58), und hält die Kugel
eines Thermometers hinein, so
sieht man das Quecksilber bis zu
der Zahl 110 steigen, worauf die
Schmelzung beginnt. Von diesem
Augenblick an bleibt das Niveau
stationär, bis der Schwefel fließt;
erst nach vollständiger Schmelzung fängt es an zu steigen.
Der Schmelzpunkt des Schwefels
ist 110°.

Fig. 53. Schwefel, in einer Glaskugel schmelzend.

Und umgekehrt, nehmen wir geschmolzenen Schwefel von 120° und lassen ihn erkalten, so fällt das Thermometer anfangs und bleibt dann bei 110° stehen; es erscheinen kleine feste Nadeln an der Oberfläche und den Wänden des Gefäßes; der Schwefel wird fest, seine Temperatur bleibt während des ganzen Prozesses constant; sie ist dieselbe, wie die der Schmelzung. Erst nach vollständiger Erstarrung des Schwefels beginnt das Thermometer zu fallen.

Eine große Anzahl Substanzen zeigt dieselbe Erscheinung, nur hat jede ihren eigenthümlichen Schmelzpunkt. So schmilzt das Bienenwachs bei 62°, Zinn bei 235°, Blei bei 332°, Gold bei 1200°.

Auch unschmelzbare Substanzen giebt es; einige, wie die Kohle, widerstehen den höchsten, bis jetzt bekannten Temperaturen: man sagt, sie sind feuerbeständig; die anderen, wozu Marmor, Bleiweiß, Holz gehören, werden durch die Hitze zerstört, weil sie aus nur schwach verbundenen Atomen bestehen. Die Zahl der Ersteren nimmt in dem Maaße ab, als es der Wissenschaft gelingt, höhere Temperaturen zu erzielen; was die Zweiten anbetrifft, so wird es möglich, einige derselben zu schmelzen, wenn man durch starke Compression die Trennung ihrer Atome verhindert. Bringt man z. B. Marmor in einen Flintenlauf, der durch einen Schraubenpfropf hermetisch verschlossen wird, und erwärmt ihn dann, so erfährt er zuerst eine theilweise Zersetzung in Kalk und kohlensaures Gas; letzteres übt einen starken Druck auf den Marmor aus, und wenn man nach einiger Zeit den Lauf abkühlt, so findet man bei Oeffnung desselben Spuren von Schmelzung an dem festgebliebenen Material.

Will man eine Flüssigkeit durch Abkühlung in den

festen Zustand überführen, so muß man eine dazu ge=
nügende Kälte hervorbringen. Das Quecksilber erstarrt
bei 40°, und das Stickstoffoxydul bei 100° unter Null.
Im neunten Kapitel werden wir erfahren, wie man diese
Kältegrade künstlich erzeugen kann. Zu den Flüssigkeiten,
deren Erstarrung bis jetzt nicht gelungen ist, gehört der
Schwefelkohlenstoff, welcher bei der industriellen Bereitung
des Kautschuks verwendet wird.

Die Schmelzung der festen Körper ist nicht immer
eine so vollständige wie die des Eises oder Schwefels,
welche tropfbarflüssig werden. Das Glas zum Beispiel
erreicht bei sehr hoher Temperatur nur einen breiigen Zu=
stand, in welchem es in den Glashütten zu Fäden ausge=
zogen, geblasen, gebogen, mit einem Worte auf die mannig=
faltigste Weise verarbeitet wird. Eben so wird Alkohol
bei sehr niedriger Temperatur zähflüssig. Dieser Zustand
erscheint nicht nur in der Nähe der Schmelztemperatur;
er kann auch bei anderen Temperaturen auftreten; so
wird z. B. Schwefel bei 200° dickflüssig, während er bei
110° Grad schmilzt.

Was bedeutet nun die Constanz der Schmelzungs=
und Erstarrungstemperatur?

Wenn ein fester Körper schmilzt, so werden seine
Moleküle durch die Wirkung der ihnen mitgetheilten Wärme
getrennt; da sie aber durch innere Kräfte verbunden sind,
so muß der Widerstand dieser Kräfte beseitigt, also eine
innere Arbeit ausgeführt und Wärme verbraucht werden.
Weil die Temperatur dabei constant bleibt, schließen wir,
daß die dem schmelzenden Körper von außen zugeführte
Wärme nicht als fühlbare Wärme in ihn übergeht, son=
dern daß sie in mechanische Arbeit verwandelt wird. Diese

Arbeit ist nur eine innere, wenn kein äußerer Druck auf
die Oberfläche des Körpers ausgeübt wird, welcher die
eine Schmelzung stets begleitende Volumenänderung hindert.
Wenn dagegen ein solcher Druck existirt, z. B. der der
Atmosphäre, so muß auch der äußeren Arbeit Rechnung ge=
tragen werden: gewöhnlich ist sie aber im Verhältniß zu
der innern Arbeit sehr geringe, und man kann sagen, daß
zu dieser Letzteren fast die ganze von außerhalb entnommene
Wärmemenge verbraucht wird.   Diese Quantität ver=
brauchter Wärme nannte man früher latente oder ge=
bundene Wärme; da dieser Ausdruck aber zu dem Glauben
führen könnte, als existire diese Wärme wirklich in dem
Körper verborgen, so wollen wir sie lieber einfach Schmelz=
wärme nennen.

Bei dem entgegengesetzten Prozeß der Erstarrung er=
klärt sich die Constanz der Temperatur nun sehr leicht.
Die flüssigen Moleküle hören, sobald sie die Schmelztem=
peratur erreicht haben, auf, durch die Wärme getrennt zu
werden; die inneren Kräfte ergreifen die Herrschaft aufs
Neue und führen die Substanz wieder in den festen Zu=
stand über. Sie geben Arbeit aus und Wärme wird da=
durch geschaffen; diese allmählich frei werdende Wärme ver=
hindert die Abnahme der fühlbaren Wärme des Körpers,
d. h. eine Temperaturerniedrigung.   Während der Er=
starrung muß die gleiche Wärmemenge frei werden, die
beim Schmelzen verbraucht wurde (die äußere Arbeit un=
gerechnet). Versuchen wir die Richtigkeit dieses Schlusses
durch einige Experimente zu bestätigen.

Die Schmelzwärme des Eises kennen wir; um ein
Kilogramm Eis von Null Grad zum Schmelzen zu bringen,
muß man ein Kilogramm Wasser von 79^0 darüber gießen.

Dieſes Waſſer kühlt ſich bis Null ab; bei jedem Grad
ſeiner Abkühlung wird 1 Wärmeeinheit frei, folglich be=
trägt die zur Schmelzung 1 Kilogr. Eiſes verbrauchte
Wärme 79 Wärmeeinheiten. Daſſelbe Reſultat würde
man erreichen, wenn man 79 Kilogr. Waſſer von 1 Grad
hinaufgöſſe.

Nehmen wir eine große Quantität Bienenwachs, in
feſtem Zuſtande auf 62 Grad unterhalten, und gießen
darüber 44 Kilogr. Waſſer von 63°; dieſes Waſſer wird
ſich zu 62° abkühlend, 44 Wärmeeinheiten abgeben, und
wir finden, daß 1 Kilogr. Wachs geſchmolzen iſt. Alſo
beträgt die Schmelzwärme des Wachſes 44 Wärmeeinheiten,
etwas mehr als die Hälfte von der des Eiſes.

Ebenſo leicht iſt es zu beweiſen, daß bei der Er=
ſtarrung Wärme befreit wird. Blei ſchmilzt bei 332°.
Unterhalten wir jetzt 1 Kilogr. Blei zuerſt auf dieſer
Temperatur im feſten Zuſtande, indem wir jetzt, ſobald
dieſe Temperatur erreicht iſt, nur mäßig wärmen, gerade
ſo viel, daß es ſich nicht abkühlen kann. Werfen wir das
Blei nun in 1 Kilogr. Waſſer auf Null, ſo ſteigt die
Temperatur des Waſſers auf 10 Grad; alſo hat das
Blei bei ſeiner Abkühlung 10 Wärmeeinheiten abgegeben.
Gießen wir aber 1 Kilogr. geſchmolzenes Blei in
1 Kilogr. Waſſer von 0°, ſo ſteigt die Temperatur auf
15 Grad. Warum nun dieſe 5° mehr als im erſten
Experiment? Sie bedeuten, daß das geſchmolzene Blei
vor der Abkühlung in dem kalten Waſſer erſtarrte und
dabei dieſelbe Wärmemenge abgab, die es der Feuerung
entnommen hatte, um zu ſchmelzen. Die Schmelzungs=
oder Erſtarrungswärme des Bleies beträgt alſo 5 Wärme=
einheiten, d. h. 16 Mal weniger als die des Eiſes.

Jede Substanz hat ihre eigenthümliche Schmelzwärme. Das Eis ist die Substanz, welche die meiste Wärme zum Schmelzen braucht, wie auch die, welche die größte Wärme= capacität besitzt. Wenn deshalb im Winter der Frost anrückt, erhält der Boden dadurch, daß jedes Kilogr. Wasser, welches gefriert, 79 Wärmeeinheiten frei macht, eine Wärmeprovision, die die abkühlende Wirkung der Atmosphäre und der Himmelsräume mäßigt und ein plötz= liches Sinken der Temperatur unter Null verhindert. Kommt Thauwetter, so nimmt das Eis zu seiner Schmelzung dieselbe Wärmemenge zurück und mäßigt dadurch wieder die erwärmende Wirkung der Sonne; es verhindert die Temperatur, schnell zu steigen, und trägt so in wasser= reichen Gegenden zur Milderung des Klimas bei. Man kann sagen, daß das Wasser der natürliche Regulator der Wärme auf der Erdoberfläche ist.

Die längere Dauer der Schmelzung des Eises ist eine Folge der großen Wärmemenge, welche diese Substanz dazu nöthig hat. So ist auch eine Eisschicht auf der Ober= fläche eines Körpers oft für ihn ein sehr wirksamer Schutz gegen die Wärme; so lange diese Schicht nicht ganz ge= schmolzen ist, kann die Temperatur des Körpers sich nicht über Null erheben. Ebenso bewahrt auch eine Wasserschicht vor Frost wegen ihres langsamen Gefrierens. Hüllt man einen Körper in nasse Leinwand, die man fortwährend benetzt, so kann er, dem stärksten Frost ausgesetzt, sich nicht unter Null abkühlen; das Wasser bildet langsam kleine Eisblättchen auf der Leinwand, indem es dabei ununterbrochen Wärme frei macht. Auf diese Weise werden organische Substanzen während des Winters vor Frost geschützt.

Im strengen Winter des Jahres 1740 construirte man in Petersburg aus dem Eise der Newa einen Palast und gab darin Feste. Die Oberfläche der Eiswände schmolz so spärlich, daß die dicken Mauern lange Zeit hindurch stehen blieben. Ebendaselbst verfertigte man aus Eis Kanonen, deren Wände etwa 4 Zoll dick waren; sie wurden weder durch Abschießen eiserner Kugeln geschmolzen, noch durch die Explosion des Pulvers gesprengt. In Sibirien gebraucht man dicke Eisplatten als Fenster.

2. Innere Arbeit. — Krystalle. — Eisblumen.

Schmelzen wir Schwefel in einem Tiegel und lassen ihn dann ohne Erschütterung erkalten, so geht die Abkühlung sehr langsam vor sich; die Temperatur fällt erst an der Oberfläche, dann an den Wänden des Gefäßes auf 110°; die Mitte bleibt noch flüssig, während der Rest zu erstarren beginnt. Kleine Schwefelnadeln bilden sich an der Oberfläche und kreuzen sich in allen Richtungen. Entfernen wir diese Nadeln aus dem Mittelpunkt und stürzen das Gefäß um, so wird der flüssige Theil ausgeleert; an den Wänden zeigt sich eine Schicht von kleinen, gelben, durchsichtigen Nadeln, die alle nach dem Mittelpunkt gerichtet sind. (Fig. 59.) Man nennt sie Schwefelkrystalle; ihre Oberfläche wird von ebenen, regelmäßig zu einander geneigten Flächen gebildet. Es herrscht also ein bestimmtes Gesetz in der Anordnung der Moleküle; wenn die Erstar-

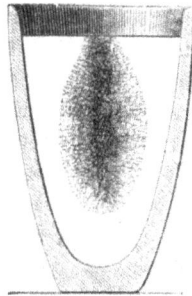

Fig. 59.   Krystallisation des Schwefels.

rung vor sich geht, so arbeiten daran bewegende Kräfte,
welche jedes Molekül an den vorgeschriebenen Platz bringen.
Durch die Bewegung der Moleküle unter dem Einflusse
einer Kraft wird aber eine mechanische Arbeit geleistet;
die Totalsumme dieser molekularen Arbeiten ist das, was
wir früher die innere Arbeit genannt haben. Ihre
Existenz haben wir so eben bewiesen, indem wir sie während
der Ausführung gehemmt und den inneren Zustand des
Körpers in diesem Moment dem Blicke blosgelegt haben.
Wäre dem Schwefel genügende Zeit zur Erkaltung gelassen
worden, so hätte die Arbeit sich still vollzogen, verborgen
durch die an der Oberfläche befindliche Schicht.

Nicht immer gelingt es so gut, die Körper durch
Schmelzung zu krystallisiren. Oft sind die Krystalle sehr
klein und in der Ausbildung gestört, so daß kaum eine
Spur von Krystallisation zu erkennen ist; das ist z. B. der
Fall, wenn die Flüssigkeit während der Abkühlung gerührt
worden ist. Wieder ist es das Wasser, welches uns das
schönste Beispiel dieser Erscheinungen bietet. Ist die Tem=
peratur der Luft sehr niedrig, so schlägt sich das Wasser
aus derselben in Form von kleinen regelmäßigen Krystallen
nieder, welche sich entweder als feiner weißer Staub
zeigen, oder eine so vollständige Durchsichtigkeit be=
wahren, daß wir sie mit dem Auge nicht wahrnehmen,
sondern nur, wenn sie unsere Haut treffen, durch
das Gefühl von ihrer Gegenwart unterrichtet werden;
dieser letztere Zustand wurde von Barral und Bixio bei
Gelegenheit einer Luftreise beobachtet. In feuchtere Luft=
schichten versetzt, verdichten diese Krystalle Wasser an ihrer
Oberfläche und nehmen an Volumen zu. Es entstehen
daraus allmählich die Schneeflocken. Der große Astronom

Kepler war der Erſte, welcher ihre mannigfaltigen Formen
mit Sorgfalt ſtudirte. Der Seefahrer Scoresby hat 96 Formen von Schneeflocken aufgezeichnet, und zur Zeit kennt
man bereits viele Hundert. Alle bieten den Anblick eines
ſechsſtrahligen Sternes mit ſymmetriſchen Abänderungen.
(Fig. 60.)

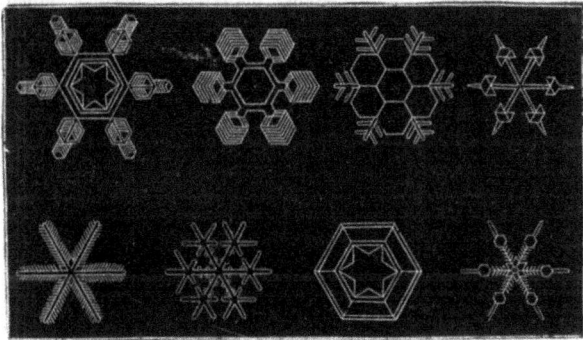

Fig. 60. Schneekryſtalle.

Das Gefrieren des Waſſers an der Erdoberfläche folgt
demſelben Geſetz; aber die Kryſtalle ſind feſt aneinander ge-
wachſen und bilden Eisſchollen. Ein ſehr intereſſanter
Verſuch von Tyndall läßt uns in die Structur des Eiſes
einen unerwarteten Einblick thun.

Man nimmt ein recht klares Stück Eis mit zwei natür-
lichen parallelen Flächen (es ſind die beiden, welche bei der
Bildung des Eiſes eine horizontale Lage einnahmen und
die Gefrierungsflächen genannt werden). Mit Hilfe eines
Spiegels läßt man die Sonnenstrahlen in horizontaler
Richtung auf das Eisſtück fallen, parallel zu den Gefrierungs-

flächen, und zwar (Fig. 61) durch eine Sammellinse, deren
Ort derart gewählt ist, daß der Brennpunkt sich im Innern
des Eises bildet. Nun beobachtet man mit einem scharfen
Vergrößerungsglas, was daselbst vorgeht.

An der Eintrittsstelle der Sonnenstrahlen zeigen sich
feine, fast wie Blumen aussehende, sechsblättrige Sternchen
sehr nahe aneinander gedrängt; man kann dieselben einen

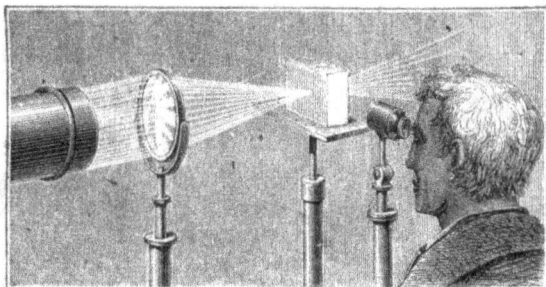

Fig. 61. Untersuchung des Eises durch Sonnenstrahlen.

Zoll weit ins Innere verfolgen. Von da ab werden sie
immer weitläufiger. Man kann deutlich unterscheiden, wie
jedes dieser Sternchen sich stufenweise bildet; zuerst entsteht
ein glänzender Punkt, dann setzen sich die Blätter an, diese
dehnen sich allmählig aus und die Ränder werden zackig wie
Farrenkraut. (Fig. 62.) Dies erklärt sich nun so: Die
Sonnenstrahlen erwärmen das Eis. Die ersten Schichten
absorbiren einen Theil der Wärmestrahlen, und je weiter
diese vordringen, desto mehr werden sie geschwächt; in einer
gewissen Tiefe muß die Wärmewirkung aufhören. Das Eis
wird also im Eintrittspunkte des Strahlenbündels am stärksten erwärmt. Jeder glänzende Punkt, welcher erscheint,

Fig. 62. Eisblumen.

rührt von der beginnenden Schmelzung an der betreffenden Stelle des Eises her, und indem dieselbe zunimmt, wird aus dem Punkte ein Stern; die einzelnen Moleküle lösen sich der Reihe nach ab, und da sie ursprünglich als regelmäßige Fasern sich nach drei Hauptrichtungen ausbreiteten, so findet man auch jetzt in den Strahlen des flüssigen Sternes diese drei Richtungen angedeutet.

Wir unterscheiden das Schmelzwasser im Innern des Eises, weil es das Licht reflectirt; wir sehen im Mittelpunkt jedes Sternes einen metallglänzenden Kern, weil sich daselbst ein Bläschen, ein leerer Raum bildet, und das kommt daher, weil das Schmelzwasser dichter ist und deshalb weniger Raum einnimmt, als das Eis, woraus es entstanden ist.

Diese Bildung der Eisblumen kann man vielen Personen zugleich sichtbar machen, wenn man das

Fig. 63. Projection der Eisblumen.

Sonnenstrahlenbündel senkrecht zu den Gefrierungsflächen in das Eisstück einfallen läßt und auf der anderen Seite eine Linse derart placirt (Fig. 63), daß das umgekehrte Bild auf einen weißen Schirm geworfen wird. Das Experiment muß in einem dunkeln Raum ausgeführt werden; die Sterne zeichnen sich dunkel auf hellem Grunde ab, weil das Wasser mehr Licht als das Eis absorbirt, und der leere Raum wird durch einen ganz weißen Punkt markirt, weil er gar kein Licht absorbirt.

3. Volumenänderung und äußere Arbeit. — Expansivkraft des Eises.

Die Volumenänderung beim Schmelzen resultirt aus einem neuen Arrangement, welches die Moleküle unter der Wirkung der Wärme erfahren, und die Art dieser Aenderung hängt von der Form der Moleküle ab. Man hat durchaus keinen Grund, von vornherein anzunehmen, daß ein schmelzender Körper sein Volumen vergrößern muß. Die Erfahrung entscheidet diese Frage. Daraus, daß das Eis auf dem Wasser schwimmt, schließen wir, daß es leichter ist als Wasser; hieraus folgt, daß das Eis sich beim Schmelzen zusammenzieht, daß es dichter wird, daß sein Volumen abnimmt, während im Gegentheil das Wasser sich ausdehnt, wenn es gefriert. In der That füllt 1 Kilogr. Wasser von Null Grad etwa 1000 Kubikcentimeter, 1 Kilogr. Eis aber 1075 Cubikcentimeter.

Beim Schmelzen des Schwefels findet das Gegentheil statt. Die festen Theile sinken in der Flüssigkeit unter, gehen zu Boden; sie sind also dichter als die flüssigen Theile, und folglich dehnt der Schwefel sich aus, wenn er schmilzt.

13*

Die anderen schmelzbaren Körper verhalten sich entweder wie das Eis: z. B. Wismuth, Gußeisen, gewisse
Felsarten, oder wie Schwefel, und die Zahl der Letzteren
ist sehr groß. Die Flüssigkeiten der ersten Sorte dehnen
sich bei dem Prozeß der Erstarrung aus, während Letztere
sich zusammenziehen. Zu Abgüssen eignen die Ersteren
sich am besten, weil sie beim Festwerden sich ausdehnend
alle Vertiefungen der Form genau ausfüllen und sie so
bis in die kleinsten Details treu wiedergeben.

Der Sinn, in welchem die Volumenänderung erfolgt,
bestimmt auch denjenigen der äußeren Arbeit, wenn der
Körper auf der Oberfläche einen Druck empfängt. Vorhin haben wir diese Arbeit nicht beachtet, weil der Körper
in der Atmosphäre schmolz. Aber man kann ihn mit
Hilfe passender Instumente sehr starkem Druck unterwerfen, und alsdann hat dieser Druck einen bedeutenden Einfluß auf die Schmelzwärme.

Handelt es sich um Eis, so wird während der Zusammenziehung äußere Arbeit verbraucht und Wärme
geschaffen. Diese Wärme wird zur Schmelzung eines
Theiles des Körpers verwendet; folglich dient die Wärme,
welche von außerhalb hinzukommen soll, nur zur Schmelzung des Restes; sie ist geringer, als wenn das Eis nicht
comprimirt wäre. Man kann darum sagen, daß comprimirtes Eis leichter schmilzt als gewöhnliches, und daß sein
Schmelzpunkt nicht Null ist. Das Experiment lehrt in
der That, daß wenn man Eis stark comprimirt, das Thermometer unter Null steht, während das Eis zu schmelzen
beginnt. Mousson hat es mit einem Druck von einigen
tausend Atmosphären bei 18⁰ unter Null schmelzen sehen.

Handelt es sich dagegen um Wachs, welches sonst bei

63° schmilzt, indem es sich dabei ausdehnt, so wird die äußere Arbeit durch die Expansivkraft der Molecüle, welche den äußeren Druck überwindet, geleistet, und diese Arbeit verbraucht Wärme. Folglich muß die von außen kommende Wärmemenge theilweise zu dieser Arbeit dienen, während der Rest zu der inneren Arbeit verwendet wird. Man kann also sagen, daß comprimirtes Wachs schwerer als gewöhnliches schmilzt, und annehmen, daß die Schmelztemperatur hier mehr als 63° betragen muß. Dies hat auch Bunsen beobachtet.

Man kann sich leicht vorstellen, was bei der Erstarrung der Flüssigkeiten vor sich geht, wenn man auf die äußere Arbeit Rücksicht nimmt. Man darf nur den Sinn der Wirkungen umkehren.

Wir finden einen neuen Beweis für die Größe der inneren Kräfte in der mechanischen Wirkung, welche die Ausdehnung fester oder flüssiger Körper bei der Veränderung ihres Aggregatzustandes hervorbringen kann. Versucht man z. B. Schwefel in einem hermetisch verschlossenen Gefäß zu schmelzen, so springt das Gefäß. Füllt man eine Röhre aus geschmiedetem Eisen mit Wasser, verschließt sie gut mit einem Schraubpfropfen und setzt sie starkem Frost aus, so dehnt sich das gefrierende Wasser mächtig aus und die Röhre spaltet sich krachend der ganzen Länge nach.

Artilleriemajor William zu Quebek füllte eine Bombe von 35 Centimeter Durchmesser mit Wasser, schloß sie mit einem fest hineingetriebenen Eisenpfropfen und setzte sie starkem Frost aus. Der Pfropfen wurde nach einiger Zeit über 150 Schritt weit fortgeschleudert, und aus der Oeffnung trat ein Eiscylinder von 22 Centimeter Länge

heraus. Ein zweites Mal widerstand der Pfropfen; die
Bombe wurde ihrem ganzen Umfang nach gespalten und
ein dicker Eiskranz trat aus der Oeffnung heraus. (Fig. 64.)

Fig. 64. Expansivkraft des Eises.

Nach diesen Beispielen kann man sich denken, wie
schädlich die Wirkungen des Frostes werden können. Im
Winter werden oft Abzugsröhren und Gefäße durch das
in ihnen gefrierende Wasser gesprengt. Durchnäßte Erde
dehnt sich beim Gefrieren sehr stark aus und ist im Stande
Häuser aufzuheben; gewisse poröse Steine bersten, wenn
das in ihnen enthaltene Wasser gefriert; Bäume zerplit-
tern mit lautem Knall, wenn ihre Gefäße schon mit Saft
angefüllt sind und dann noch einmal starker Frost kommet
Beim Erfrieren der Pflanzen spielt diese Wirkung wohl
auch eine Rolle, obgleich es nach einigen mit Wasserpflanzen
angestellten Versuchen scheint, als ob sie nicht gerade ein
nothwendige Ursache ihrer Zerstörung sei.

Wasser, welches in einem offenen Gefäß einfriert, kann den Boden desselben zerbrechen. Das erklärt sich folgendermaßen: Bei strengem Frost bildet das Eis sich sehr schnell an der Oberfläche des Wassers und drückt sich fest an die Wände gleich einem Pfropfen. Das Wasser ist also abgesperrt, und wenn es nun vollständig gefriert, so treibt es den Boden heraus (Fig. 65).

Fig. 65.
Gefrieren des Wassers in einem offenen Gefäß.

Geschmolzenes Wachs zieht sich beim Festwerden zusammen. Füllt man ein Cylindergefäß zum Theil mit Wasser und gießt geschmolzenes Wachs darüber so schwimmt dieses oben auf und bildet beim Erstarren einen Kuchen, der die Wände nicht berührt und daher von selbst herausfällt, wenn man das Gefäß umstürzt.

Wenn eine kleine Wasserschicht auf unebnem Boden ihrer ganzen Tiefe nach gefriert, so zeigen sich an den tiefsten Stellen Erhöhungen auf dem Eise.

Fig. 66. Gefrieren des Wassers auf unebenem Boden.

(Fig. 66.) Das liegt daran, daß ein größeres Volumen Wasser auch eine größere Ausdehnung erleidet und daß das Wasser sich am leichtesten nach Oben ausdehnt.

4. Das Wiederfrieren (Regelation). — Die Gletscher.

Hat man in einem Teller mehrere Eisstücke und drückt zwei derselben mit den Händen auseinander, so frieren sie zusammen. Preßt man ein drittes Stück an das zweite, so friert auch dieses an, und so kann man sämmtliche Stücke zu einem Ganzen verbinden und diesem alle nur möglichen Formen geben. Man nennt diese Erscheinung Regelation (Wiederfrieren). Faraday war der Erste, der die Aufmerksamkeit der Gelehrten auf Erscheinungen dieser Art lenkte, und Tyndall hat in den letzten Jahren ein förmliches Studium daraus gemacht. Wir verdanken ihm folgendes Experiment, welches viel Aehnlichkeit mit dem vorigen hat.

Man füllt eine Form aus Buchsbaumholz mit zerstückeltem Eis und setzt sie einem starken Druck aus; dadurch erhält man einen zusammenhängenden, transparenten

Fig. 67. Formung des Eises.

Eisblock (Fig. 67) von der Form der Höhlung. Mit passenden Formen kann man auf diese Weise alle mög-

lichen Figuren herstellen, Kugeln, Linsen, Schalen, Statuetten u. dergl.

Die Erklärung dieses letzten Experiments ist in den
Wirkungen der Compression zu suchen. Wir haben gelernt,
daß zusammengedrücktes Eis schon unter Null schmilzt;
wenn daher zwei Eisstücke bei 0° in der Form zusammen-
gepreßt werden, so schmelzen sie im Berührungspunkt;
das Schmelzwasser, welches kälter als Null ist, verbreitet
sich in den von den Eisstücken gebildeten Zwischenräumen,
und da es hier aufhört gedrückt zu sein, beginnt es wieder
zu gefrieren. Der Zusammenhang der Masse wird stufenweise hergestellt. Die beiden Facta, auf welche dieser
Schluß sich stützt, sind richtig: Wasser, bei 0° stark comprimirt, kann sich nicht in festem Zustande befinden; nicht
comprimirtes Wasser unter Null kann nicht flüssig bleiben.
Aber wenn diese Thatsachen bei dem Wiederfrieren im
Innern der Form eine Rolle spielen, so kommen sie bei
dem ersten Experiment wenig in Betracht, wo der Druck
der Hände nur eine vollständige Berührung der beiden
Flächen bezweckt und schwerlich dazu beitragen konnte, die
Schmelztemperatur merklich zu erniedrigen.

Eine Beobachtung von Tyndall wird uns eine der
Hauptursachen des Wiederfrierens
bei einfachem Contact aufklären. Er
nahm ein Eisstück, welches natürliche
Zellen enthielt, in denen man Wasser und Luftblasen unterscheiden
konnte. (Fig. 68 A). Als er dieses
Eisstück in warmes Wasser tauchte

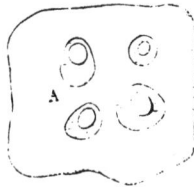

Fig. 68. A und B Eiszellen.

und aufmerksam beobachtete, sah er,
daß die Zellen bedeutend an Volumen abnahmen, während

ihre Eishülle schmolz, und daß aus jeder derselben eine
kleine Luftblase aufstieg, die bedeutend verkleinert an der
Oberfläche des warmen Wassers anlangte. Es läßt sich dar=
aus schließen, daß die Flüssigkeit in der Zelle von der
Schmelzung des Eises herrührt, welches ursprünglich die
Luftblase umgab; durch seine Zusammenziehung hat dasselbe
einen leeren Raum gelassen, in welchem die kleine Luftblase
sehr verdünnt zurückgeblieben ist.

Wie kann nun aber die Schmelzung rund um eine
Luftblase stattfinden, während das übrige Eis in festem
Zustande verharrt? Um diese Frage zu lösen, setzte Tyn=
dall ein dem vorigen ähnliches Eisstück einem sehr strengen
Frost aus; die flüssige Partie in der Zelle gefror, und
die Luftblase nahm an Volumen ab, was die vorigen
Schlüsse bestätigt. Darauf brachte er das Stück in ein
dunkles, warmes Zimmer. Nach Ablauf einiger Stunden
erschien die flüssige Partie wieder in den Zellen. Daraus
geht hervor, daß die Wärme durch Leitung in das Eis
dringen und die Wände der Zellen schmelzen kann.

Endlich setzte Tyndall ein derartiges Eisstück auch der
Wärmestrahlung des Feuers aus. Die Schmelzung ging
rund um jede Luftblase sehr schnell vor sich und die Rän=
der der Zellen zackten sich regelmäßig aus (Fig. 68 B).
Mit dunkler Wärmestrahlung konnte er nicht dieselben Ef=
fecte erzielen. Die Schmelzung im
Innern des Eises wird also auch durch
Strahlung leuchtender Wärme befördert.

Wir folgern aus diesen Beobach=
tungen, daß die Wärme in das Innere
des Eises entweder durch Leitung oder
Strahlung eindringen und die mit der

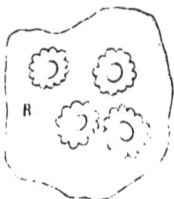

Luftblase in Berührung stehenden Theile schmelzen kann,
während die übrigen fest bleiben. Dies kommt daher,
daß die Eistheilchen, welche frei an der Luft liegen, weniger
in ihren Bewegungen gehindert sind, als die, welche sich
mitten im Eise befinden. Wenn die Wärme das Eis trifft,
so wirkt ein Theil davon an der Oberfläche, der andere
pflanzt sich bis zu den Luftblasen fort und übt erst hier
seine Wirkung aus, gerade wie ein Stoß gegen eine Reihe
sich berührender Kugeln erst die letzte in Bewegung setzt;
jede Kugel überträgt den Antrieb auf die folgende, ohne
ihren Platz zu ändern, und nur die letzte wird fortgeschleudert, weil ihr kein Hinderniß im Wege steht. Die Schmelzung fester Körper geht also an der Oberfläche und den
Stellen, wo eine Unterbrechung des Zusammenhangs stattfindet, leichter vor sich, als im Innern der Masse, ganz
so, als ob die Schmelztemperatur an der Oberfläche niedriger wäre, als im Innern.

Legt man daher zwei Stücke Eis dicht zusammen, so
üben die beiden Oberflächen eine hindernde Wirkung auf
einander aus; ihre Theilchen verlieren die freie Beweglich-
keit, weil sie sich jetzt im Innern befinden, und bleiben so
lange fest, bis die genügende Wärme sie erreicht und ihre
Temperatur über Null erhöht.

Die Knaben, welche Schneekugeln zusammenbacken, wiederholen dieses Experiment. Die Schneeflocken verhalten
sich wie kleine Eisschollen, die mit ihren Oberflächen aneinander wachsen; die Hand zerbricht sie und verändert
ihren Platz; sie frieren wieder zusammen und so wird aus
dem leichten flockigen Schnee ein harter Körper, mit dem
die Kinder sich die Köpfe wund schlagen können.

Reisende, welche die Gletscher der Alpen besuchen, be-

gegnen einer tiefen Spalte: sie raffen den am Rande des
Abgrundes befindlichen Schnee zusammen, bilden daraus
eine Brücke und besteigen vorsichtig dieses improvisirte
Bauwerk. Der gefrorne Schnee beugt sich unter ihrem
Gewicht; die Theile trennen sich und gefrieren von neuem
und die comprimirte Masse wird so hart, daß der Uebergang
ohne Gefahr bewerkstelligt werden kann.

Auf dem Gipfel der Berge verdichtet der Wasserdampf
der Atmosphäre sich zu Schnee, der in ungeheuren Massen
liegen bleibt. Oft stürzen Lawinen mit donnerähnlichem
Krachen die Abhänge hinunter und füllen die Thäler; zu=
weilen gleiten die Schneemassen auch langsam herab und
ballen sich am Fuße der Abhänge zusammen. Dadurch, daß
sie sich comprimiren, wird die zwischen den Schneeflocken
eingeschlossene Luft ausgetrieben und der Firnschnee wird
immer körniger und schwerer. Allmählich rücken die auf=
gethürmten Massen in die tiefen Thäler herunter. Hier be=
ginnen sie zu schmelzen, das Wasser sickert hinein und gefriert
von neuem in den tieferen Lagen. So verwandelt der Firn=
schnee sich in Eis, welches die Gletscher bildet. Von ihrer
Schwere angetrieben, gleitet die Masse unaufhaltsam ab=
wärts zwischen Felswänden hindurch, deren Widerstand
unaufhörlich Risse und Spalten veranlaßt, aber die ge=
trennten Eisblöcke frieren sofort wieder zusammen, wie
wir das im Kleinen beobachtet haben, und so kommt es,
daß der Gletscher eine zusamenhängende Masse bleibt.
Man hat gefunden, daß die Gletscher im Durchschnitt
täglich um 1 bis 2 Fuß abwärts rücken. In den Thälern
angelangt, erwärmen sie sich, schmelzen an der Oberfläche
und in der Tiefe und werden zur Quelle eines Flusses.
Eine ununterbrochene Bewegung führt neue Eismassen zu,

die stufenweise schmelzen, während die auf dem Gipfel sich anhäufenden Schneemassen die schmelzenden ersetzen. Die Gletscher befinden sich also unterhalb der Schneegrenze, und über ihnen liegt der Firnschnee, welcher sie unterhält.

Um die Geschmeidigkeit zu erklären, mit welcher die Gletscher sich der Form der Thäler anpassen, durch welche sie gleichsam abfließen, nahm man bisher an, das Eis sei ein plastischer Stoff, wie geweichter Thon; aber die richtige Erklärung dieser Erscheinungen liegt jedenfalls in dem Wiederfrieren der zerbrochenen Eisblöcke.

Achtes Kapitel.

Verdunstung und Sieden.

---

1. Verdunstung an der Oberfläche fester Körper und Flüssigkeiten.

Einige feste und viele flüssige Substanzen sind flüchtig: an ihrer Oberfläche bilden sich Dämpfe, deren allgemeine Eigenschaften die der Gase sind, nämlich: Expansibilität und Compressibilität. Vermöge der ersteren suchen ihre Theilchen sich von einander zu entfernen; vermöge der zweiten lassen sie sich sehr leicht wieder zusammendrücken und nehmen dann ein kleineres Volumen ein.

Man bemerkt die Verdunstung gewöhnlich nur, wenn der Dampf irgend eine charakteristische Wirkung auf unsere Sinne übt. Bleibt ein Stück Kampher in einem Flacon verschlossen, so ist es auf den ersten Blick nicht möglich, seine Verdunstung zu constatiren, öffnen wir aber den Pfropfen, so zieht der eigenthümliche Geruch dieser Substanz in unsere Nase ein und wir schließen daraus, daß sich kleine Theilchen verflüchtigt haben. Betrachten wir jedoch aufmerksamer den Flacon: wenn er recht geräumig ist und der Kampher sich bereits einige Zeit darin befand, so bemerken wir an einigen Stellen einen leichten Niederschlag, aus kleinen, glänzenden Theilchen bestehend. Stellen wir den Flacon mit dieser Seite ans Feuer; sogleich sehen wir den Niederschlag verschwinden und sich an der gegenüber liegenden Seite des Flacons aufs Neue bilden. Wenn die Wärme bis zu dem am Boden befindlichen Kampherstück vordringt, so vermehrt der Niederschlag an der kalten Wand sich schnell; die kleinen glänzenden Theilchen wachsen zu Krystallen an, und gleichzeitig nimmt das Kampherstück an Volumen ab. Mit einer kleinen Wage können wir uns davon überzeugen, daß das Stück an Gewicht verloren hat, und daß dieser Verlust genau das Gewicht der an der Wand befindlichen Krystalle beträgt.

Die Wärme verflüchtigt also den Kampher, führt ihn in den gasförmigen Zustand über; die Abkühlung macht ihn wieder fest. Wir haben hier wieder zwei entgegengesetzte Verwandlungen, wie beim Schmelzen und Erstarren der Flüssigkeiten.

Man kann diesen Versuch in derselben Art mit einer großen Anzahl fester Körper wiederholen. Mit dem Jod, einer braunen Substanz von penetrantem Geruch, kann man den Proceß sehr deutlich machen, weil der Dampf dieser Substanz violett gefärbt ist. Wirft man ein Stück Jod in den Flacon und näherte ihn dem Feuer, so erfüllen die Dämpfe nach und nach das ganze Gefäß, worauf sie an den kälteren Theilen der Wand kleine braune Krystalle bilden. Stellt man die Erwärmung ein, so verschwindet der Dampf allmählich und man behält nur einen Theil des Jods am Boden, während der Rest als krystallinischer Niederschlag die Wand bedeckt.

Die Flüssigkeiten bieten die zahlreichsten Beispiele von Verdampfung.

Setzen wir einen Topf mit Wasser ans Feuer, so

bilden sich nach Ablauf einer gewissen Zeit kleine Dampf=
wölkchen an der Oberfläche. Eigentlich bestehen die Wölkchen
nicht aus Dampf, sondern aus einer großen Menge kleiner
Wassertropfen, welche man z. B. mit einer Glasscheibe
sammeln kann, an deren Oberfläche sie eine flüssige Schicht
bilden. Die Erscheinung ist ganz dieselbe, wie vorhin beim
Kampher. Unter dem Einfluß der Wärme trennen sich
die an der Oberfläche befindlichen Wassertheilchen und zer=
streuen sich in der Luft nach allen Richtungen im Zustande
von unsichtbarem Gas. In einer gewissen Höhe begegnen
sie aber kälteren Luftschichten, sammeln sich von neuem,
und bilden kleine Wassertröpfchen, die uns als leichtes Ge=
wölk erscheinen. Wir können aus dieser Beobachtung
schließen, daß Wärme das Wasser in Dampf auflöst und
Kälte den Dampf wieder verdichtet.

Ist es nöthig, daß die Wärme eines Feuers auf das
Wasser einwirkt, damit es auf der Oberfläche verdunstet?
Wir werden sehen, daß dem nicht so ist.

Das Dampfwölkchen scheint über dem siedenden Wasser
stationär zu bleiben. Wenn im Zimmer kein Luftzug vor=
handen ist, so schwebt es leise hin und her, ändert die Form,
verschwindet an einem Punkt und zeigt sich an einem an=
dern wieder; es macht den Eindruck eines leichten, sehr
beweglichen Körpers, der in der Luft schwimmt. Sehen
wir ein wenig genauer hin. Die Wölkchen steigen in Wirk=
lichkeit auf, verschwinden unsern Blicken, und neue, anders
geformte nehmen ihre Stelle ein. Es ist eine ununter=
brochene Aufeinanderfolge kleiner Wassertröpfchen, die fast
an dem nämlichen Platze entstehen, weshalb sie den An=
schein einer stationären Wolke haben.

Sobald ein Wassertröpfchen durch die Abkühlung des

Dampfes gebildet ist, steigt es, von dem über dem Topfe
aufsteigenden Luftzug entführt, in die Höhe. Der Luftzug
rührt von der Erwärmung der Luftschichten her, welche
der Oberfläche des Wassers zunächst sind, und von der
Vermischung des Dampfes mit diesen Schichten, zwei Um=
stände die ihre Dichtigkeit vermindern. In anderen,
trocknern Luftschichten angelangt, verdunsten die Tröpfchen
und lösen sich in unsichtbares Gas auf, das sich wiederum
mit der Luft vermischt: so scheinen sie gänzlich verschwun=
den. Je weniger die Luft des Zimmers trocken ist, desto
höher steigen die Tröpfchen ehe sie verdunsten und um so
dünner erscheint das kleine Gewölk. Wäre die Atmo=
sphäre sehr feucht und ganz ruhig, so könnte sich eine
Säule von Wassertröpfchen bilden, die bis zur Decke des
Zimmers aufsteigen, um sich hier zu verdichten.

Wir müssen hieraus schließen, daß Wasser in tro=
ckener Luft von selbst verdunstet, ohne von der
Wärme dazu angetrieben zu werden, und einige Versuche
werden dies bestätigen. Sie sind übrigens unentbehrlich
zur Ausdehnung unseres Schlusses auf alle Flüssigkeiten.
Die Beobachtung, die wir eben mit dem Wasser angestellt,
wäre nicht bei allen Flüssigkeiten möglich, weil die Tröpf=
chen, welche der verdichtete Dampf bildet, nicht immer sicht=
bar sind. Um sie wahrnehmen zu können, bedarf es des
Zusammentreffens verschiedener Umstände, und selbst der
Wasserdampf schlägt sich nicht immer als Nebel nieder,
wie wir dies bei Gelegenheit des Abendthaus gesehen
haben.

2. Spannkraft der Dämpfe. — Papinianischer Topf.

Da die Expansibilität eine Haupteigenschaft der Gase
und Dämpfe ist, so ist vorauszusehen, daß eine flüchtige

Substanz, in einen luftleeren Raum gebracht, denselben sogleich vollständig erfüllen und einen Druck auf die Ge= fäßwände üben wird. Dies bestätigt ein einfaches Experi= ment mit dem (Fig. 69) dargestellten Apparat. Derselbe besteht aus einem Glasgefäß, welches durch einen Hahn mit der Luftpumpe in Verbindung gesetzt werden kann, und einem zweimal gebogenen Glasrohr, in welchem sich Quecksilber befindet. Ist alle Luft aus= gepumpt und der Hahn ge= schlossen, so steigt das Queck= silber in dem einen Schenkel des Glasrohrs auf 760 Mil= limeter, wie im Barometer, und hält dem atmosphärischen Druck, der in dem offenen Schenkel wirkt, das Gleichge= wicht. Hierauf setzt man einen Trichter über den Hahn, füllt

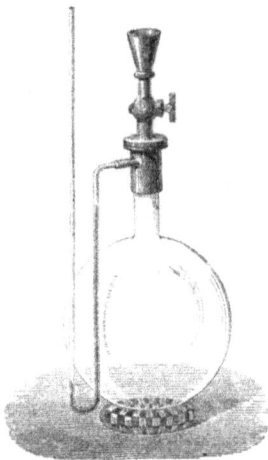

Fig. 69. Verdampfung der Flüssigkeiten.

ihn mit einer Flüssigkeit, z. B. mit Aether, öffnet vorsich= tig den Hahn und läßt eine gewisse Quantität davon in das Gefäß fließen, worauf man es augenblicklich verschließt. Nehmen wir an, daß die eingeführte Quantität sehr klein sei: keine Spur von Flüssigkeit wird in dem Reservoir erscheinen, Alles verwandelt sich sofort in Dampf, und das Quecksilber fällt in der Röhre. Dasselbe wird augenschein= lich durch den Aetherdampf niedergedrückt. Die Spann= kraft dieses Dampfes ist also bewiesen, und ihr Maaß ist die Depression der Quecksilbersäule, die z. B. 160 Milli=

meter beträgt, wenn das Quecksilber von 760 auf 600
gefallen ist. Führt man noch eine kleine Quantität Aether
bei einer Temperatur von 15 Grad in das Reservoir ein,
so sieht man die Höhe der Säule wiederum abnehmen
und schließt daraus, daß die Spannkraft des Dampfes zu=
genommen hat. So lange das Quecksilber nicht auf 400
Millimeter gefallen ist, zeigt sich keine Spur von Flüssig=
keit in dem Gefäß; ist aber dieses Niveau erreicht (beträgt
also die Spannung 350 Millimeter), so fällt jede neu hin=
zugefügte Aetherquantität in flüssigem Zustande nieder.
Eine bestimmte Menge Aetherdampf sättigt also den ge=
gebenen Raum; die Spannkraft des Dampfes hat ihren
höchsten Grad erreicht und kann nicht mehr steigen. In
unserem Beispiel kommt diese Spannkraft dem Drucke einer
Quecksilbersäule von 35 Centimeter Höhe gleich.

Wie das Reservoir durch eine beschränkte Quantität des
Dampfes gesättigt wird, kann man sich erklären, wenn man
bedenkt, daß die Theilchen an der Oberfläche einer flüchtigen
Substanz sich von einander zu entfernen streben mit einer ge=
wissen Kraft, die aber selbst beschränkt ist. Wenn der ent=
standene Dampf eine hinreichende Spannung besitzt, so hält
diese der an der Oberfläche wirkenden Expansionskraft das
Gleichgewicht und die Verdampfung hört auf.

Der eben beschriebene Versuch kann mit allen flüchtigen
Flüssigkeiten angestellt werden. Die Resultate differiren nur
in den Höhen des Quecksilbers, welche die Spannkraft der
Dämpfe messen.

Die Quantität Dampf, welche ein gegebener Raum ent=
halten kann, ist diesem Raume proportional; ein Behälter
von 2 Liter kann zweimal so viel aufnehmen, als einer von
1 Liter. Wenn man die Flüssigkeit aufs Gerathewohl in ein

14*

leeres Reservoir einführt, so können drei Fälle vorkommen:
entweder die Quantität ist genau diejenige, welche das Reser=
voir sättigen kann, dann löst sie sich vollständig in Dampf
auf; oder sie ist zu klein und sättigt den Raum nicht; oder
aber sie ist zu groß, und es bleibt ein Ueberschuß von Flüssig=
keit in dem Reservoir zurück, welches in diesem Falle aber
keineswegs mehr Dampf enthält, als im ersten. Die Spann=
kraft des Dampfes ist im ersten und dritten Falle dieselbe,
im zweiten geringer. Darum sagt man: die Spannkraft
eines Dampfes hat ihr Maximum erreicht, wenn der
ihn einschließende Raum gesättigt ist, und dies ist der
Fall, wenn der Dampf mit einem Ueberschuß seiner Flüssig=
keit in Berührung steht.

Für dieselbe Flüssigkeit steigt aber das Maximum der
Dampfspannung mit der Temperatur: ebenso die Dampf=
menge, welche die Raumeinheit (z. B. einen Cubikmeter)
sättigt. Wir nahmen die Temperatur des Aethers vorhin
zu 15 Grad an, und fanden eine Spannkraft von 35 Centi=
meter; bei 20 Grad hätten wir 43 Centimeter gefunden,
bei 35 Grad 76 Centimeter, d. h. eine Spannkraft gleich
dem atmosphärischen Druck; das Quecksilber wäre also in
den beiden Schenkeln der Röhre gleich hoch gestanden.
Bei 40 Grad beträgt die Spannung des Aetherdampfes
schon 91 Centimeter, bei 60 Grad 173 Centimeter; das
Quecksilber wäre also respective 15 und 97 Centimeter unter
das Niveau des offenen Schenkels gefallen, wenn die Röhre
lang genug gewesen wäre.   .

Sehr hohe Spannkräfte berechnet man nach Atmo=
sphären, d. h. man giebt an, wie viel mal 76 Centimeter
sie betragen.

Für Wasserdampf giebt folgende Tabelle das Maximum

der Spannkraft und die Dampfmenge, welche 1 Cubikmeter
sättigt bei Temperaturen unter 100 Grad:

Temperatur.	Spannkraft.	Dampfmenge.
0°	5 Mm.	5 Gramm.
20°	17 „	17 „
40°	55 „	50 „
60°	150 „	130 „

Die folgende Tabelle giebt die Spannkraft des Wasser=
dampfs in Atmosphären für Temperaturen über 100 Grad.

Spannung des Wasserdampfs.

Atmosphären.	Temperatur.	Atmosphären.	Temperatur.
1	100°	11	185°
2	121°	12	188°
3	131°	13	192°
4	141°	14	196°
5	152°	15	199°
6	159°	16	202°
7	165°	17	205°
8	171°	18	208°
9	176°	19	210°
10	180°	20	213°

Einen Beweis dieser Eigenschaften des Dampfes liefert
der Papinianische Topf, von Papin, dem Erfinder
der Dampfmaschine erdacht. Derselbe besteht aus einem
Metallgefäß (Fig. 70) mit sehr dicken Wänden, welches man
mit einem Deckel aus gleichem Metall durch eine Preßschraube
hermetisch verschließen kann. Der Deckel hat eine Klappe,
auf welche man, um sie zu schließen, einen Hebel stützt, der
mit einem Gewichte belastet ist. In den Topf gießt man
Wasser und erwärmt es. Der Dampf mischt sich mit der

im Innern verſchloſſenen Luft; man öffnet auf einige Augen=
blicke die Klappe, um dieſe Miſchung von Luft und Dampf
entweichen zu laſſen, und in dem Topfe bleibt dann nur

Fig. 70. Papinianiſcher Topf.

Dampf und Flüſſigkeiten zurück; darauf ſchließt man die Oeff=
nung wieder mit dem Hebel. Der Dampf drückt nach allen
Seiten gegen ſeine Hülle, ſeine Spannkraft wächſt ſehr
mit der Temperatur und iſt bald ſtark genug, um die
Klappe zu öffnen; dann fährt ein ziſchender Dampfſtrahl
heraus, und man muß ein zweites Gewicht an den Hebel
hängen, um die Oeffnung zu ſchließen. Die Temperatur
ſteigt immer höher und die Spannkraft nimmt auch zu,

so daß man den Hebel nochmals belasten muß; wenn die Temperatur 213 Grad erreicht hat und in dem Topfe noch ein Ueberrest der Flüssigkeit bleibt, so besitzt der Dampf die Spannkraft von 20 Atmosphären: beträgt nun die Oberfläche des Deckels einen Quadratdecimeter, so hält dieser einen Druck von mehr als 2000 Kilogrammen aus. Man begreift, daß ein solches Experiment nicht ohne Gefahr ist, weil das Gefäß springen kann.

Der Papinianische Topf hat eine sehr wichtige Anwendung gefunden. Da er gestattet, die Temperatur des Wassers bedeutend über 100 Grad zu erheben und gewisse Substanzen (wie z. B. Knochengallerte) um so leichter von Wasser aufgelöst werden, als dasselbe heißer ist, so bedient man sich dieses Apparates zur Bereitung von Extracten. Man läßt z. B. frische Knochen darin digeriren und zieht daraus die Gelatine, eine sehr nahrhafte Substanz. Es wird erzählt, daß vor etwa vierzig Jahren auf der Tafel eines Präfecten eine Schüssel Gelatine servirt wurde, welche aus fossilen Knochen großer Thiere, die vor 6000 Jahren gelebt hatten, auf diese Weise bereitet worden war.

Das Maximum der Spannkraft eines Dampfes hat stets denselben Werth, wenn der Dampf bei der Erwärmung oder Abkühlung eine gegebene Temperatur erreicht. So ist bei 120 Grad die Spannkraft des Wasserdampfes über Wasser immer gleich 2 Atmosphären; es ist unmöglich, Wasserdampf zu erzielen, der bei einer Temperatur unter 120 Grad eine Spannkraft über zwei Atmosphären besäße.

Viele Flüssigkeiten und gewisse feste Substanzen können sich also nicht im luftleeren Raume befinden, ohne daß ihre Moleküle sich von der Oberfläche trennen und in den gasförmigen Zustand übergehen. Welch' eine Schicht diese

Verwandlung erleidet, hängt von der Natur der Substanz und von der Temperatur ab; sie ist um so dicker, als die Temperatur höher ist. Sobald das Gas in genügender Menge vorhanden ist, übt es auf die Oberfläche einen gewissen Druck aus, der die weitere Dampfbildung hemmt. Dies beruht auf dem Zustande der Moleküle und ihrer wechselseitigen Wirkung. Im Innern des Körpers ist jedes Theilchen von allen Seiten der Wirkung anderer Theilchen unterworfen, es kann also hier nicht so ungehindert der Wärme nachgeben, als an der Oberfläche. Die Wärme bestimmt den Zustand der Moleküle, und in Folge dessen die Temperatur des Körpers; sie wirkt als ausdehnende Kraft, die der gegenseitigen Anziehung der Moleküle entgegenstrebt: an der Oberfläche besteht ihre Wirkung in vollständiger Aufhebung der Cohäsion und Ausführung einer innern Arbeit. Im vorigen Kapitel wurde eine ähnliche Differenz zwischen dem Innern und der Oberfläche in Bezug auf Schmelzung und Festwerden constatirt.

Zur Bekräftigung unserer Schlüsse werden wir noch im folgenden Kapitel beweisen, daß die Verdampfung von einem Verschwinden fühlbarer Wärme begleitet ist. Vorläufig wollen wir aber die Umstände, unter welchen die Verdampfung stattfindet, noch näher untersuchen.

Nehmen wir noch einmal den Apparat zur Hand, mit welchem wir die Dampfbildung im luftleeren Raume beobachtet haben, und führen diesmal einen Ueberschuß von Aether ein, ohne ihm die Luft zu entziehen. (Fig. 69.) Wir werden die Quecksilbersäule in der Röhre nur noch nach und nach fallen sehen. Der Dampf bildet sich also langsam und mischt sich mit der Luft. Nach einiger Zeit bleibt das Quecksilber stationär, ein Beweis, daß die Luft jetzt mit Dampf gesättigt ist. Der Stand des Niveaus zeigt, daß die Dampfmenge dieselbe ist, wie vorher im luftleeren Raum.

Wir schließen aus diesem Versuch, daß eine Flüssigkeit in einem Raume, der Luft, oder allgemeiner gesagt, ein Gas enthält, das keine chemische Wirkung auf sie ausübt, ebenso verdampft, wie im luftleeren Raum; der einzige Unterschied besteht in der Geschwindigkeit: die Dampfbildung geschieht im leeren Raum augenblicklich, im Gase nur allmählich.

Es erklärt sich dies durch den mechanischen Widerstand, welchen das Gas der Entfernung der Dampftheilchen entgegensetzt. Sie lösen sich los, häufen sich erst auf der Oberfläche der Flüssigkeit an, entfernen sich dann langsam von derselben in dem Maße, als ihre Spannkraft den Widerstand des Gases übersteigt, und halten ihrerseits die Theilchen der Oberfläche zurück, welche sich eben loslösen wollen. Bei dieser Verdampfung kommt daher eine äußere mechanische Arbeit in Rechnung, nämlich die, welche durch Verschiebung der Luft ausgeführt wird, und eine innere, welche die Trennung der Moleküle von der Oberfläche der Flüssigkeit bewirkt. Die Luft wirkt hier nur durch die Trägheit ihrer Masse, und der Dampf ist es allein, der die fernere Verdampfung aufhält.

Wir kommen jetzt zu der Verdampfung in der Atmosphäre. Eine Sättigung der Luft kann hier nur in nächster Nähe des flüchtigen Körpers stattfinden, da die Atmosphäre einen unermeßlichen Raum einnimmt. Die gesättigten Schichten werden aber unablässig von andern ersetzt, welche den Körper so lange aussaugen, bis er vollständig verdampft ist. Die Moleküle bleiben in Gasform so lange mit der Atmosphäre vermischt, bis Umstände eintreten, die ihre Verdichtung gestatten. Im Winter, zum

Beispiel, verschwindet Schnee und Eis bei trocknem Winde,
ohne daß eine Schmelzung stattfindet, weil der Wind unauf=
hörlich den sich bildenden Wasserdampf weiterführt und die
Verdampfung dadurch sehr beschleunigt. Aus demselben
Grunde kann auch nasse Wäsche bei starkem Froste trocknen,
obgleich das Wasser, welches sie enthält, gefriert. Ebenso
trocknet im Sommer ein während der Nacht sich erhebender
Wind den schon gefallenen Thau wieder auf.

Ueberall begegnen uns Wirkungen der Verdampfung
von Flüssigkeiten. Je höher die Temperatur, desto inten=
siver zeigen sie sich. In den Aequatorgegenden erhebt
der Wasserdampf sich von der Oberfläche der Meere,
welche die glühenden Strahlen der Sonne erwärmen, be=
gegnet aufsteigend kälteren Luftschichten und verdichtet sich
zu leichten Wassertröpfchen, welche die Wolken bilden. Diese
Tröpfchen werden durch einen aufsteigenden Luftstrom in
die höhern Regionen getragen, wo sie in den trockenen
Luftschichten verschwinden. Wie oft, wenn wir den Himmel
betrachten, wohnen wir dem langsamen Verschwinden einer
Wolke über unserem Haupte bei; der Morgennebel zerstreut
sich, wenn der Tag anbricht, entweder aufwärts geführt
um Wolken zu bilden, oder von den Sonnenstrahlen in
Dampf aufgelöst, und in diesem Falle kann der Himmel
klar bleiben. Neben diesem Sieg der Wärme finden wir
auch den Sieg der Molekularkräfte: die Rückkehr der
Wolken, ihre Umsetzung in Regen, Schnee und Hagel zeigt
die Wiedervereinigung der Wassermoleküle an. Von der
Erde aufgestiegen, haben sie eine große Luftreise vollbracht
und kehren zur Erde zurück, um eine neue, noch wunder=
barere Wanderung anzutreten, wie wir später sehen werden.

3. Zur Dampfbildung wird Wärme verbraucht.

Wenn eine Flüssigkeit am Feuer verdampft, so begreift man leicht, daß die Arbeit der Dampfbildung von der Wärme, welche das Feuer liefert, geleistet wird. Weniger klar ist der Vorgang, wenn die Verdunstung ohne sichtbare Wärmequelle stattfindet. Betrachten wir einige Erscheinungen dieser Art.

Wenn wir Aether auf die Hand gießen, so verursacht seine Verflüchtigung ein Gefühl der Kälte. Mit andern Flüssigkeiten, die weniger schnell verdunsten, z. B. mit Schwefelkohlenstoff oder besonders mit Wasser, ist die Kälte weit weniger empfindlicher. Es besteht also ein Wechsel= verhältniß zwischen der erzeugten Dampfmenge und dem Wärmeverlust, und es wird wahrscheinlich, daß die innere Arbeit der Verdampfung eine Quantität fühlbarer Wärme verbraucht, die der noch nicht verdampften Flüssigkeit und der Umgebung entzogen wird und daß diese Wärme in einem bestimmten Verhältnisse zur Arbeit steht. Die Größe der Wirkung kann man tariren, indem man die Kugel eines Thermometers mit Baumwolle umwickelt, die Flüssig= keiten hinauftröpfelt und das Thermometer hin und her bewegt. Die Verdampfung wird sehr intensiv, und das Thermometer zeigt das Sinken der Temperatur dabei an. Das Resultat ist ganz so, wie wir es bei den ver= schiedenen Substanzen schon durch das Gefühl wahrgenommen. Mit dem Aether erhält man eine Kälte von mehreren Graden unter Null: mit dem Wasser sinkt die vorhandene Temperatur kaum um einige Grade.

Wenn die Verdampfung Wärme verbraucht, so muß

umgekehrt die Verdichtung des Dampfes Wärme frei machen, denn diese Verdichtung repräsentirt eine Leistung von Molekulararbeit und wir wissen, daß eine solche Operation gewöhnlich von Wärmebefreiung begleitet ist. Wir werden bald Beweise für diese Behauptung finden. Haben wir deren nicht schon in alltäglichen Vorgängen? Die Temperatur der Luft ist z. B. im Winter nach einem Regen viel milder. Daß dieser Regen Wärme hervorbringt, kommt daher, daß der atmosphärische Wasserdampf sich verdichtet.

4. Das Sieden unter constantem Druck. — Das Temperaturgesetz.

Es giebt noch eine dritte Art, Flüssigkeiten in Dampf zu verwandeln: diese ist das Sieden, oder Dampfbildung in der ganzen Masse der Flüssigkeit. Das Studium dieser Erscheinung bedarf nur sehr einfacher Vorrichtungen.

Betrachten wir die fortschreitende Wirkung der Wärme auf Wasser, welches sich in einem offenen Gefäß, z. B. in einem Glasballon befindet (Fig. 71). Setzen wir diesen Ballon über Kohlenfeuer, nachdem wir ein Thermometer hineingesenkt. Die Temperatur erhebt sich gradweise, und auf- und niedersteigende Strömungen vertheilen die Wärme durch Transport: an der Oberfläche bildet sich Dampf, der über dem Ballon zu einem leichten Nebel verdichtet wird. Diese Erscheinung haben wir schon früher erklärt. Im Innern des Wassers bilden sich kleine Luftbläschen und steigen langsam zur Oberfläche auf (das Wasser enthält gewöhnlich etwas Luft). Später zeigen sich auf dem Grunde und an verschiedenen Stellen der Wand größere Blasen, steigen in die Höhe, indem sie dabei an Volumen

abnehmen, und verschwinden, ohne die Oberfläche erreicht zu haben. Man hört dabei ein eigenthümliches Geräusch und sagt: das Wasser singt. Dies Geräusch läßt sich vielleicht folgendermaßen erklären. Jede Blase besteht aus Dampf, der sich rings um ein Luftbläschen entwickelt, sobald die Temperatur auf 100 Grad steigt. Da der Ballon von unten her erwärmt wird, so erreichen die unteren Wasserschichten diese Tem=
peratur früher als die oberen; der hier sich bildende Dampf steigt in die Höhe, wo er kälteren Schichten begegnet, sich abkühlt und sich plötzlich verdichtet. Dadurch entsteht einen Augenblick lang eine kleine Leere, die umliegenden Wassermoleküle beeilen sich dieselbe auszufüllen, und durch ihren Zusammenstoß entsteht das Geräusch, welches wir vernehmen und ein leises Zittern der Flüssigkeit. Endlich bilden die Dampfblasen sich auch an der Oberfläche: das Thermometer zeigt 100 Grad, und die Flüssigkeit

Fig. 71. Gewöhnliches Sieden.

ist im vollen Sieden. Jetzt sieht man die Blasen sich beim Aufsteigen vergrößern und in der Luft zerplatzen, indem sie halbkugelförmige Wasserflächen aufheben.

Das erste Grundgesetz des Siedens ist die Constanz seiner Temperatur, wenn dasselbe unter den eben beschriebenen Umständen stattfindet. Jede Flüssigkeit hat ihren eigenthümlichen Siedepunkt in freier Luft, wie jeder feste Körper seinen Schmelzpunkt hat. So kocht das Wasser bei 100 Grad, Alkohol bei 79 Grad, Aether bei 36 Grad.

Diese Constanz der Temperatur macht den Unterschied zwischen Verdunstung und Sieden aus, beide Erscheinungen sind aber nur zwei verschiedene Arten der Verdampfung. d. h. des Ueberganges einer flüssigen Substanz in den Zustand von Gas. In beiden Fällen geht diese Veränderung an den freien Oberflächen der Flüssigkeit vor sich, nur bildet der Dampf sich bei der Verdunstung an dem sichtbaren Niveau, während beim Kochen eine Unzahl kleiner Oberflächen die mikroskopischen Luftblasen umgiebt, bald an den Wänden des Gefäßes, bald im Innern der Flüssigkeit, und der Dampf auf diesen kleinen Oberflächen entsteht. Das Sieden ist also in Wirklichkeit nichts weiter als eine Verdunstung, die an einer großen Anzahl von Punkten zu gleicher Zeit stattfindet.

Man kann durch verschiedene Experimente beweisen, daß die Gegenwart der Luftblasen eine zum Sieden nothwendige Bedingung ist.

Das erste rührt von Donny her und besteht darin, das Wasser in einer nach Angabe der Figur 72 gebogenen Glasröhre zu verschließen. Ehe man die Röhre zuschmilzt, läßt man das Wasser einige Augenblicke darin kochen, um alle in der Röhre befindliche Luft auszutreiben; dann läßt man es abkühlen, und der Apparat ist fertig. Will man sich seiner bedienen, so senkt man den Theil, welcher das

Wasser enthält, in ein Oelbad und erwärmt dasselbe ver=
mittelst einer Alkohollampe. In das Oel stellt man ein
Thermometer und sieht, daß die Temperatur bis 130 Grad
steigen kann, ohne daß das Wasser ins Sieden kommt.
Aber wenn diese Temperatur erreicht ist, wird das Wasser
auf einmal in den anderen Theil der Röhre geschleudert,

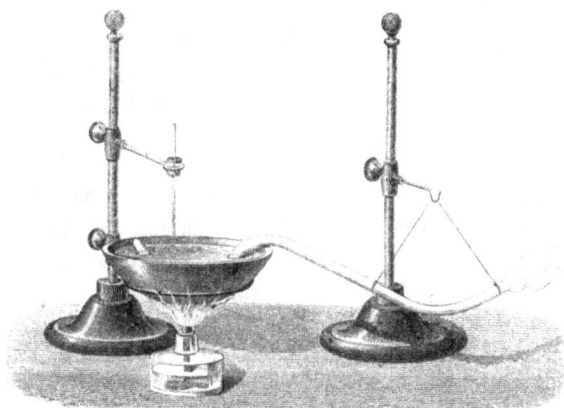

Fig. 72. Donny's Experiment über das Sieden.

mit einem heftigen Stoß, welcher indeß, der besondern
Form der Röhre wegen, keine Gefahr bringt.

Ein anderes Experiment, von Dufour in Lausanne,
liefert einen noch deutlicheren Beweis.

Man läßt einen Wassertropfen in eine Mischung ver=
schiedener Oele von 100 Grad fallen, deren Proportionen
derart berechnet sind, daß ihre Dichtigkeit der des Wassers
von der nämlichen Temperatur gleichkommt. Das Wasser

bildet eine Kugel im Innern der Flüssigkeit und bewahrt
diese Gestalt auch wenn man die Temperatur um mehrere
Grade über 100 Grad erhebt: es findet kein Sieden statt,
weil der Wassertropfen ringsum von dem Oele eingeschlossen,
keine Verdampfungsoberfläche hat. Berührt man ihn aber
mit einem Holzstäbchen, so erscheinen sofort an dem Be-
rührungspunkte Dampfblasen, und zwar aus folgendem
Grunde. Das Holz hat einige Luftbläschen mitgenommen
und bis zu dem Wasser geführt; dadurch ist die Dampfbildung möglich geworden, der Dampf steigt in die Luftblasen und vergrößert ihr Volumen, bis sie sich von dem
Stabe loslösen und an die Oberfläche steigen können.

Es giebt ein zweites Grundgesetz des Siedens, welches
den Einfluß eines äußeren Widerstandes auf die Verdampfung in's Licht setzt. Wir haben gesagt, daß Wasser
bei 100 Grad kocht; dies kann nur da stattfinden, wo die
Quecksilbersäule des Barometers eine Höhe von ungefähr
76 Centimeter zeigt. Diese Bedingung ist aber in hoch-
gelegenen Gegenden nicht erfüllt. Auf dem Gipfel des
Montblanc hat das Barometer durchschnittlich nur eine
Höhe von 42 Centimeter. Unter diesem Druck kocht das
Wasser schon bei 84 Graden, und der Aether bei 20 Grad,
während er unter dem gewöhnlichen Druck erst bei 36 Grad
kocht. Kurz gesagt: je niedriger der Luftdruck,
desto niedriger ist auch die Siedetemperatur
in freier Luft. Den Grund dieses Gesetzes kann man
leicht einsehen: jede Dampfblase muß, um sich bilden zu
können, die sie umgebende Flüssigkeit zurückdrängen, ihren
Widerstand überwinden; der Druck, den die Atmosphäre
an der Oberfläche ausübt, wird bis auf die Dampfblase
übertragen, und wenn die Flüssigkeit von geringer Tiefe

ist, so besteht in diesem Drucke die hauptsächlichste Ursache
des Widerstands, den der Dampf zu überwinden hat.
Die Dampfblasen beginnen sich zu bilden, wenn die Flüssig=
keit eine Temperatur erreicht hat, bei der die Spannkraft des
Dampfes dem Druck der Atmosphäre gleichkommt. Wir
haben aber vorher gesehen, daß diese Temperatur zu
gleicher Zeit mit der gegebenen Spannkraft abnimmt, und
so erklärt sich die auf dem Montblanc beobachtete Er=
scheinung ganz natürlich *).

Sobald das Kochen beginnt, bleibt die Temperatur
constant, unter der Bedingung, daß auch der Druck nicht
variirt. Wenn der Druck an der Oberfläche zunähme, so
würde das Kochen einen Augenblick aufhören, bis die Wirkung
der Wärmequelle die Temperatur genügend erhöht hätte.
Die Tabelle auf Seite 204 giebt die Siedetemperatur des
Wassers bei verschiedenem Druck: wenn z. B. das Wasser
dem Druck von zwei Atmosphären unterworfen ist, so muß
seine Temperatur sich zu 120 Grad erheben, damit es
sieden kann. In den Dampfmaschinen findet das Sieden
bei einer constanten Temperatur statt, wenn das Feuer in
der Art unterhalten wird, daß die in dem Kessel sich bildende
Dampfmenge in jedem Augenblick der gleich kommt, welche
in den Cylinder geht; nur unter dieser Bedingung bleibt
der Druck in dem Dampfkessel constant, und die Maschine
arbeitet regelmäßig. Unsere Tabelle lehrt das Verhältniß
kennen, das zwischen diesem Druck und der Siedetemperatur
des Wassers besteht. Wenn die Maschine den Druck von

---

*) Das Hypsometer oder Siedethermometer dient dazu, die
Höhe der Berge durch den Siedepunkt des Wassers zu messen.
Für je 300 Meter sinkt der Siedepunkt um einen Grad.

10 Atmosphären hat, so kocht das Wasser bei 180 Grad.
Nehmen wir an, daß der Heizer aus Unachtsamkeit eine
zu große Quantität Kohlen in die Feuerung gethan, so
muß die Temperatur steigen, weil die in dem Kessel ge=
bildete Dampfquantität größer ist, als die welche in den
Cylinder eintreten kann, und der Druck nimmt rasch zu.
Bei 200 Grad kommt er dem von 16 Atmosphären gleich;
bei 210 Grad dem von 20 Atmosphären, so daß, wenn
die Temperatur sich nur um 30 Grad erhöhe, der Druck
verdoppelt wäre, was eine Explosion veranlassen würde,
wenn die Maschine nicht im Stande wäre, einen so hohen
Druck zu ertragen. Dem vorzubeugen, erhält der Dampf=
kessel mehrere Sicherheitsventile, die den Dampf, sobald
der Druck zu stark wird, herauslassen, und so auf die Ge=
fahr aufmerksam machen.

5. Innere und äußere Arbeit. — Verdunstungswärme.

Welche Rolle spielt die Wärme beim Sieden unter
constantem Druck, wo die Temperatur sich nicht ändert?
Die unaufhörlich von der Feuerung gelieferte Wärme ist
nicht mehr fühlbar, wenn sie in die Flüssigkeit übergeht
da das Thermometer ihre Anwesenheit nicht verräth; sie
ist verbraucht, als Wärme vernichtet, und ihr Aequivalent
ist die ausgeführte mechanische Arbeit. Hiebei muß erstens
die innere Arbeit beachtet werden, die in der Trennung
der flüssigen Theilchen trotz ihre Cohäsion besteht; zweitens
die äußere Arbeit, welche die Volumenvergrößerung, trotz
des Widerstandes der Umgebung ausführt. Wenn die
Flüssigkeit in freier Luft kocht, so bietet die Atmosphäre
diesen Widerstand; wenn sie in der Dampfmaschine kocht,
so thut dies der Kolben. Die äußere Arbeit ist unter

diesen Umständen sehr beträchtlich im Vergleich zu der innern, und darf keineswegs, wie beim Schmelzen fester Körper, vernachläßigt werden, weil das Volumen des Dampfes immer sehr viel größer ist als das der Flüssigkeit, die ihn hervorgebracht. So dehnt sich das Wasser, welches bei 100 Grad verdampft, zu einem 1700 Mal größeren Volumen aus.

Um die ausgeführte Arbeit zu schätzen, denken wir uns einen Cylinder von einem Quadratdecimeter im Querschnitt, und darin 1 Kilogramm Wasser von 100 Grad; ein Kolben übt einen Druck von 103 Kilogramm auf dieses Wasser aus. Nachdem man 536 Wärmeeinheiten verausgabt hat, ist dieses Wasser in Dampf verwandelt und der Kolben zu der Höhe von 170 Meter gehoben. Die geleistete äußere Arbeit beträgt also mehr als 17,000 Kilogrammeter und hat 40 Wärmeeinheiten verbraucht, d. h. $\frac{1}{13}$ von der verausgabten Wärme.

Wie haben nun die Physiker die Verdampfungswärme bestimmen können, d. h. die Zahl der Wärmeeinheiten, welche ein Kilogramm einer Flüssigkeit verbraucht, wenn es sich unter constantem Druck in Dampf verwandelt? Einfach, indem sie die Wärme gemessen, welche der Dampf bei seiner Rückkehr zum flüssigen Zustand unter gleichem Druck frei macht.

Unterdrücken wir einmal die Wärmequelle, welche unsern mit Dampf gefüllten Cylinder umgiebt. Der Kolben sinkt allmählich nieder, während die von der Wärmewirkung befreiten Dampfmoleküle ihrer gegenseitigen Anziehungskraft gehorchen und in flüssigen Zustand zurückkehren. Es werden dabei zwei Arten von Arbeit geleistet; erstlich die des fallenden Kolbens, ferner die der Molekularkräfte.

15 *

Dadurch wird eine Quantität Wärme frei gemacht, die der Totalsumme beider Arbeiten gleichkommt. Wenn das Kilogramm Wasser von 100 Grad wieder da ist, so muß die geschaffene Wärme genau dieselbe Quantität betragen, wie die, welche bei der Verdampfuug verbraucht wurde. Die Verdichtung des Dampfes unter denselben Druckverhält= nissen wie das Sieden ausgeführt, bietet auch dasselbe Ver= hältniß zwischen Wärme und Arbeit, nur der Sinn der beiden Größen ist umgekehrt; einmal wird die Wärme durch die Arbeit frei gemacht, das andere Mal verbraucht. Die frei gemachte Wärme ist nun sehr leicht zu messen: man umgiebt den Cylinder mit kaltem Wasser; nach dem Ge= wicht dieses Wassers und seiner Temperaturerhöhung be= rechnet man die Zahl der abgegebenen Wärmeeinheiten. Deshalb zieht man es vor, die Messung bei der Rück= kehr in den flüssigen Zustand auszuführen, und auf diese Weise hat Regnault gefunden, daß in dem vorhin beschrie= benen Processe 536 Wärmeeinheiten verausgabt werden.

Die Destillation liefert ein sehr einfaches Beispiel von der Verdichtung der Dämpfe unter constantem Druck. Dieses Verfahren hat den Zweck, mehrere ungleich flüchtige Substanzen von einander zu separiren, wenn sie eine flüssige Mischung bilden. Der einfachste Fall ist der, wo es sich nur um eine Flüssigkeit handlet, in welcher nicht flüchtige Stoffe aufgelöst sind. Die Mischung wird in eine Retorte eingeführt, und mit möglichst großer Oberfläche der Wirkung eines Feuers ausgesetzt. Wenn sie zu kochen beginnt, so bildet sich Dampf, welcher nur allein aus der Flüssigkeit herrührt, und tritt in ein Schlangenrohr, welches durch ein Kühlgefäß geleitet ist und mit dem offenen Ende in die freie Luft mündet, so daß der Druck der Atmo=

sphäre ungehindert im Innern des Apparates wirken kann.
(Fig. 73.) Der erkaltete Dampf verdichtet sich zuerst unter
diesem Druck, wobei er Wärme frei macht. Die dadurch
gebildete Flüssigkeit geht sich abkühlend durch die Röhre
und giebt so lange Wärme ab, bis sie die gewöhnliche

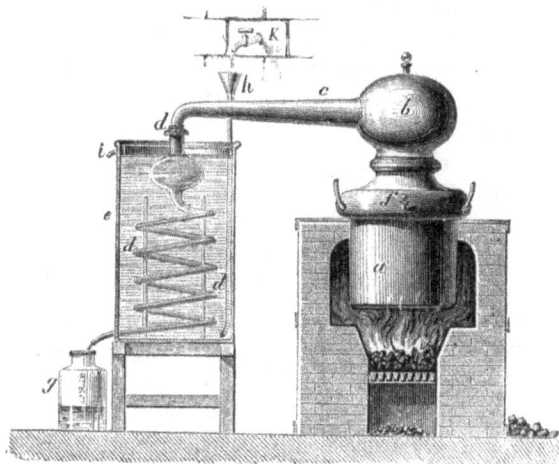

Fig. 73. Destillirapparat.

Temperatur erreicht hat; am Ausgange des Rohres wird
sie in einem Gefäße aufgefangen. Die nicht flüssigen
Stoffe bleiben im Kessel zurück, und die Flüssigkeit ist
auf diese Weise vollständig gereinigt.

Die während der Verdichtung des Dampfes frei gewor=
dene Wärme geht selbstverständlich in das Kühlwasser über;
will man aber so wenig Dampf als möglich verlieren, so
muß man dafür sorgen, daß die übergegangene Flüssigkeit
ganz kalt aus der Röhre hinaustritt und deshalb das

Kühlwasser fortwährend erneuern. Dieses geschieht, indem
man das Wasser von unten in das Kühlgefäß eintreten
läßt, so daß es das erwärmte Wasser in die Höhe hebt
und oben hinausdrängt.

Zu bemerken ist noch, daß die von dem Kühlrohr ab-
gegebene Wärme derjenigen gleich ist, welche der Destillir-
kolben der Wärmequelle entnommen hat, und daß die
Destillation einen veritablen Wärmetransport ausführt.
Dieses Verfahren wendet man auch als Heizungsmittel
an, und das Heizen durch Dampfcirculation ist eben nichts
weiter, als eine Wasserdestillation im Großen. Handelt
es sich um Erwärmung eines Hauses, so wird der Dampfkessel im Keller eingemauert und von hieraus schlängeln
sich große Röhren in allen Zimmern längs der Wände
und unter dem Fußboden hin; der Dampf tritt hinein,
verdichtet sich indem er Wärme frei macht, und kehrt
schließlich als Flüssigkeit wieder in den Kessel zurück, um
sich hier von neuem zu erwärmen. So geht das ununterbrochen in derselben Weise fort, ganz wie unser Blut die
Wärme von den Lungen in Empfang nimmt, durch den
ganzen Körper vertheilt, und dann wieder zur Quelle zurückkehrt, um den Verlust zu ersetzen.

6. Wie die Wärme in Dampf- und Luftmaschinen benutzt wird.

Eine Dampfmaschine, die ihren Condensator hat, könnte
mit einem Destillirapparat verglichen werden, wenn man
sich mit einer oberflächlichen Anschauung begnügen wollte,
denn auch hier findet man den Dampfkessel, in welchem das
Wasser Wärme verbrauchend in Dampf übergeht, und den
Condensator, in welchem der Dampf Wärme frei machend

in den flüssigen Zustand zurückkehrt; man könnte daher glauben, wie man es lange gethan, daß die frei werdende Wärme der gleich ist, welche zur Verdampfung verbraucht wurde. Dem ist aber nicht so. Die frei gewordene Wärme ist stets geringer als die verbrauchte, und die Differenz ist proportional zu der von der Maschine ausgeführten Arbeit; die der Wärmequelle durch das Wasser im Kessel ent= nommene Wärme wird theilweise in den Condensator über= tragen, theilweise aber als Wärme vernichtet und in dem Cylinder, wo sie eine mechanische Arbeit ausführt, in Be= wegung umgesetzt. Die vollkommenste Maschine ist die, bei welcher die in Arbeit verwandelte Wärme die größt= möglichste Proportion zeigt; und die Theorie lehrt, daß diese Proportion e i n S e ch s t e l der wirklich von dem Dampfe verbrauchten Wärme wenig übersteigen kann. Mit andern Worten, bei den besten Dampfmaschinen wird von 6 Wärme= einheiten, welche die Quelle dem Dampfkessel liefert, nur eine in Arbeit umgesetzt, während 5 in den Condensator wandern, gerade wie bei dem Destillirapparat; mithin kann man sagen, daß diese Maschinen zugleich arbeiten und heizen.

Wenn man von diesem Gesichtspunkt aus die ge= wöhnliche Dampfmaschine mit den Luftmaschinen vergleicht, von denen wir schon im ersten Kapitel eine Idee gegeben, so findet man, daß letztere theoretisch vortheilhafter sind. Wenn z. B. die Luft der Maschine wenig über 300 Grad erwärmt wird (die höchste Temperatur, die man ihr geben kann, ohne eine schnelle Zerstörung der Organe durch Oxy= dation zu fürchten), so ist es theoretisch möglich, d i e H ä l f t e der verbrauchten Wärme in Arbeit umzusetzen, während der Rest an die benachbarten Körper abgegeben wird; ein weit größeres Resultat, als mit der Dampfmaschine zu er=

reichen ist. Es lohnt also wohl, daß man Luftmaschinen
zum Gegenstand eines ernstlichen Studiums macht. Wenn
die Erfinder alle Vortheile kennen würden, die man aus
solchen Maschinen ziehen könnte, so würden sie ihre Dis-
positionen zu vervollkommnen und die unvermeidlichen
Wärmeverluste zu vermindern suchen. Leider haben die
zahlreichen Versuche, große Maschinen dieser Art zu construiren, bis jetzt den Erwartungen nicht entsprochen, zu
denen sie berechtigen; infolge von fehlerhafter Ausführung
und oft auch von unregelmäßiger Anlage übertreffen sie
die gewöhnlichen Dampfmaschinen noch nicht. Aber ihnen
gehört die Zukunft: sie bieten keine Gefahr der Explosion;
arbeiten ohne Wasser; und was die Hauptsache ist, sie
können auf die allersparsamste Weise die Umwandlung der
Wärme in Arbeit bewerkstelligen. Mögen die Erfinder
also nicht den Muth verlieren; mögen sie die von der
neuen Wärmetheorie aufgestellten Regeln gründlich studiren
und bei ihren mühevollen Versuchen stets das aufmunternde
Beispiel Watts vor Augen haben! Nach wie vielen An-
strengungen und Geldopfern gelang es dem berühmten
Manne erst, seine Dampfmaschine in die Industrie einzuführen; und wie viele Andere haben vor ihm vergeblich
gearbeitet, seit Dionys Papin das Princip dieser Maschine
entdeckt hatte; eine Entdeckung, die seinen Namen für alle
Zeit unsterblich macht!

Kommen wir wieder auf die Dampfmaschine zurück.
Es ist eine durch die Beobachtung festgestellte Thatsache,
daß 1 Kilogramm Wasserdampf bei seiner Verdichtung im
Condensator weniger Wärme frei macht, als zu seiner
Bildung im Kessel verbraucht wurde. Wir können uns
das folgendermaßen erklären. Das Wasser wird durch das

Kochen unter conſtantem Druck in Dampf verwandelt, und die verbrauchte Wärme dient theils zur Trennung der flüſſigen Moleküle, womit ſie eine innere Arbeit leiſtet; theils um den Widerſtand des Kolbens zu überwinden, womit ſie eine äußere Arbeit ausführt; ſie iſt der Total=ſumme dieſer beiden Arbeiten äquivalent. In dem umge=kehrten Prozeß tritt der Dampf durch den Cylinder in den Condenſator, wo der Druck nur ein mäßiger iſt; die äußere Arbeit, welche der Volumenabnahme dieſes Dampfes ent=ſpricht, iſt ganz unbedeutend; die innere, durch die Mole=kularkräfte im Augenblick der Flüſſigwerdung verausgabte Arbeit iſt allein fähig, eine meßbare Wärmequantität frei zu machen. Folglich iſt es die Abweſenheit einer genügenden äußeren Arbeit während der Verdichtung, welche die be=obachtete Differenz erklärt.

Wir ſehen alſo, daß der Dampf bei ſeiner Abkühlung nicht die gleiche Wärmequantität frei macht, wenn er ſich unter conſtantem oder unter allmählich abnehmendem Drucke verdichtet, und dieſe Bemerkung führt uns zu einem Verſuch über das Sieden unter ähnlichen Umſtänden.

7. Wie man eine Flüſſigkeit durch Abkühlung zum Sieden bringen kann.

Es iſt nicht nothwendig, daß eine Flüſſigkeit am Feuer ſteht, damit ſie kocht. Zwei Bedingungen ſind dazu genügend: die Flüſſigkeit muß kälter als die Umgebung, und der auf ihr laſtende Druck muß geringer als das Maximum der Spannkraft ſein, die ihr Dampf bei der in Frage kommenden Temperatur beſitzt. Denn um jedes Luftbläschen in der Flüſſig=keit beginnt der Dampf ſich zu entwickeln, ſobald die Wärme der benachbarten Körper bis zu dem Bläschen vorgedrungen

ist. Er wird in seiner Entwickelung durch den Druck der
umliegenden Flüssigkeit gehindert: dieser Druck resultirt aus
dem Gewicht der oberen Flüssigkeitsschichten und aus dem
Widerstande der Luft oder des Gases über der Oberfläche.
Der Zustand der flüssigen Moleküle unter dem doppelten
Einfluß von Wärme und Druck ist einer gespannten Feder
vergleichbar: wenn das Hinderniß, das sie comprimirt,
eine Widerstandsgrenze bietet, so wird dasselbe durch eine
stufenweise zunehmende Spannung beseitigt, und die Feder
dehnt sich plötzlich aus. Wird die Flüssigkeit allmählich
erwärmt, so tritt ein Zeitpunkt ein, wo die Theilchen, den
äußeren Widerstand übersteigend, sich separiren; sie besitzen

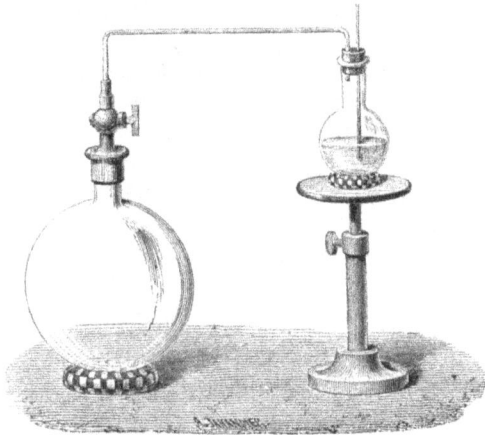

Fig. 71. Sieden im luftleeren Raum.

in diesem Augenblick eine Spannkraft, die derjenigen des
äußeren Widerstandes mindestens gleichkommt.

Diese Folgerung zeigt uns, daß das Sieden nicht immer unter constantem Druck und bei veränderter Temperatur stattfindet, wie in den bis jetzt beobachteten Fällen.

Setzen wir z. B. einen kleinen, Aether enthaltenden Glasballon (Fig. 74) durch eine bleierne Röhre mit einem größeren, völlig luftleeren Gefäß in Verbindung, welches durch einen Hahn verschlossen ist. Oeffnen wir den Hahn, so beginnt der Aether im Ballon mit großer Heftigkeit zu kochen, als ob er über einem Feuer stände. Haben wir ein Thermometer in der Flüssigkeit, so können wir uns davon überzeugen, daß die Temperatur derselben um einige Grade gesunken ist. Wenn das Sieden so einige Augenblicke gewährt hat, hört es plötzlich ganz auf.

Diese Beobachtung bestätigt die Richtigkeit unserer Folgerungen.

Bevor durch das Oeffnen des Hahnes die Verbindung zwischen beiden Behältern hergestellt wurde, hatte der Aether seine gewöhnliche Temperatur, und seine Oberfläche stand unter dem atmosphärischen Druck. Als der Hahn geöffnet wurde, strömte die Luft des Ballons in den leeren Raum, und ihr Druck nahm bedeutend ab; die Aethertheilchen konnten sich an der Oberfläche der Flüssigkeit in Dampf verwandeln, weil ihre Compression aufhörte. Bei der Verdampfung als einer innern Arbeit verschwand eine dieser Arbeit äquivalente Wärmemenge, und die Temperatur des flüssigen Aethers wurde erniedrigt. Indem derselbe der Umgebung Wärme entzog, konnte das Sieden so lange fortdauern, als der Druck sich nicht vermehrte. Aber der sich allmählich anhäufende Dampf bildet mit der eingeschlossenen Luft eine Mischung, deren Druck immer mehr zunahm;

dieser Druck wurde endlich stark genug, um das Sieden ganz zu unterbrechen.

Wenn wir jetzt das Gefäß abkühlen, indem wir es in nasse Tücher oder Eis hüllen, so können wir den Aether im Ballon nochmals zum Sieden bringen. Der Aether= dampf wird nämlich durch die Abkühlung theilweise ver= dichtet und der Druck im Innern des Apparats nimmt ab. So hört er auf, der Bildung von Dampfblasen hinderlich zu sein. Die neuen Dämpfe treten in das Reservoir, wo sie sich verdichten, und das Sieden kann fortfahren. Auf diese Weise führt man eine wahre Destillation ohne sichtbaren Wärmeheerd aus.

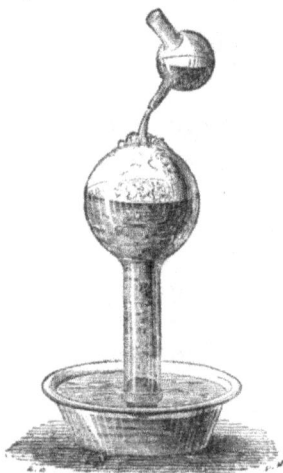

Man kann den Ver= such auch in einfacher Weise mit Wasser anstellen (Fig. 75). Zu diesem Be= huf läßt man das Wasser in einem langhalsigen Ballon eine Zeitlang über Feuer kochen, damit der Dampf alle Luft vollständig austreibt; dann verschließt man den Hals mit einem Korkpfropfen, entfernt den Ballon vom Feuer und senkt ihn umgekehrt, mit dem Halse in Wasser, um den Zutritt der Luft durch die Poren des Pfropfens unmöglich zu machen. Der Dampf, welcher über der Flüssigkeit schwebt, verdichtet sich zum Theil, und es bleibt

Fig. 75. Kochen des Wassers, durch Abkühlung bewirkt.

davon bald nur eine gewisse Menge übrig, die durch ihren Druck die Bildung von Dampfblasen verhindert. Um nun das Sieden hervorzurufen, hat man nur nöthig, kaltes Wasser über den Bauch des Ballons zu gießen; der Dampf verdichtet sich, der Druck wird plötzlich bedeutend vermindert, als ob man einen luftleeren Raum über der Flüssigkeit herstellte, und es erscheinen Blasen in der ganzen Masse derselben. Wenn der Apparat wieder seine gewöhnliche Temperatur erreicht hat, so kann man das Wasser noch ein Mal zum Sieden bringen, indem man ein Stück Eis auf den Ballon legt, oder etwas Aether darüber hingießt.

Nicht alle Flüssigkeiten lassen sich durch Sieden in Dampf verwandeln. Man kann wol Quecksilber bei 360 Grad zum Sieden bringen, aber die schwerflüssigen Metalle, wie Gold, Platin, erfordern eine so außerordentlich hohe Siedetemperatur, wie wir sie bis jetzt nicht zu erzielen vermögen. Alles was man von Körpern dieser Art weiß, ist, daß sie sich bei sehr hohen Temperaturen ebenfalls verflüchtigen. Mehrere Flüssigkeiten endlich werden durch die Wärme zersetzt, was ihre Verdampfung sehr schwierig macht und ihre Destillation oft unmöglich. In diesen Fällen besonders nimmt man seine Zuflucht zur Destillation im luftleeren Raum, weil diese bei Temperaturen ausgeführt werden kann, wo noch keine Zersetzung stattfindet. In der Chemie kommt diese Methode oft zur Anwendung.

8. Die Geiser.

Versuchen wir nun diese Principien auf einige Erscheinungen anzuwenden, die lange Zeit hindurch den Scharfsinn der Gelehrten auf die Probe gestellt haben.

Island ist eine vulkanische Insel, auf der sich eine

Kette hoher, ewig mit Schnee bedeckter Berge erhebt. Etwa
zehn Vulkane befinden sich in diese Kette eingereiht, und
der berühmteste unter ihnen ist der Hekla. Von den
schneeigen Gipfeln steigen Gletscher nieder, durchbrochen
von mächtigen Wasserfällen, welche sich am Fuße der Berge
zu meilengroßen Flächen ausdehnen. Diese Wasserflächen
bilden große Moräste, deren Grund durch vulkanische
Wirkungen zerklüftet ist. Das Wasser zieht sich in diese
Risse ein und dringt durch unterirdische Canäle nach dem
Innern der Berge, wo es sich in der Tiefe erhitzt und durch
die Krater als Dampfstrom wieder aufsteigt. Von Zeit zu
Zeit begegnet man rauchenden Wasserflächen, an deren
Oberfläche sich große Blasen erheben, die zerplatzend ihren
Schaum hoch aufspritzen. Anderswo steigen in Zwischen-
räumen große Strahlen kochenden Wassers senkrecht in die
Höhe; dies sind die Geiser. Ueberall wohnt man der
erschreckenden Wirkung des unterirdischen Feuers bei, und
es scheint, als hätte die Natur an diesem einsamen Ort
alle ihre Zerstörungsmittel concentrirt.

Treten wir an den Rand eines in Ruhe befindlichen
Geisers, so haben wir vor uns einen wunderbaren, von
der Natur selbst ausgehöhlten Brunnen. Auf der Spitze
einer Erhebung von einigen Metern zeigt sich ein kreisrundes Becken, mit einer dem Bergkrystall ähnlichen Schicht
überzogen; den Mittelpunkt bildet eine geräumige Röhre,
deren Tiefe oft sehr beträchtlich ist und deren Wände ebenfalls mit dem krystallartigen Niederschlag bedeckt sind.
„Ein leichter Dampf", sagt Tyndall, „kräuselt sich an der
Oberfläche, das Wasser des Brunnens ist vom reinsten
Azurblau und färbt mit seinen wundervollen Nüancen
auch die phantastischen Krystallisationen der Wände." Der

berühmteste Geiser von Island befindet sich auf der Spitze eines 12 Meter hohen Hügels; sein fast kreisrundes Becken ist 17 Meter breit, sein Canal 3 Meter im Durchmesser und 23 Meter Tiefe.

Wenn ein Ausbruch stattfinden soll, so füllen Canal und Becken sich mit heißem Wasser an; der Boden wankt, und während das Wasser heftig bewegt ist, läßt sich ein unterirdisches, donnerähnliches Getöse vernehmen. Das Wasser hebt sich kochend und sprudelt in dem Becken über; plötzlich wird eine gewaltige Wassersäule mit Dampf gemischt senkrecht in die Luft geschleudert; dann fällt die ausgeworfene Masse in das Becken zurück und nach einem dumpfen Getöse wird alles wieder ruhig wie zuvor. Aber diese Ruhe ist nur momentan; die Ausbrüche erfolgen mehrere Jahre lang in regelmäßigen Intervallen; dann hören sie ganz auf. Es bleibt von dem Geiser nichts als der Canal, in den die warme Quelle fortfährt ihr Wasser zu ergießen, bis sie einen anderen Ausgang findet.

Der berühmte deutsche Chemiker Bunsen hat den Großen Geiser aufmerksam beobachtet und nicht allein die Theorie davon gegeben, sondern auch ein Experiment erdacht, das den hauptsächlichsten Effect eines Geisers wiedergiebt.

Der Apparat, welcher zu diesem Versuch benutzt wird, besteht aus einer verticalen Eisenröhre von 2 Meter Länge, welche oben in ein Becken mündet. Man füllt die Röhre mit Wasser und erwärmt dieses an zwei Punkten; zuerst am Boden der Röhre vermittelst eines Feuerherdes und dann 60 Centimeter höher mit Hilfe eines ringförmigen Gitters. (Figur 76). Wenn das Wasser eine Zeitlang gewärmt ist, steigt ein heißer Strahl in die Luft, fällt

Fig. 76. Theorie ber Geiser.

wieber in bas Becken zurück, füllt bie Röhre aufs Neue unb nach einigen Detonationen ist bie Ruhe hergestellt. Einige Minuten später wiederholt sich bas Phänomen. Da haben wir also bieselben, in Zwischenpausen wiederkehrenben Explosionen, wie bei einem Geiser: erklären wir sie uns.

Das auf bem Grunde ber Röhre befinbliche Wasser soll unter bem Druck ber Atmosphäre, verstärkt burch ben einer Wassersäule von 2 Meter Höhe, kochen, folglich bei einer Temperatur von 105 Grab. Das 60 Centimeter höher befinbliche Wasser hat nur ben Druck ber Atmosphäre, nebst bem einer

Waſſerſäule von 140 Centimeter zu überwinden, und wird
deshalb bei ungefähr 103 Grad kochen. Wenn es aber
in dem Augenblick, wo es dieſe Temperatur beinahe er=
reicht hat, aufhört, einem ſolchem Druck unterworfen zu ſein.
wenn man alſo zum Beiſpiel die Säule von 140 Centi=
meter aufhebt, ſo muß es ſich ſofort in Dampf verwandeln,
indem es zu 100 Grad herunterſteigt, denn man weiß,
daß dieſes die Siedetemperatur des Waſſers unter dem
gewöhnlichen Druck einer Atmoſphäre iſt. Denken wir uns
alſo das Waſſer in der Höhe des Gitters beinahe auf
103 Grad erhitzt, und das auf dem Grunde bei 105
Grad zum Sieden gebracht: der dadurch gebildete Dampf
wird die Waſſerſäule in der ganzen Röhre erheben, das
Becken mit Waſſer füllen und die bis 103 Grad erwärmte
Waſſerſchicht nach oben drängen; dieſelbe trägt jetzt weniger
als 140 Centimeter Waſſer, und verwandelt ſich in Dampf,
welcher das übrige Waſſer in einem kräftigen Strahl
emportreibt. Dieſer Strahl kühlt ſich in der Luft ab und
fällt in flüſſigen Tropfen in das Becken zurück, welche den
in der Röhre gebliebenen Dampf ebenfalls abkühlen: alles
Waſſer aus dem Becken ſtürzt ſich in den Apparat, wie
in einen luftleeren Raum, und es giebt einen heftigen
Zuſammenſtoß; einige Dampfblaſen können ſich an den
heißen Wänden ſbilden, werden aber ſofort wieder durch
die Berührung der kalten Waſſerſchichten verdichtet. Dies
iſt die Urſache der kurzen Detonationen, die ſich hören
laſſen, ehe Alles in Ruhe kommt. Die Wärmequellen
ſetzen aber ihre Wirkung fort, und nach einiger Zeit findet
ein neuer Ausbruch ſtatt.

Dies giebt uns ein Bild vom Geiſer. Bunſen hat
die Temperaturen des Waſſers im Großen Geiſer in ver=

schiedenen Tiefen gemessen und gefunden, daß sie von unten
nach oben zu regelmäßig abnehmen. Die Wasserschicht,
welche 9 Meter über dem Grunde lag, hatte nur 2 Grad
weniger als die Siedetemperatur, welche dem auf ihr lastenden
Druck entsprach. Sie durfte nur um 2 Meter erhoben
werden, um in volles Sieden überzugehen und die ganze
über ihr befindliche Wassersäule herausschleudern zu
können. Diese Erhebung wird aber durch die Dämpfe bewirkt,
welche durch unterirdische Canäle aus den vulkanischen
Tiefen auf den Grund des Geiserbrunnens geleitet werden.

Diese sinnreiche Theorie erklärt alle Erscheinungen der
Geiser. Das Wasser, welches dieselben unterhält, ist mit
einer kieselartigen Substanz vermischt, die sich bei der Ver=
dampfung des Wassers an den Wänden des Beckens ab=
lagert. Das Becken wird so allmählich erhöht und mit
ihm auch die Oeffnung der Röhre und die Anhöhe, welche
sie umgiebt. Auf diese Weise wurde der Geiser langsam
durch eine kieselhaltige Quelle construirt, ehe die Ausbrüche
begannen. Ursprünglich existirte da nur eine einfache Oeff=
nung, aus der der Dampf aufstieg; nach und nach erhob
sich darüber die krystallinische Röhre. Die Ausbrüche
fingen an, sobald die Röhre eine genügende Quantität
Wasser enthalten konnte, um dem Ausströmen des Dampfes
einen Widerstand entgegen zu setzen, ohne jedoch das Sieden
auf dem Grunde zu verhindern. Später kommt eine Zeit,
wo durch fortwährende Zunahme der Röhrenlänge die
Wassersäule so hoch wird, daß das Wasser nicht mehr
kochen kann; der unterirdische Dampf sucht sich einen andern
Ausweg und der Geiser erlischt.

9. Die Flüſſigkeiten im Sphäroidalzuſtande. — Wie der menſchliche Körper unverbrennbar ſein kann.

Die Erſcheinungen, die ſich zeigen, wenn Flüſſigkeiten mit ſtark erhitzten Körpern in Berührung gebracht werden, ſind noch viel merkwürdiger, und erſt vor Kurzem iſt es gelungen, ſie vollſtändig zu erklären. Man weiß, daß man die Hand in geſchmolzenes Blei tauchen, ſchmelzende Metalle berühren, die Zunge an ein glühendes Eiſenſtück halten kann, ohne ſich zu verbrennen. Die Arbeiter in den Gießereien kennen dieſe Thatſachen, und neuerdings hat Boutigny ein gründliches Studium daraus gemacht, indem er die Experimente alle ſelbſt wiederholte. Will man dieſe höchſt ſonderbaren Effecte ſelbſt conſtatiren, ſo muß man ſich die Hände zuvor mit einer ſehr flüchtigen Subſtanz, wie Alkohol oder Aether, benetzen. Unter Umſtänden kann auch die eigene Feuchtigkeit der Haut genügen, beſonders unter dem Einfluß einer gewiſſen Aengſtlichkeit. Natürlich muß der Verſuch ſehr ſchnell und gewandt ausgeführt werden, die bloße Wärmeſtrahlung kann ſonſt die be= nachbarten Theile der Hand, welche das geſchmolzene Blei berührt, verbrennen. Die momentane Unverbrennbarkeit der Haut hat ihren Grund in der dünnen Schicht, welche dieſelbe benetzt und die Wärme aufhält. Die Erklärung dieſer Thatſache finden wir in einer Reihe von Experimenten, die weniger gefährlich ſind.

Erhitzen wir eine gut polirte Eiſenſchale über Kohlen= feuer bis zum Rothglühen und ſpritzen dann einige Tropfen kalten Waſſers hinein; ſie werden zuſammenfließend eine durchſichtige Kugel mit wellenförmig abgerundeten Rändern bilden, die ſich unaufhörlich um ſich ſelbſt dreht (Fig. 77); kein Sieden iſt zu ſehen, kein Dampf zeigt ſich, und dennoch

nimmt das Kügelchen nach und nach an Volumen ab. Es
findet also eine langsame Verbunstung an der ganzen Ober=
fläche statt; aber sie kann so außerordentlich langsam sein,

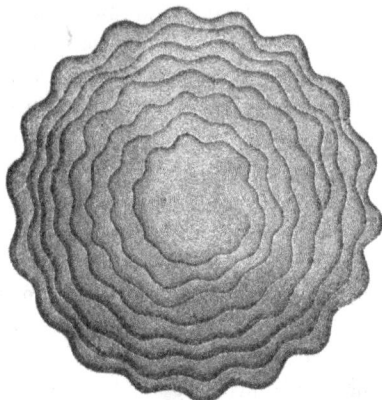

Fig. 77. Der sphäroidale Zustand der Flüssigkeiten.

daß es Pouillet zum Beispiel gelang, einen großen roth=
glühenden Platinatiegel mehrere Stunden mit Wasser gefüllt
zu erhalten. Der Dampf, welcher das Kügelchen einhüllt,
verhindert die unmittelbare Berührung desselben mit dem
heißen Metall. Indem er nach allen Seiten entweicht, furcht
er den Rand der Kugel, zackt ihn aus, und erhält den flüssi=
gen Ball in fortwährender zitternder Bewegung. Derselbe
ruht auf dem Dampf, wie auf einem federnden Kissen,
welches ihn fortwährend emporschnellt, und es sieht so aus,
als wollte er vor dem Feuer fliehen, würde aber durch
eine unsichtbare Gewalt beständig zurückgezogen.

Um die Existenz dieses Dampfkissens nachzuweisen,
erhitzt man eine gut polirte horizontale Metallplatte (Fig. 78),
und läßt auf dieselbe einen Tropfen kaltes Wasser fallen,

der sich sofort in ein Kügelchen zusammenzieht. Schwärzt man dieses Kügelchen mit etwas Dinte und versucht unter demselben hindurch nach einer Lichtflamme zu sehen, so wird man

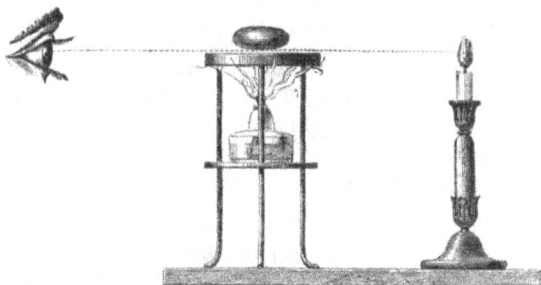

Fig. 78. Die Lichtflamme, zwischen dem Kügelchen und der Platte gesehen.

diese zwischen dem Kügelchen und der heißen Platte ganz deutlich erblicken; man schließt daraus, daß ein feiner Dampf=strich dieselben trennt. Dieses Experiment wird sehr schön durch Projection. Läßt man auf das Kügelchen ein Licht=strahlenbündel in horizontaler Richtung fallen und stellt auf die andere Seite eine Glaslinse, so bildet sich auf einem weißen Schirm ein umgekehrtes Bild, in welchem man das Kügelchen, die Metallplatte, das Spiegelbild des Kügelchens in der Platte und die dünne transparente Dampfschicht, die Beide trennt, deutlich unterscheidet.

Welche Temperatur hat das Wasser, wenn es sich in diesem Zustande befindet, den man den sphäroidalen Zustand nennt? Man kann die Wasserkugel groß genug machen, um ein Thermometer hineinzusenken, und es zeigt sich dann, daß die Temperatur immer niedriger ist als 100 Grad (nach Berger 96 bis 98 Grad am Boden, und etwa 90 Grad an dem oberen Rande der Kugel).

Die Thatsache gilt für alle Flüssigkeiten: träufelt man Aether in die glühende Schale, so wird die Temperatur nicht 36 Grad erreichen, der Aether also weder kochen, noch sich entzünden können. Thut man flüssige schweflige Säure hinein, die bei 10 Grad unter Null kocht, so wird das Kügelchen noch einige Grade kälter sein. Fügt man diesem Kügelchen noch einige Tropfen Wasser bei, so gefriert letzteres augenblicklich, man hat also in einer rothglühenden Metallschale Eis erzeugt. Dieses Experiment kann man auch in größerem Maßstabe ausführen, z. B. in einen stark erhitzten Platinatiegel eine große Quantität flüssige schweflige Säure gießen und Wasser darauf gießen; so erhält man eine beträchtliche Eismasse. Faraday hat sogar flüssige Kohlensäure, die noch flüchtiger als schweflige Säure ist, bei 100 Grad unter Null diesen sphäroidalen Zustand an= nehmen und 30 Gramm Quecksilber in 2 bis 3 Secunden gefrieren sehen.

Alles dieses beweist einfach, daß flüchtige Flüssigkeiten in stark erhitzte Gefäße gebracht, die Siedetemperatur nicht erreichen und blos an ihrer Oberfläche verdunsten können.

Damit dieser sphäroidale Zustand sich einstellt, muß die metallische Unterlage über eine gewisse Temperatur= grenze hinaus erhitzt werden, welche für jede Flüssigkeit eine andere, und zwar desto niedriger ist, je flüchtiger die Flüssigkeit ist; nach Boutigny beträgt sie 142 Grad für Wasser, 61 Grad für den Aether. Wenn die Flüssigkeit den sphäroidalen Zustand angenommen hat und man das Gefäß abkühlen läßt, bis seine Temperatur diese Grenze erreicht hat, so berührt die Flüssigkeit es unmittelbar und fängt mit großer Heftigkeit zu kochen an. Folgendes Ex= periment beweist dies auf schlagende Weise und bietet noch

ein ganz besonderes Interesse, weil es eine der Ursachen
der Explosionen von Dampfkesseln kennen lehrt.

Eine kupferne Flasche (Fig. 79) wird stark erhitzt und
Wasser hineingegossen, welches den sphäroidalen Zustand
annimmt; darauf pfropft man die Flasche fest zu und läßt
sie abkühlen. Wenn die Temperatur auf 142 Grad gefallen
ist, so tritt das Sieden ein, es entwickelt sich plötzlich eine
bedeutende Quantität Dampf und treibt den Pfropfen hinaus.

Fig. 79. Explosion durch Abkühlung des Wassers im sphäroidalen Zustande bewirkt.

Wenden wir dies auf den Kessel einer Dampfmaschine
an. Wenn er sich in normalen Verhältnissen befindet, so
wirkt die Flamme der Feuerung nur auf Wände, welche
mit dem Wasser in Berührung stehen; dieses erreicht seine
constante Siedetemperatur und verhindert auch die Metall-
wände, eine höhere Temperatur anzunehmen. Tritt aber
irgend eine Ursache störend dazwischen, z. B. eine Ablagerung
von Kesselstein an den Wänden, so erhitzen sich diese bis zum
Rothglühen. Bekommt nun diese Kruste zufällige Sprünge,
so berührt das Wasser die glühenden Wände und nimmt den

ſphäroidalen Zuſtand an; wenn man dann aufhört zu heizen
und das Metall ſich abkühlt, ſſo fällt die Temperatur des-
ſelben in einem gewiſſen Augenblick auf 142 Grad, es entwickelt ſich plötzlich eine große Menge Dampf, und der
Keſſel ſpringt, wenn er nicht ſehr ſtarke Wände hat.

Dieſelbe Erſcheinung zeigt ſich in anderer Form beim
Eintauchen eines rothglühenden Körpers in eine kalte
Flüſſigkeit. Erhitzen wir eine Metallkugel an einem Eiſen-
draht bis zum Rothwerden und tauchen ſie dann ſchnell in
kaltes Waſſer, ſo hören wir ein Gepraſſel und die Kugel
bleibt eine Weile roth, ohne daß das umgebende Waſſer
ſich zu erwärmen ſcheint; es bildet ſich nämlich rings um
die Kugel eine Dampfſchicht, welche die Berührung mit dem
Waſſer verhindert. Aber die Abkühlung bringt die Kugel
ſpäter auf 142 Grad, und der Contact ſtellt ſich wieder
her; in demſelben Augenblick beginnen die nächſten Waſſerſchichten heftig zu kochen und es findet eine kleine Exploſion
ſtatt. Die Glasbläſer benutzen dieſe Thatſache folgendermaßen. Sie ſenken die glühendheiße Glasmaſſe, die ſich
am unteren Ende des Blaſerohrs befindet, in kaltes Waſſer,
bringen ſie in eine ſchnelle drehende Bewegung und formen
ſie ſo. Darauf blaſen ſie in das Rohr; in der weichen
Glaskugel entſteht eine Höhlung, in welche ſie etwas Waſſer
einführen, worauf ſie die Oeffnung des Rohrs mit dem
Finger verſchließen. Der Dampf dieſes Waſſers drückt gegen
die Wände der Kugel, dehnt ſich aus und vergrößert allmählich ihren Umfang. Alles das geſchieht ohne Exploſion,
weil das Glas ſehr heiß iſt und das Waſſer, welches es
zu berühren ſcheint, in ſphäroidalem Zuſtande iſt und nur
langſam verdunſtet.

Es handelt ſich nun darum, die eben conſtatirten

Thatsachen auch zu erklären. Die Beobachtung hat uns gelehrt, daß kein Contact zwischen der Flüssigkeit und dem erhitzten Körper stattfindet, und daß die Temperatur der Flüssigkeit stets unter ihrem Siedepunkt bleibt. Man begreift leicht, daß der an der Oberfläche der Flüssigkeit erzeugte Dampf den leeren Raum einnimmt, der diese von der Unterlage trennt; aber genügt die Spannkraft dieses Dampfes, um die Trennung zu erhalten, und ist die Verdunstung des Tropfens die Ursache seiner Kugelgestalt? Es scheint natürlicher, die Ursache dieser Erscheinungen in einer Wechselwirkung zwischen der Flüssigkeit und dem Metall zu suchen. Ein Wassertropfen, der auf eine berußte Fläche fällt, kugelt darüber hin, ohne die Fläche zu benetzen, gerade als ob man ihn in ein glühendes Gefäß würfe. Scheint es nicht, daß diese beiden Wirkungen derselben Ursache entspringen? Jede Flüssigkeit, deren Moleküle keiner andern Wirkung als ihrer gegenseitigen Anziehung unterworfen sind, nimmt die Kugelform an. Sieht man sie eine andere Form annehmen, so kann man voraussetzen, daß die Moleküle von irgend einer anderen äußeren Kraft angetrieben werden. Verbreitet sich eine Flüssigkeit, z. B. über eine Oberfläche, indem sie dieselbe benetzt, so schließt man daraus, daß eine Anziehungskraft zwischen den Theilchen der Flüssigkeit und denen der Oberfläche vorhanden ist, eine Kraft, welche der Cohäsion entgegenwirkt. Wenn die innere Cohäsion der Flüssigkeit mehr als das Doppelte ihrer Anziehung zu dem festen Körper beträgt, so netzt sie denselben nicht mehr. Es läßt sich nun denken, daß man durch Erhitzung des festen Körpers die Anziehung zwischen diesem und der Flüssigkeit vermindert, so daß die Cohäsion der letzteren die Oberhand gewinnt, und die Flüssigkeit sich zusammenballt, indem sie ihre Unterlage nicht

mehr netzt. Gewisse Thatsachen führen sogar zu dem Schluß
daß die Anziehung der Flüssigkeit für den festen Körper
bei einer sehr hohen Temperatur in Abstoßung verwandelt
werden kann, und daß der Dampf selbst von der heißen Oberfläche zurückgestoßen wird: so greift z. B. die Salpetersäure
in sphäroidalem Zustande eine heiße Kupferplatte nicht an,
was jedenfalls geschehen müßte, wenn eine Berührung statt-
fände. Wie dem auch sei, jedenfalls müssen wir die Ursache
des Nichtvorhandenseins einer Berührung in den Molekularkräften suchen.

Es bleibt nun aber noch zu erklären, weßhalb die
Flüssigkeit die Siedetemperatur nicht erreichen kann, und
wir werden hier Gelegenheit finden, die Wärmegesetze, welche
wir bereits kennen, zur Anwendung zu bringen.

Die Wärme kann nicht leicht durch Leitbarkeit aus dem
festen Körper in die Flüssigkeit übergehen, weil die kleine
Dampfschicht ein schlechter Wärmeleiter ist. Offenbar erwärmt die Flüssigkeit sich durch Strahlung; ein Theil der
Strahlen wird aber von der Oberfläche der Flüssigkeit
zurückgeworfen, und nur der Rest wird absorbirt. Die
absorbirte Wärme dient zur Temperaturerhöhung der
Flüssigkeit und zu ihrer Verdampfung. Es wird nur eine
sehr geringe Wärmequantität zur Temperaturerhöhung
angewandt; die Verdampfung verbraucht fast alle absorbirte
Wärme, die selbst nur ein Bruchtheil der sämmtlichen vom
glühenden Körper gegen die Flüssigkeit gestrahlten Wärme
ist. Je stärker er glüht, desto kleiner ist dieser Bruchtheil,
denn die leuchtenden Strahlen haben nur wenig erwärmende
Wirkung. So erklärt sich hier Alles ganz einfach, ohne daß
man nöthig hätte, die Existenz einer neuen Kraft zu vermuthen, wie es mehrere Autoren gethan haben.

Zum Schluß noch ein Beispiel, welches sich den obigen anreiht.

Man erzählt, daß zwei englische Bildhauer, Blagden und Chantrey, den gefährlichen Versuch machten, sich in einen Ofen, dessen Temperatur mehr als 100 Grad betrug, zu begeben, und daß sie nach einiger Zeit unverletzt daraus hervorgingen. Es liegt nichts Wunderbares darin, wenn man bedenkt, daß der menschliche Körper ein wasserhaltiges Gewebe ist, und daß dieses Wasser durch Transpiration an die Oberfläche der Haut gelangen und hier verdunsten kann. Befindet der Körper sich in einem Raum von hoher Temperatur, so wird die Wärme innerlich zum Hervorrufen der Transpiration verbraucht; sie kann also die Temperatur nur langsam erheben. Auf der Oberfläche schützt reichlicher Schweiß die Haut vor dem Verbrennen; er besteht aus dem Wasser des Körpers, welches an der Oberfläche zu schnell verdampft, als daß die Temperatur merklich steigen könnte. Man kann sagen, daß fast alle von dem Ofen gegen die Körper der beiden Männer gestrahlte Wärme durch die Transpiration zerstört wurde.

Herumziehende Gaukler zeigen oft ein Kunststück, welches darin besteht, daß sie glühendes Eisen anfassen oder mit der Ferse berühren, auf die Zunge legen, u. dgl. In diesen Fällen ist wohl anzunehmen, daß die Haut vorher durch eine Einreibung präparirt wurde; harte Seife scheint z. B. die Empfindlichkeit für Wärme zu vermindern. Im Anfang dieses Jahrhunderts erregte der Spanier Roger viel Aufsehen durch Leistungen dieser Art.

Neuntes Kapitel.

Veränderung des Aggregatzustandes.

1. Uebergang der Gase in flüssigen Zustand und der Flüssigkeiten in festen Zustand.

Im vorigen Kapitel haben wir gesehen, wie durch Wärme die festen Körper flüssig, die Flüssigkeiten gasförmig werden, und wie durch die Kälte die entgegengesetzten Veränderungen zu Stande kommen. Dieselbe Substanz kann je nach den Umständen fest, flüssig, oder gasförmig sein, jeder dieser Zustände entspricht einer besonderen Anordnung der Atome, welche durch ihre Einwirkung auf einander und durch die Quantität fühlbarer Wärme, die sie besitzen, bestimmt wird, so daß man der Theorie nach jede Substanz in jedem dieser drei Zustände muß herstellen können. Wenn dies Resultat noch nicht mit allen Substanzen erreicht worden ist, so liegt das an der Unzulänglichkeit der dabei angewandten Mittel. Sauerstoff und Stickstoff zum Beispiel, aus denen die Luft besteht, kennt man bis jetzt erst im gasförmigen Zustande, ihre Analogie mit anderen Stoffen berechtigt uns aber zu der Annahme, daß auch sie in flüssigem oder festem Zustande vorkommen können, unter Umständen freilich, die vorläufig noch nicht hervorzurufen möglich war.

Man weiß, daß Wasserdampf beim Erkalten in den flüssigen Zustand übergeht. Die Abkühlung eines Gases ist also ein Mittel, dasselbe flüssig zu machen; ein Beispiel davon haben wir an dem schwefelsauren Gase. Füllt man mit demselben eine große Blase oder einen Kautschucksack, und befestigt an der Oeffnung eine Glasröhre, die man mit einer Mischung von Salz und Eis umgiebt (Fig. 80), so

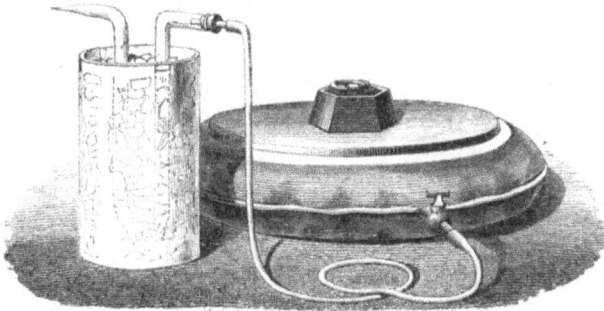

Fig. 80. Schweflige Säure durch Abkühlung flüssig gemacht.

kann man durch diese Mischung die Temperatur der Röhre auf beinahe 20° unter Null bringen. Durch leichten Druck auf die Blase läßt man das Gas langsam in die kalte Röhre treten und erhält in derselben eine klare, sehr flüchtige Flüssigkeit mit dem scharfen Geruch des Gases. Diese Flüssigkeit siedet unter dem gewöhnlichen Druck bei 10° unter Null.

Noch eine andere Methode giebt es, die Gase in flüssigen Zustand zu versetzen: nämlich die Compression. Im vorigen Kapitel haben wir gesehen, daß die Spann=kraft des Dampfes bei einer gegebenen Temperatur einen

gewissen Werth nicht übersteigen kann. So kann Wasser=
dampf bei 100⁰ keine höhere Spannkraft haben, als die
Atmosphäre, bei 120⁰ ist die Grenze 2 Atmosphären, u. f. f.
Für schweflige Säure ist bei 10⁰ unter Null das Maximum
der Spannkraft ihres Dampfes gleich einer Atmosphäre,
bei gewöhnlicher Temperatur gleich 3 Atmosphären. Wenn
wir also schwefligsaures
Gas bei der gewöhnlichen
Temperatur in den kurzen
Schenkel einer Glasröhre
verschließen, wie Figur 81
zeigt, und dann in den
längeren Schenkel Queck=
silber einführen, so übt die
Quecksilbersäule, wenn sie
die Höhe von 152 Centi=
meter erreicht hat, auf das
Gas den höchsten Druck
aus, den dieses ertragen
kann. Fügen wir dann
noch mehr Quecksilber hin=
zu, so bleibt die Niveau=
differenz in den beiden
Schenkeln der Röhre un=
verändert gleich 152 Centi=
meter, ein Beweis, daß
das Maximum der Spann=
kraft erreicht ist. Aber
während das Volumen des
Gases abnimmt, erscheint
an der Oberfläche des

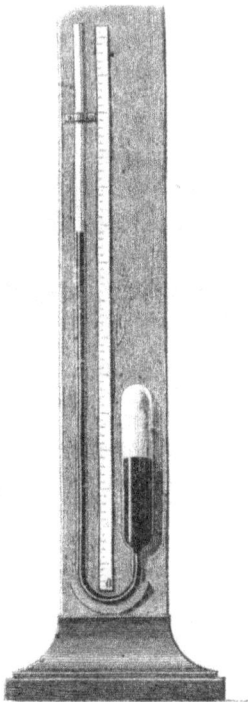

Fig. 81. Schweflige Säure durch Druck
flüssig gemacht.

Quecksilbers eine flüssige Schicht, und indem man fortfährt, durch die längere Röhre Quecksilber einzuführen, kann man das Gas vollständig verschwinden machen, so daß nur Flüssigkeit in dem kürzern Schenkel bleibt. Wenn derselbe beim Beginn des Experiments etwa ein halbes Liter Gas enthielt, so wird die Flüssigkeit jetzt, nach vollständiger Verdichtung, ohngefähr 1 Cubikcentimeter einnehmen.

Wenn man nach dieser Methode eine große Quantität Gas verdichten will, so wendet man dazu eine Gaspumpe an, die das Gas, welches auf chemischem Wege entwickelt worden ist, aufsaugt und in einen Recipienten, in dem es aufbewahrt werden soll, hineindrängt.

Davy und Faraday haben eine große Anzahl von Gasen nach folgendem Verfahren in flüssigen Zustand übergeführt.

In eine dickwandige, gebogene Glasröhre (Fig. 82), deren eines Ende geschlossen ist, führt man Substanzen ein, welche durch Erwärmung die Gase entwickeln könten, die man zu verdichten beabsichtigt; hierauf wird das offene Ende am Löthrohr erweicht und hermetisch verschlossen. Dieses Ende senkt man in eine aus Salz und Eis bestehende Mischung und erwärmt die Röhre am anderen. Das Gas wird durch die Wärme entwickelt, und da es in der Röhre eingeschlossen bleibt, nimmt seine Spannkraft stufenweise zu, bis sie ihr Maximum erreicht hat. Von diesem Augenblick an erscheint die Flüssigkeit in dem kalten Schenkel der Röhre, und so lange Gas befreit wird, nimmt sie an Volumen zu.

Dieses Verfahren wurde 1834 von Thilorier im Großen angewandt zur Flüssigmachung des kohlensauren Gases. Er ließ einen Apparat anfertigen (Fig. 83), der hauptsächlich aus zwei sehr starken Metallbehältern besteht und

mit Hähnen von einer besonderen Form versehen ist. In
den einen dieser Behälter, den Generator, bringt man
doppeltkohlensaures Natron und eine am oberen Ende
offene Kupferröhre mit Schwefelsäure gefüllt. Darauf verschließt man den Behälter und stülpt ihn um, indem man
ihn um eine horizontale Achse dreht. Die Säure mischt
sich mit dem Salze und befreit kohlensaures Gas, welches
bald das Maximum seiner Spannkraft erreicht — ohngefähr
50 Atmosphären bei der gewöhnlichen Temperatur. Nun
bringt man eine Verbindungsröhre zwischen dem Generator
und dem Recipienten an und öffnet die Hähne. Das

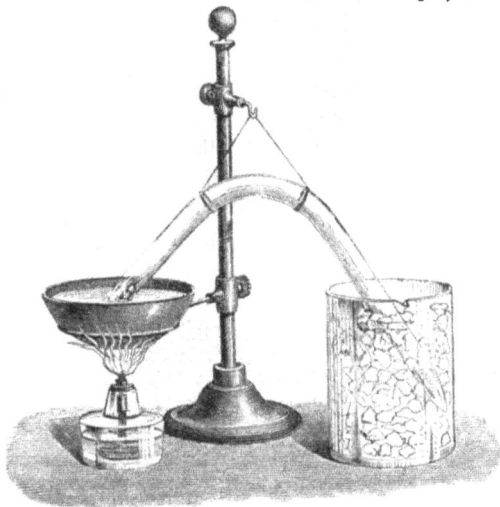

Fig. 82. Verwandlung der Gase in Flüssigkeiten nach Faraday's und Davy's
Verfahren.

kohlensaure Gas begiebt sich in den Recipienten, verdichtet
sich hier, weil die Temperatur des Generators immer höher

ist, als die des Recipienten, infolge der chemischen Wirkung, die darin vorgeht. Es findet nun eine wirkliche Destillation aus dem warmen Behälter nach dem kalten statt, so daß die durch Verdichtung des Gases gewonnene Flüssigkeit sehr rein ist. Zuletzt schließt man den Recipienten, entfernt die Verbindungsröhre, und der Prozeß ist beendet. Wir werden gleich sehen, welchen Gebrauch man von der flüssigen Kohlensäure macht.

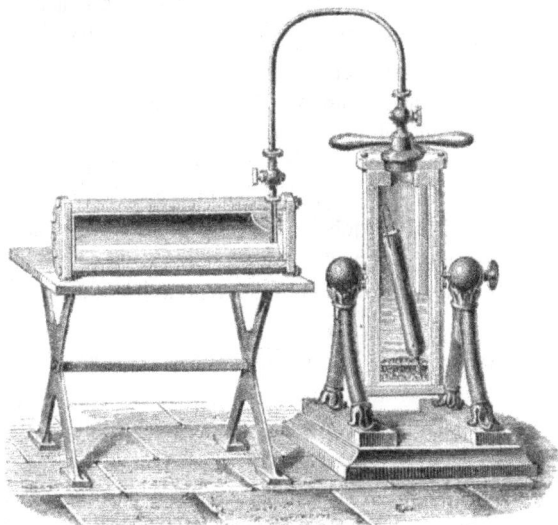

Fig. 83. Thiloriers Apparat zur Flüssigmachung der Kohlensäure.

Die Gewinnung dieses Präparates ist mit großer Gefahr verknüpft, weil der Druck in den Behältern ein ganz enormer ist; er kann 15 Mal stärker, als der des Dampfes in unsern Locomotiven werden, und nur ganz

Cazin, die Wärme.   17

außerordentlich feste Wände schützen vor einer Explosion.
Solch ein trauriger Zufall verursachte schon den Tod eines
Gehülfen Thiloriers: zur Zeit aber, nach vielen gründlichen
Studien und Versuchen, ist die Construction des Apparates
eine so vortreffliche geworden, daß man sich seiner ohne
Furcht bedienen kann.   Jeder Behälter wird von drei
übereinander liegenden Metallwänden gebildet: die innere
besteht aus Blei, die mittlere aus Kupfer und die äußere
aus lauter Reifen von geschmiedetem Eisen.   So hält der
Apparat einen Druck von 1000 Atmosphären aus.

Das Erstarren der Flüssigkeiten wird immer durch
Abkühlung erhalten.   Nach der Theorie könnten die Flüssigkeiten, welche sich bei dem Uebergang in den festen Zustand
zusammenziehen,   auch   durch   Compression   fest   gemacht
werden; man hätte dazu aber eines so bedeutenden Druckes
nöthig, daß dieses Verfahren unpraktisch ist.   Die künstliche
Kälteerzeugung ist im Gegentheil sehr leicht, und wir
wollen die dazu gebräuchlichen Methoden jetzt angeben.

2. Kältemischungen. — Eisfabrikation. — Feste Kohlen-säure.

Eine erste Methode besteht in der Benutzung der
nächtlichen Ausstrahlung, deren Wirkungen im vierten Kapitel
erklärt worden sind.   Wir haben gesehen, wie nach dieser
Methode in Bengalen Eis gewonnen wird; aber mit ihr
erreicht man noch keine sehr intensive Kälte, und wir
erinnern nur an sie, weil sie ihrer großen Einfachheit
wegen eine gewisse industrielle Bedeutung hat.

Eine zweite Methode fußt auf den Beziehungen
welche wir zwischen Wärme und mechanischer Arbeit erkannt

haben. Allemal, wenn eine mechanische Arbeit geleistet
worden ist, ohne daß eine entsprechende Arbeit, aus der
Wirkung einer bewegenden Kraft herrührend, verbraucht
wurde, zeigt sich in dem Körper, in welchem diese Arbeit
geleistet wurde, ein Deficit fühlbarer Wärme: diese Wärme
verschwindet, ohne daß man sie in den benachbarten Körpern
wiederfinden könnte. Es ist also natürlich, anzunehmen,
daß sie in mechanische Arbeit verwandelt wurde.

Es sei z. B. ein Metallbehälter (Fig. 84) mit compri-
mirter Luft angefüllt und
durch einen Hahn ver-
verschlossen. Hält man
nun ein Thermometer vor
die Ausflußröhre und öffnet
den Hahn, so zischt ein
Luftstrom heraus, trifft
das Thermometer, und
dieses zeigt ein Sinken der
Temperatur an. Wenn
das Reservoir in Wasser
stände, so könnte man sogar
eine Abkühlung dieses
Wassers constatiren, was

Fig. 84. Kälte durch einen Luftstrom erzeugt

beweist, daß während des
Ausflusses ein Theil der fühlbaren Wärme der comprimirten
Luft verschwunden ist. Dieser Verlust wurde theilweise
durch die Wärme ersetzt, welche die benachbarten Körper
der erkälteten Luft abgegeben haben; aber schließlich fehlt
doch diesen Körpern und der Luft eine gewisse Quantität
Wärme, ohne daß man sie irgendwo wiederfinden könnte.

Analysiren wir diese Erscheinung. In dem Augenblick,

17 *

wo der Hahn geöffnet wurde, hat die Spannkraft der com=
primirten Luft die vor der Mündung befindlichen Schichten
der Atmosphäre gewaltsam zurückgedrängt, und das Resultat
ist mechanisch dasselbe, als befände sich über dem Hahn ein
langes Rohr, in welchem ein belasteter Kolben aufwärts
getrieben würde.   Denken wir uns, dieser Kolben habe
einen Querschnitt von 1 Quadratdecimeter, und sei mit
103 Kilogrammen belastet, welches dem Druck der Atmo=
sphäre entspricht. Nehmen wir ferner an, die comprimirte
Luft hebt diesen Kolben um 4 Meter, bis das Gleichgewicht
hergestellt ist; die damit ausgeführte Arbeit betrüge 412
Kilogrammeter, und eine Wärmeeinheit wäre verschwunden;
das Volumen des Gases hätte dabei um 40 Liter zuge=
nommen. Jedesmal, wenn ein Gas sich in der Atmosphäre
ausbreitet, nachdem es in einem Reservoir comprimirt
war, entsprechen der Volumenzunahme von 40 Liter eine
ausgeführte Arbeit und eine Quantität verschwundener
Wärme, deren Werth die vorhergenannten Zahlen angeben.
      Die Kälte, welche durch die Ausdehnung der Gase er=
zeugt wird, hat man zur Eisbereitung benutzt.   Denken
wir uns eine Maschine, in welcher ein Stempel Luft in
einen Cylinder saugt und dieselbe dann langsam in einem
Reservoir comprimirt. Eine gewisse Quantität mechanischer
Arbeit wird bei dieser Operation verbraucht, und die
Temperatur des comprimirten Gases wird sich nicht merklich
erheben, wenn diese Operation langsam genug vor sich geht,
daß die durch die Compression erzeugte Wärme in die
benachbarten Körper übergehen kann. Die comprimirte Luft
läßt man darauf schnell in einen von Wasser umgebenen
Cylinder strömen, und ihre Temperatur sinkt dadurch von
selbst bis unter Null; sie entzieht dem Wasser eine Quantität

Wärme, dieses kühlt sich ab, erreicht endlich eine Temperatur unter Null und gefriert. Diese Vorgänge erfolgen in continuirlicher Weise und lassen sich, wie folgt, zusammenfassen:

Erste Periode. — Die gewöhnliche Luft wird langsam comprimirt, ohne ihre Temperatur zu ändern, was einen Verbrauch von Arbeit mit sich führt.

Zweite Periode. — Die comprimirte Luft breitet sich plötzlich aus, und ihre Temperatur sinkt unter Null.

Dritte Periode. — Die ausgedehnte kalte Luft erreicht wieder die Temperatur von 0° und den gewöhnlichen Druck, indem sie dem Wasser Wärme entzieht und dasselbe in Eis verwandelt.

Auf dieses Princip hat man neuerdings in England ein Verfahren zur Fabrikation des Eises im Großen gegründet. Eine Dampfmaschine setzt die Luftpumpe in Bewegung, und nach der Aussage des Erfinders Kirk kann man eine Quantität Eis damit gewinnen, die fast ebenso groß als die der verbrauchten Kohlen ist.

Die Expansion der feuchten Luft bringt Kälte hervor, welche die Verdichtung des in ihr enthaltenen Wasserdampfes und selbst sein Gefrieren bewirkt.

Durch folgenden Versuch kann man leicht veranschaulichen, wie die Expansion der feuchten Luft das Entstehen eines Nebels verursacht. Man setzt zwei Glasbehälter in Verbindung, deren einer mit Wasserdampf gesättigte Luft enthält, während der andere luftleer ist. (Fig. 85.) Wenn man die Hähne öffnet, so sieht man ein leichtes Gewölk in dem ersten Behälter erscheinen, während man das Zischen der Luft hört, die in den leeren Behälter strömt. Der Nebel wird sehr deutlich, wenn man durch ihn hindurch nach einer Lichtflamme sieht; sie erscheint getrübt und oft von einem regenbogenfarbigen Kreis umgeben.

Veranlassen lokale Ursachen in einem Punkt der Atmo=sphäre eine Verminderung des Druckes, so strömen die umgebenden Luftschichten in den verdünnten Raum, und ihre Volumenzunahme ist eine wirkliche Expansion. Dieses giebt eine neue Ursache zu Nebel, Regen und selbst Schnee ab, welche wir den schon früher erkannten hinzufügen müssen. Es steht fest, daß die Bewegungen der Atmosphäre, welche dieser Ursache entspringen, Lokalwinde bewirken und überhaupt in den meteoro=logischen Erscheinungen eine große Rolle spielen.

In der Verdunstung der Flüssigkeiten haben wir ein drittes Mittel der Kälteerzeugung, und zwar ist dasselbe viel leichter anzuwenden, als die vorher=gehenden. Deshalb benutzen es auch Physiker und Chemiker zum Flüssigmachen einer großen Anzahl von Gasen und zum Gefrieren

Fig. 85. Verdichtung des Wasser-dampfes durch Expansion.

ihrer Flüssigkeiten.

Die sogenannten Alkarazas sind Gefäße aus porösem Thon, in welchen das Wasser sich lange kühl erhält (Fig. 86).

Seit geraumer Zeit schon in Asien gebräuchlich, wurden sie von den Arabern nach Spanien importirt, von wo aus sie auch nach Frankreich gekommen sind. Das in ihnen enthaltene Wasser sickert durch die porösen Wände, verdunstet an der äußeren Oberfläche und entzieht die dazu nöthige Wärme dem zurückgebliebenen Wasser. Dieses kann dadurch bis zu 10^0 abgekühlt werden,

Fig. 86. Alkaraza.

wenn die äußere Temperatur 30^0 beträgt. Man muß die Alkarazas in den Luftzug stellen, damit die vom Dampf gesättigten Luftschichten rund um das Gefäß unaufhörlich durch andere weniger feuchte ersetzt werden. In Bengalen hängt man nasses Laubwerk in die geöffneten Fenster; die äußere, sehr trockne und heiße Luft tritt durch diese nassen Zweige ins Zimmer, verdunstet das Wasser und kühlt sich dadurch bedeutend ab. Die erfrischende Kühle der Laubwälder während des Sommers verdankt man derselben Ursache.

Das Wasser kann während der Verdampfung die Nulltemperatur erreichen: von da ab muß es, wenn die Verdampfung fortdauert, gefrieren. Dann wird die Wärme, welche der festwerdende Theil erzeugt, von dem verdampfenden Theile verbraucht. Jedes Gramm Wasserdampf, welches sich bildet, vernichtet so viel Wärme, als 8 Gramm Wasser, die gefrieren, frei machen. Aber um Eis zu produciren muß man das Wasser zwingen, die nöthige Wärme allein herzugeben, indem man die benachbarten Körper verhindert, in merklicher Weise dazu beizusteuern. Dies hat Leslie in einem bekannten Experiment zu Stande gebracht.

Eine weite flache Schale aus dünnem Kupferblech, die etwas Wasser enthält, ruht mit drei Metallfüßen auf einer anderen, mit concentrirter Schwefelsäure gefüllten Schale. (Fig 86*.) Dieser Apparat wird unter die Glas-glocke einer Luftpumpe ge-stellt und die Luft aus-gepumpt. Die Oberfläche des Wassers beginnt augen-blicklich zu verdunsten; bliebe der entstandene Dampf aber unter der Glocke, so würde die Dampf-bildung aufhören; es muß also die Sättigung der Glocke verhindert werden, und dazu dient die Schwefel-säure. Sie absorbirt den Dampf in dem Maße, wie er sich bildet, und unter-

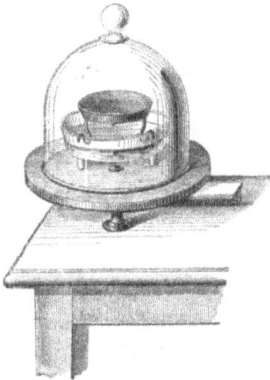

Fig. 86*. Gefrieren des Wassers durch Verdunstung.

hält auf diese Weise den luftleeren Raum; so wird die Verdunstung des Wassers sehr beschleunigt und den be-nachbarten Körpern keine Zeit gelassen, ihre Wärme ab-zugeben; es dauert auch gar nicht lange, so beginnt das in der Schale gebliebene Wasser zu gefrieren.

Auch diese Methode hat man in England zur Eis-fabrikation eingeführt. Anstatt aber mit einer Luftpumpe einen leeren Raum herzustellen, füllen die HH. Taylor und Martineau ein großes Reservoir mit warmem Dampf und kühlen die Wände desselben ab, wodurch die Verdichtung des Dampfes bewirkt und ein luftleerer Raum hergestellt wird. Das Reservoir steht mit dem Gefäß in Verbindung,

Fig. 87. Gefrieren des Wassers durch Verdampfung des Aethers.

in welchem das Wasser gefrieren soll, und der Dampf wird, wie im vorigen Experiment, durch Schwefelsäure absorbirt.

Die Verdampfung einer Flüssigkeit, die flüchtiger als Wasser ist, ruft eine weit intensivere Kälte hervor. So ist es z. B. ein Leichtes, Wasser durch Verdampfung des Aethers gefrieren zu machen. Man gießt dasselbe in eine Glasröhre stellt diese, nachdem man sie mit in Aether getränkter Baumwolle umgeben hat, in ein Gefäß, senkt in dasselbe die Röhre eines Blasebalges und setzt ihn in Bewegung. (Fig. 87.)

Der Aether verdampft so schnell, daß das Wasser in der Röhre zu Eis gefriert.

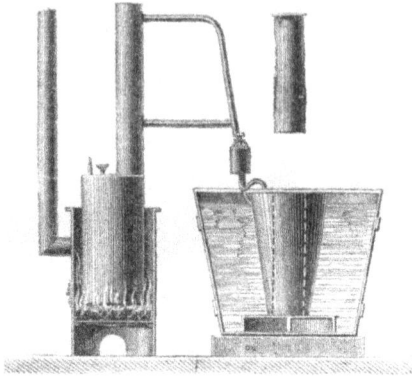

Fig. 88. Carré's Apparat zur Eisfabrikation.

Ersetzt man das Wasser durch Quecksilber, den Aether durch flüssige schweflige Säure, so kann man das Queck= silber zum Gefrieren bringen und folglich die Temperatur bis 40° unter Null erniedrigen. In dieser Form ist jedoch das Experiment unangenehm, weil die schweflige Säure einen ganz unerträglichen Geruch hat.

Eine wichtige Anwendung dieser Thatsachen ist von Hrn. Carré zur Eisfabrikation gemacht worden. Sein Verfahren, welches hier beschrieben werden soll, läßt sich aber auch auf andere Fälle anwenden; man benutzt dasselbe z. B. dazu, durch Abkühlung Salzlösungen zum Krystallisiren zu bringen, besonders Meerwasser, welches, nachdem es das Kochsalz durch Abdampfung abgegeben hat, noch andere Salze auf= gelöst enthält.

Der Carré'sche Apparat besteht im Wesentlichen aus zwei Metallbehältern, die durch eine Röhre verbunden einen vollständig geschlossenen Raum darstellen (Fig. 88). Der eine Behälter wird mit einer wässerigen Ammoniaklösung gefüllt und erwärmt, während der andere in einer Kühltonne steht. Das Ammoniakgas entwickelt sich aus der Lösung und verdichtet sich im kalten Behälter, gerade wie in dem vorher beschriebenen Experiment Faraday's. Wenn sämmtliches Gas dicht geworden ist, bleibt in dem erwärmten Behälter nur reines Wasser; man entfernt ihn vom Feuer und senkt ihn in kaltes Wasser, während der Behälter mit dem flüssigen Ammoniak der freien Luft ausgesetzt wird. Diesem Ammoniak entströmen nun Dämpfe, die sich in den Wasserbehälter begeben, wo sie sich auflösen. Die außerordentliche Lösbarkeit des Ammoniaks in kaltem Wasser verursacht einen beständig leeren Raum im Apparate und in Folge dessen eine sehr intensive Verdampfung des flüssigen Ammoniaks. Der Behälter, welcher denselben einschließt, wird also stark abgekühlt und das Wasser in einem in der Mitte dieses Behälters befindlichen Cylinder dadurch nach kurzer Zeit in Eis verwandelt. Fig. 88 zeigt diesen Cylinder apart.

Eine zweite Anwendung ist das Ueberführen flüssiger Kohlensäure in den festen Zustand durch ihre eigene Verdunstung. Wie man Kohlensäure flüssig macht in Thiloriers Apparat (Fig 83), haben wir bereits gesehen. Die Flüssigkeit wird in dem Recipienten bei gewöhnlicher Temperatur unter einem Druck von 50 Atmosphären aufbewahrt. Um etwas davon herauszuholen, dreht man den Recipienten so, daß die Flüssigkeit in den Hahn tritt, den man dann vorsichtig über einem Gefäß öffnet. Während

ein flüssiger Strahl mit großer Heftigkeit ausfährt, verdampft ein Theil davon an der Luft und erniedrigt die
Temperatur bis zu 70⁰ unter Null. Die im Gefäße auf-
gefangene Flüssigkeit behält diese Temperatur, indem sie
fortfährt zu verdampfen und ein Theil davon sogar in
festen Zustand übergeht.

Merkwürdiger noch wird diese Erscheinung, wenn man
den Strahl der Kohlensäure frei in die Luft strömen läßt.
Er kühlt sich dann so stark ab, daß ein Theil ganz fest
wird und in weißen Flöckchen wie Schnee niederfällt. Man
erhält so eine weiße Substanz, die wie Eisstaub aussieht.
Es ist derselbe Stoff, wie das Gas, welches sich durch Verbrennen der Kohle in freier Luft entwickelt, und steht zu
dem kohlensauren Gase in demselben Verhältnisse, wie das
Eis zu dem Wasserdampf. Wenn man diese Art von Schnee
in einem geschlossenen Gefäße erwärmte, so würde er schmelzen, die dadurch gewonnene Flüssigkeit käme ins Sieden
und würde sich wieder in Gas verwandeln.

Van Marum war der Erste, der ein Gas flüssig
machte; es war dies das Ammoniakgas. Seit 1823 hat
Faraday eine große Anzahl anderer Gase in flüssigen und
festen Zustand übergeführt; und je mehr die Methoden
sich vervollkommnen, desto kleiner wird die Zahl der Gase,
welche der Verwandlung widerstehen. Es giebt deren nur
noch fünf: Sauerstoff, Stickstoff, Wasserstoff, Kohlenoxyd,
Stickstoffoxyd. Man nennt sie permanente Gase. Die
beiden ersteren bilden durch ihre Mischung die atmosphärische Luft; folglich kennen wir diese auch noch in keinem
anderen als in gasartigem Zustande; aber alle Anzeichen
sprechen dafür, daß es einst mit Hilfe von enormen
Druckkräften und bis jetzt noch unbekannten Kältegraden

gelingen wird, sie ebenfalls in flüssigen Zustand zu ver=
setzen.

Eine vierte Methode der Kälteerzeugung ist auf das
Schmelzen der festen Körper gegründet. Wir wissen in der
That, daß jede feste Substanz, in flüssigen Zustand über=
gehend, Wärme verbraucht. In Folge dessen wird, sobald
diese Zustandsveränderung unter der Wirkung anderer
Kräfte, als der Wärme eines Feuers stattfindet, ein Theil
der fühlbaren Wärme der umgebenden Körper vernichtet
und ihre Temperatur erniedrigt. Die Schmelzung kann
durch die gegenseitige Wirkung zwischen dem schmelzbaren
Körper und gewissen Substanzen, mit denen man ihn mischt,
veranlaßt werden. So erhält man die Kältemischungen.

Die einfachste wird aus gestoßenem Eise und Kochsalz,
beides zu gleichen Theilen, hergestellt. Die Temperatur
sinkt damit um etwa 20⁰.

Welche Kraft nun bewirkt die Schmelzung des Eises?
Das Eis löst sich im Wasser auf: zwischen den Molekülen
dieser beiden Substanzen muß also eine anziehende Wir=
kung bestehen, welche die Lösung zu Stande bringt; unter
ihrem Einfluß trennen sich zuvörderst die Eismoleküle von
einander, und diese Trennung ist eine geleistete mechanische
Arbeit, welche die Vernichtung einer entsprechenden Quan=
tität fühlbarer Wärme mit sich bringt. Diese Wärme
wird zuerst der Mischung entzogen, dann dem Gefäße, der
Luft und den benachbarten Körpern: die Temperatur der=
selben sinkt daher. Man sieht zuweilen an der äußeren
Oberfläche des Gefäßes sich einen Ansatz von Eis bilden;
dieser rührt von dem Wasserdampf der umgebenden Luft=
schichten her, welcher sich in Folge der Abkühlung erst zu
flüssigen Tröpfchen verdichtet und dann gefriert. Oft er=

scheint die Mischung auch dampfend wie heißes Wasser: dies ist der Wasserdampf der Luft, der sich zu einem leichten Nebel verdichtet. Dieser Nebel hat aber nicht denselben Ursprung wie der, welcher vom warmen Wasser aufsteigt, denn letzterer rührt von dem Wasser selbst her.

Wir haben bis jetzt nur die Trennung der Eismoleküle betrachtet. Aber spielen die des Salzes nicht eine ähnliche Rolle? Ein Salzkörnchen in ein Glas Wasser geworfen, verschwindet vollständig, d. h. es löst sich auf und zerstreut seine Moleküle durch den ganzen Inhalt des Glases. Ist dieses nicht auch eine Art Schmelzung, welche Wärme verbraucht? Wenn das der Fall ist, so müssen wir auch durch einfache Auflösung des Salzes in Wasser Kälte erhalten. In der That, stellen wir ein empfindliches Thermometer in Wasser und lösen darin Salz auf, so sehen wir die Temperatur der Mischung sinken. Es giebt übrigens feste Körper, welche sich leichter lösen als Kochsalz, und diese erregen eine ganz beträchtliche Kälte. Salpetersaurer Ammoniak, eine weiße Substanz, aus langen, fasrigen Blättern bestehend, bewirkt durch seine Auflösung in Wasser eine Temperaturerniedrigung bis unter Null. Wenn wir also ein mit reinem Wasser gefülltes Gefäß in eine solche Mischung stellen, so kann dieses Wasser zum Gefrieren gebracht werden. Auf diesem

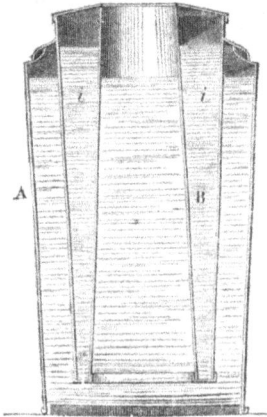

Fig. 89. Eismaschine für den Hausbedarf.

Princip beruht die in Fig. 89 dargeſtellte Eismaſchine für
den Hausbedarf. In einem Metalleimer, welcher die
Kältemiſchung aufnimmt, befinden ſich zwei koniſche Röhren,
in welche die Flüſſigkeit gegoſſen wird, welche gefrieren ſoll,
während die Kältemiſchung ſie von allen Seiten umgiebt. So
erhält man einen Eiskegel, welcher ſich durch Umkehren
des Gefäßes leicht davon loslöſt.

Die wirkſamſte Kältemiſchung, die man bis jetzt
kennt, wird durch Aether und gefrorne Kohlenſäure
hergeſtellt; ſie erniedrigt die Temperatur bei dem gewöhn=
lichen Luftdruck auf — 79 Grad, und unter dem Reci=
pienten einer Luftpumpe ſogar bis auf 110 Grad unter Null.
Man hat mit Hilfe dieſer Kältemiſchung Gaſe flüſſig
und dann ſtarr gemacht, für die alle übrigen Mittel unzu=
reichend waren. Ammoniak und ſchweflige Säure gefrie=
ren bei — 75 Grad, Stickſtoffoxydul bei — 100 Grad,
u. ſ. w.

Wie die ſchneeige Kohlenſäure in dem Apparat von
Thilorier fabricirt wird, haben wir ſchon geſehen. Wenn
man ſie auffangen will, ſo dirigirt man den Strahl aus
dem Recipienten in eine Metallbüchſe, welche aus zwei
halbkugelförmigen hohlen Theilen beſteht, indem man ſie
mit den beiden Handhaben hält (Fig. 90). Das Gas ge=
langt in die Büchſe durch eine ſeitliche Oeffnung und begeg=

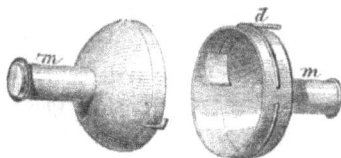

Fig. 90. Metallbüchſe zum Auffangen der ſchneeigen Kohlenſäure.

net einer kleinen Platte, die so gestellt ist, daß es die
Runde in der Büchse machen muß. Ein Theil bleibt in
derselben im Zustande weißer Flocken zurück, das Uebrige
entweicht durch die hohlen Handhaben. Ist die Büchse ge=
füllt, so öffnet man sie, um den Schnee herauszunehmen.

Mit der festen Kohlensäure kann man sehr interessante
Experimente machen. Wir haben schon von ihrem sphäroi=
dalen Zustand gesprochen und von dem Gefrieren des
Quecksilbers in einer glühenden Schale, welches dadurch
erreicht wird. Nachfolgend noch einige ihrer andern Ei=
genschaften.

Auf eine glatte Oberfläche gelegt, flieht sie die Hand,
die sich ihr nähert, und zwar, weil die Wärme der Hand
Dampf entwickelt, und dieser Dampf durch seine Expansion
den Schnee rückwärts treibt.

Man kann diesen Schnee leicht mit der Hand berühren,
ohne ihn zu fühlen, denn in Wirklichkeit findet keine voll=
ständige Berührung statt, weil sich die Kohlensäure im
sphäroidalen Zustande befindet. Ebenso kann man auch
ohne Gefahr ein Stückchen Kohlensäure in den Mund neh=
men; eine Dampfschicht hüllt sie augenblicklich ein und
verhindert eine Berührung mit der Haut. Aber einathmen
darf man diesen Dampf ja nicht, der Athem muß während
des Experiments eingehalten werden. Man kann die
Flamme eines Lichtes alsdann durch leises Anblasen ver=
löschen; sie bewegt sich kaum und verschwindet langsam,
weil der Athem die zu ihrer Unterhaltung erforderliche
Luft vertrieben und durch kohlensaures Gas ersetzt hat.

Wenn man feste Kohlensäure dreist anfaßt, so daß
thatsächliche Berührung stattfindet, so v e r b r e n n t man sich
wie an glühendem Eisen, und die Haut erscheint geschwärzt;

dies beweist, daß die organischen Gewebe ebenso durch übermäßige Kälte, wie durch Hitze eine gründliche Zerstörung erleiden, und zwar ist die Wirkung in beiden Fällen beinahe dieselbe.

Folgende Experimente lassen erkennen, welch' eine erhebliche Kälte durch eine Mischung von fester Kohlensäure und Aether erzielt werden kann. Man legt auf den Fuß eines umgekehrten Weinglases ein Stückchen Säure und fügt etwas Aether hinzu. Augenblicklich springt das Glas mit einem Knall, infolge der ungleichen Zusammenziehung, welche seine Theile durch die plötzliche Abkühlung erleiden.

Wird diese Mischung in Berührung mit Quecksilber gebracht, so gefriert dieses sofort, und bei gehöriger Menge gewinnt man in einigen Minuten mehrere Kilogramme erstarrtes Quecksilber, das man hämmern, schneiden, überhaupt bearbeiten kann, nur muß man sich hüten, es dabei stark zu berühren, weil man sich sonst die Finger verbrennen würde. Man kann auch verschiedene Formen mit flüssigem Quecksilber füllen und mit dieser Kältemischung umgeben, und so Büsten und Statuetten erhalten, die wie aus Silber gegossen aussehen. Ihre Temperatur ist so niedrig, daß sie ziemlich lange in festem Zustande verbleiben.

Hängt man ein Stück festen Quecksilbers an einem Faden in Wasser, so hat man das eigenthümliche Schauspiel, dasselbe in eine Unzahl von feinen Metallfäden auseinanderschmelzen zu sehen, um welche herum das Wasser gefriert, so daß jeder Quecksilberfaden in einer Eisröhre fließt.

3. Lösung. — Krystallisation.

Wir schließen dieses Kapitel mit wenigen Bemerkungen über die Lösungen. Zahlreiche Beispiele haben uns gelehrt,

daß die Trennung der Moleküle ein mechanischer Prozeß
ist, der Wärme verbraucht, und daß umgekehrt ihre Ver=
einigung Wärme hervorbringt. Die Trennung kann unter
sehr verschiedenen Umständen stattfinden; im Allgemeinen
nennt man sie: Disgregation, und die Vereinigung:
Aggregation. In der Auflösung sind die Bestandtheile
des festen Körpers getrennt, aber man darf diese Disgre=
gation nicht mit der Schmelzung verwechseln, denn die
Atome des festen Körpers werden nicht allein von einander
getrennt, sondern sie verbinden sich auch mit den Atomen
der lösenden Flüssigkeit, und dieser zweite Prozeß ist dem
ersteren entgegengesetzt. Deshalb giebt es auch zahlreiche
Beispiele von Auflösung, wobei Wärme frei wird. Ge=
wöhnlich wird einerseits bei der Disgregation Wärme
verbraucht, andererseits bei der Verbindung mit der Löse=
flüssigkeit Wärme erzeugt, und nur die Differenz wird be=
obachtet. Ist mehr Wärme verbraucht, als erzeugt, so
fällt die Temperatur, im entgegengesetzten Falle steigt sie.
Welches Resultat eine gegebene Substanz mit einer ge=
gebenen Flüssigkeit liefert, kann nur die Beobachtung leh=
ren; die Theorie läßt dasselbe nicht voraussehen. Zucker,
der in Wasser zergeht, bringt Kälte hervor; wenn wir
also Zuckerwasser bereiten, so kühlen wir unser Getränk.
Wir schließen daraus übrigens, daß die Disgregationskälte
des Zuckers seine Combinationswärme überwiegt.

Wenn umgekehrt eine aufgelöste Substanz aus ihrer
Lösung krystallisirt, so ist das eine Aggregation mit Wärme=
befreiung, und letztere wird der Beobachtung zugänglich,
wenn die Trennung des Salzes von der Löseflüssigkeit
weniger Wärme verbraucht, als durch Krystallisation er=
zeugt wird. Dies beweist folgender Versuch.

Mit ſchwefelſaurem Natron bei 32° geſättigtes Waſſer
kann ſich abkühlen, ohne Salz abzuſondern, wenn man jede
Erſchütterung vermeidet. Wirft man aber einen kleinen
Salzkryſtall hinein, ſo wird ſofort ein Theil des aufgelöſten
Salzes wieder feſt. Seine Moleküle trennen ſich vom
Waſſer, vereinigen ſich mit dem kleinen Kryſtall, und es
ſchießen bald lange Säulen mit regelmäßigen, glänzenden
Flächen an. Die Schönheit dieſer Kryſtalliſation frappirte
den berühmten Chemiker Glauber ſo, daß er dieſes Salz
(das Glauberſalz) sal mirabile (d. h. Wunderſalz)
nannte.

Wenn man ein Thermometer in die Löſung ſtellt,
während ſie kryſtalliſirt, ſo zeigt daſſelbe ein Freiwerden
von Wärme an; dieſe Wärme iſt das Aequivalent und
das Maß der verbrauchten Molekulararbeit. Jede Wärme=
einheit repräſentirt eine Arbeit von 425 Kilogrammetern,
oder um eine deutlichere Vorſtellung zu geben: der Zu=
ſammenſtoß der kryſtalliſirenden Atome hat jedesmal eine
Wärmeeinheit frei gemacht, wenn ihre Arbeit der gleich
iſt, welche ein Gewicht von 425,000 Kilogrammen ausführt,
indem es von der Höhe eines Millimeters zur Erde fällt.
Indem wir als vergleichendes Beiſpiel ein ſehr großes
Gewicht aus geringer Höhe fallend wählen, nähern wir
uns ein wenig den Proportionen, welche zwiſchen der
Größe der Molekularkräfte und der Entfernung, welche
die Atome zu durchmeſſen haben, beſtehen.

Den eben beſchriebenen Verſuch haben wir gewählt,
weil er am beſten die frei werdende Wärme kennen lehrt.
Gewöhnlich ſetzen die Löſungen durch Verdunſtung oder durch
Abkühlung Kryſtalle ab; wenn keine Erſchütterung der
Flüſſigkeit ſtattfindet, ſo können die Kryſtalle ſehr groß

und regelmäßig werden, während sie im anderen Falle klein bleiben und eine verfilzte Masse bilden. Fig. 91 stellt große Alaunkrystalle vor.

Fig. 91. Alaunkrystallisation.

Ein sehr schöner Versuch über Krystallisation durch Verdunstung besteht darin, einige Tropfen einer Salzlösung auf eine dünne Glasplatte zu gießen und den Vorgang durch ein Mikroskop zu beobachten. Das Wasser verdunstet nach und nach, und die Salztheilchen bilden regelmäßige Figuren, die an die Eisblumen erinnern. Jedes Salz hat seine charakteristische Figur. Wundervoll wird das Experiment mit dem Sonnenmikroskop, welches das Bild des salzigen Wassertropfens um einige tausend Male vergrößert auf einen weißen Schirm wirft. Das von dem Ammoniaksalz gebildete Muster gleicht dem Plane

einer großen Stadt mit ihren von Häuſern eingefaßten
Straßen, die ſich nach allen Richtungen kreuzen.

Die Geiſer auf der Inſel Island liefern uns ein an=
deres Beiſpiel natürlicher Kryſtalliſation einer Salzlöſung.
Wir haben im vorigen Kapitel erfahren, daß die Quellen
der Geiſer Kieſelerde enthalten (dieſelbe Subſtanz, aus
welcher Sand und Bergkryſtall beſteht), und daß dieſe
Kieſelerde, indem ſie ſich durch Verdunſtung des Waſſers
anhäuft, das Becken des Geiſers allmählich erhöht. Das
Studium der geologiſchen Erſcheinungen würde uns noch
eine Menge auf ganz ähnliche Weiſe entſtandene Abſon=
derungen kennen lehren, zum Beiſpiel den Tropfſtein, wel=
chen kalkiges Waſſer in unterirdiſchen Grotten abſetzt, und
deſſen auffallende Formen die Bewunderung der Reiſenden
erwecken. Aber die Wirkung der Flüſſe und Meere iſt
viel mehr auflöſend als kryſtalliſirend, weil ihre Waſſer
nicht reichlich genug mit aufgelöſten Subſtanzen verſehen
ſind, um ſie unter den gewöhnlichen Umſtänden abzuſetzen.
Nur bei gewiſſen Seen oder Binnenmeeren beobachtet man
Kryſtalliſationen, wie z. B. am Ufer des Todten Meeres,
in welchem die chemiſche Analyſe auf vier Theile des Waſ=
ſers einen Theil aufgelöſten Salzes nachgewieſen hat. Des=
halb kann man es auch als ein Meer, das allmählich aus=
trocknet, anſehen. Wenden wir uns aber zu dem Ocean,
ſo beträgt der Salzgehalt hier noch nicht ein Dreißigſtel
des Gewichtes. Man hat berechnet, daß dieſe ſämmtlichen
Salze vereinigt auf der Oberfläche der Erdkugel eine
Schicht von 15 Meter Dicke bilden würden, während das
Waſſer der Meere eine Schicht von 1000 Metern vorſtellt.
Der Ocean iſt alſo bei Weitem nicht geſättigt; es löſt ſich
in ihm fortwährend ein Theil der Erdkruſte auf, und man

schätzt die Quantität der in einem Jahre aufgelösten Sub=
stanzen gleich einer Schicht von 8 Tausendstel eines
Millimeters, die über die ganze Oberfläche der Erde aus=
gebreitet wäre. Diese auflösende Wirkung veranlaßt ein
Verschwinden von Wärme, die allerdings zu gering ist, um
bemerkenswerthe Phänomene herbeizuführen, die aber den=
noch bei dem Studium der Erdkugel berücksichtigt wer=
den muß.

Zehntes Kapitel.

Die Wärme auf der Erde.

1. Gleichgewicht der Wärme auf der Erdoberfläche. — Gesetz über die Erhaltung der Kraft.

Die Erde besteht aus einem glühenden Kern, von einer Kruste umgeben, über die sich Festländer, Meere, und die Atmosphäre erstrecken. Viele Physiker nehmen an, daß der Kern flüssig ist und daß die darüber befindliche feste Schale eine verhältmäßig geringe Dicke besitzt. Im ersten Kapitel haben wir erfahren, daß diese feste Kruste in einer bestimmten Tiefe eine Schicht enthält, in der die Temperatur zu allen Jahreszeiten dieselbe bleibt; oberhalb dieser Schicht ist die Temperatur verschiedenen, regelmäßigen oder zufälligen Veränderungen unterworfen; unterhalb nimmt sie mit der Tiefe zu, ungefähr um einen Grad auf 30 Meter, wie zahlreiche Beobachtungen gezeigt haben, die allerdings nicht über die Tiefe von etwa 1000 Meter hinausgehen, wo die Temperatur beinahe 40 Grad Celsius erreicht.

Die Existenz der unveränderlichen Schicht beweist einen Zustand des Gleichgewichts, eine Ausgleichung zwischen der von der Erde verlorenen und gewonnenen Wärme

oder zum wenigsten eine ungemeine Langsamkeit der Ab=
kühlung der Centralmasse, so daß wir die Temperatur der=
selben als constant betrachten dürfen, wenn es sich blos
um den Zeitraum von einigen Jahrhunderten handelt.
In diesem Falle befinden wir uns, wenn wir die Gesetze
der Wärmevertheilung oberhalb der unveränderlichen Schicht
zu verschiedenen Zeiten und an verschiedenen Orten auf=
suchen; eine Frage von höchstem Interesse, weil die Be=
dingungen des Daseins aller lebenden Wesen von dieser
Vertheilung der Wärme auf der Erdoberfläche abhängen.

Die Atmosphäre, das Weltmeer, die Festländer sind
zwei entgegengesetzten Wirkungen unterworfen, die sich das
Gleichgewicht halten: der erwärmenden Wirkung der Sonne
und der abkühlenden der Himmelsräume. Die Sonnen=
strahlen, die auf den Sand der Wüste fallen, werden theils
zurückgeworfen, theils absorbirt. Die absorbirte Wärme
erhöht die Temperatur des Sandes; sobald aber die Sonne
zu scheinen aufhört, strahlt der Sand seinerseits Wärme
gegen die Himmelsräume aus, er giebt die erhaltene Wärme
zurück und die Ausgleichung wird auf diese Weise her=
gestellt.

Gewöhnlich aber tritt eine große Anzahl vermittelnder
Vorgänge zwischen die Ankunft des Sonnenstrahls auf der
Erde und die Rückkehr des äquivalenten Erdstrahls in den
Himmelsraum. Diese Vorgänge aber berühren sowol die
unorganischen Stoffe, als auch die organisirten Wesen,
und so geschieht es, daß die Sonne alle Bewegung und
alles Leben auf der Erde unterhält. Ist sie fern, so sind
die Naturkräfte im Gleichgewicht; es tritt Ruhe ein und
Schlaf; sobald sie wieder erscheint, ist das Gleichgewicht
aufgehoben; eine neue Kraft regt alle anderen an, und

eine abermalige Ausgleichung wird nöthig. Die Abwechs-
lung von Tag und Nacht ist eine immerwährende Ursache
der Thätigkeit auf Erden.

In allen Umwälzungen des Stoffes herrscht ein großes
Gesetz: die Erhaltung der Kraft. Die Kraft oder Energie
der Bewegung wird von einem Körper auf den anderen
unverändert übertragen und ihre Wirkungen, in der Form
verschieden, sind untereinander äquivalent. Wir kennen nur
diese Wirkungen; was die Ursache anbetrifft, so sind wir
von ihrer Existenz überzeugt, ohne daß es uns möglich
wäre, ihre besondere Natur anzugeben. Wir sprechen von
Kräften, aber wir sehen sie nicht; sie sind die mysteriösen
Ursachen der sichtbaren Erscheinungen, sie verdanken ihren
Ursprung der göttlichen Allmacht, und wir müssen uns damit begnügen, durch aufmerksame Beobachtung das Band
zu entdecken, das sie untereinander vereint, ohne ihr eignes,
innerstes Wesen erkennen zu wollen.

Verfolgen wir die mannigfaltigen Vorgänge, welche sich
unter dem Einfluß der Sonnenwärme an dem Stoff voll-
ziehen.

Ein einfacher Wassertropfen soll uns als Beispiel dienen. Im Zustand von Dampf steigt er vom Ocean auf,
durchmißt die atmosphärischen Regionen und fällt als
Schnee auf die Gletscher hoher Gebirge nieder; darauf
fließt er als Wasser wieder dem Meere zu und begegnet
auf dieser letzten Reise Pflanzen und Thieren, welche ihn
erst die wunderbarsten Verwandlungen erleiden lassen, ehe
sie ihn dem Meere zurückerstatten.

Geben wir unserem Wassertropfen das Gewicht von
9 Grammen. Durch die Sonne erwärmt, entsteigt er dem
Meere als Dampf, und die Wärme, die er dazu verbraucht,

repräsentirt eine Kraft, welche fähig wäre, ein Kilogramm
mehr als 2300 Meter hoch zu heben. Der Wasserdampf
steigt nun in die Atmosphäre, wo er zur Entstehung der
Winde und Meteore beiträgt. Da er mehr als trockne
Luft im Stande ist, die Wärmestrahlen zu absorbiren und
zurückzustrahlen, so mäßigt er wie ein Schirm die erwär=
mende Wirkung der Sonne und die abkühlende der
Himmelsräume; seinem Einfluß verdankt es die Erde, daß
ihr die Atmosphäre zum schützenden Kleide wird. Wäh=
rend seines Aufenthaltes in der Luft wird das Wasser
in Dampfform abwechselnd erwärmt und abgekühlt, so daß
es der Wärme als ein Medium dient, wo eine vollständige
Ausgleichung der von ihm absorbirten und zurückgegebenen
Wärme stattfindet. Höher steigend verdichtet es sich in
eine Wolke, und dabei wird Wärme frei gemacht*). Nehmen
wir an, daß diese Verdichtung bei derselben Temperatur
vorgeht, wie die anfängliche Verdampfung, so wird die
jetzt befreite Wärme genau soviel betragen, als die bei der
Verdampfung verbrauchte; die Verdichtung der 9 Gramm
Wasserdampf kommt also dem Falle eines Kilogramms aus
der Höhe von 2300 Meter gleich. Wir wissen, daß ein
solcher Fall eine gewisse Quantität lebendiger Kraft ent=
wickelt, welche im Stande ist, mechanische Wirkungen her=
vorzubringen. Dieselben Wirkungen könnte man mit der
durch die Condensation des Wasserdampfes freigewordenen
Wärme erreichen. Das Wasser hat also bei seiner Wan=

---

*) Wolken sind aus der Ferne gesehener Nebel, Nebel in
der Nähe gesehene Wolken. Bei strenger Kälte besteht der Nebel
aus Eisstaub, der sich allmählig zu Schneeflocken zusammenballt,
wie sich die Nebelbläschen zu Regentropfen vereinigen.

derung aus dem Oceane bis in die Wolken einfach die Kraft, welche es von der Sonne empfing, auf die Atmosphäre übertragen. Diese Kraft wird durch Strahlung den un= zähligen Körpern, welche die Himmelsräume erfüllen, mit= getheilt.

Auf den hohen Gebirgen verdichtet sich ein großer Theil des atmosphärischen Wasserdampfes. Die Ausstrah= lung ist bei der Reinheit und Dünne der über ihnen be= findlichen Luft sehr bedeutend, sie kühlen daher während der Nacht die ihnen zunächst gelegenen Luftschichten stark ab, und Wolken häufen sich auf ihren Gipfeln an. Diese Wolken kühlen sich ferner noch durch ihre eigene Wärme= strahlung ab und lösen sich in Schneeflocken auf. Die schneeigen Gipfel, die sich über den ewigen Eisflächen er= heben, haben die Verdichtung des an der Meeresoberfläche gebildeten Dampfes in einem gewaltigen Maßstabe ins Werk gesetzt. Der Ocean bildet mit den Gebirgen einen Destillirapparat, in welchem die Sonne die Rolle des Feuer= heerdes übernimmt. Alles Eis unserer Gletscher rührt von dem Wasserdampf des Weltmeeres her, und die Wärme= menge, welche die Sonne zu dieser Dampfbildung liefert, die jährlich etwa 700,000 Kubikkilometer Wasser verbraucht, würde hinreichen, das vierfache Gewicht Eisen zu schmelzen. Wir sehen ferner, daß eine gleiche Wärmemenge durch die Wolkenbildung wieder freigemacht wird. Jetzt wollen wir die Wärmeerscheinungen betrachten, welche die Umwandlung der Wolken in Schnee begleiten.

Wenn 9 Gramm Wasser zu Eis werden, so entwickeln sie eine Wärme, die dem Falle eines Kilogrammes von 300 Meter Höhe gleichkommt, und diese Kraft wird durch Strah= lung vertheilt. Aber die Gletscher schmelzen allmählich, und

die Schmelzung von 9 Gramm Eis stellt genau den dem
vorigen entgegengesetzten Prozeß vor. Jeder Gletscher muß
genau so viel Wasser durch Schmelzung verlieren, als er
durch Verdichtung des atmosphärischen Wasserdampfes gewinnt, um immer die gleiche Ausdehnung zu behalten; dann
findet eine vollständige Ausgleichung zwischen der freigemach-
ten und verbrauchten Wärme statt. Hier rührt die Kraft,
welche die Schmelzung des Gletschers bewirkt, von der Sonne
her, theils direct, theils durch Vermittlung des Erdbodens, und
erscheint dann einfach wieder von der Erde den Himmelsräumen zurückerstattet.

So haben wir denn unsern Wassertropfen wieder in
flüssigem Zustande, aber hoch über dem Ocean. Nehmen
wir seine Höhe zu 4000 Meter an. Zu den eben beschriebenen Wirkungen müssen wir die mechanische Arbeit hinzufügen, die durch den Transport von 9 Gramm Wasser zu
einer solchen Höhe ausgeführt ist; sie würde genügen, ein
Kilogramm auf eine Höhe von 36 Meter zu heben, und sie
rührt ebenfalls von der Wirkung der Sonne her. Was
diese Arbeit ausgleicht, ist die Rückkehr des Wassertropfens
vom Gletscher ins Meer. Die Schwere versammelt die
Wassertropfen am Fuße des Gletschers, bildet daraus
Ströme und führt sie ins Meer. Während die 9 Gramm
Wasser aus einer 4000 Meter hoch gelegen Quelle nieder-
steigen, entwickeln sie eine der vorigen gleiche Kraft.

Durch die einfache Reibung an den Körpern, über
welche es fließt, kann dieses Wasser die Wärme, die es
ursprünglich von der Sonne entlehnt, vollständig zurückerstatten. Die Formen aber, unter denen die Kraft wieder
auftreten kann, sind unendlich mannigfaltig. Der Fluß be-
wässert fruchtbare Ebenen und macht überall, wo das Ter-

rain nicht abschüssig ist, unzählige Umwege, als wollte die
Erde sein Wasser so lange als möglich zurückhalten, um
damit die Wesen zu nähren, die auf ihr leben. Die Vege=
tabilien brauchen verschiedene Elemente zur Ausbildung
ihrer Organe; das Wasser ist ihnen für die Circulation
und Combination dieser Elemente unentbehrlich, außerdem
brauchen sie reinen Wasserstoff.

Um in ihren Geweben nur 1 Gramm dieser Substanz
zu fixiren, muß die Pflanze zuvor 9 Gramm Wasser zer=
setzen; die Sonne hat das Amt, die dazu nöthige Kraft
zu liefern, welche 14,000 Kilogrammeter beträgt. Die
Pflanze dient später einem Thiere zur Nahrung, und dann
erscheint in diesem wieder die ursprünglich verbrauchte
Kraft. Jedes Gramm Wasserstoff, das in dem Blute des
Thieres den Akt des Athmens erleidet, macht, indem es
sich wieder mit dem Sauerstoff der Luft verbindet, um 9
Gramm Wasser zu bilden, eine Wärmemenge frei, die fähig
wäre, 1 Kilogramm zu der Höhe von 14 Kilometern auf=
zuheben. Dies ist also das bewunderungswürdige Gleich=
gewicht, das in der ganzen Natur herrscht und dessen er=
habene Einfachheit uns die unendliche Weisheit eines all=
mächtigen Schöpfers offenbart.

Wir sehen, daß durch den Kreislauf der 9 Gramm
Wasser durch Ocean, Atmosphäre, Gletscher, Fluß, Pflanze
und Thier eine Arbeit von 16,636 Kilogrammetern gelei=
stet wird, und eine eben so große Arbeit verbraucht; und
da 425 Kilogrammeter einer Wärmeeinheit gleichkommen,
so sind dies 39 Wärmeeinheiten. Alle diese Wärme wurde
von der Sonne geliefert und schließlich durch Ausstrahlung
der Erde den Himmelsräumen wiedererstattet. Auf diese
Weise, sagt Tyndall, erzeugt der Sonnenstrahl zwischen

seiner Ankunft und seinem Abgange die vielfältigen Kräfte unseres Erdballs. Sie sind nur verschiedene Formen der Sonnenkraft, welche diese auf ihrem Wege von der Quelle ins Unendliche angenommen hat.*)

Oft liegt ein bedeutender Zeitraum zwischen dem Augenblicke, wo die Sonnenkraft verbraucht wurde, und dem, in welchem eine äquivalente Kraft zur Thätigkeit kommt, so daß diese Kraft in gewissen Körpern aufgespei= chert erscheint. Unsere Steinkohlen zum Beispiel sind Ueber= reste gewaltiger Wälder, die lange vor Erschaffung der ersten Menschen auf Erden gestanden. Durch geologische Umwälzungen unter das Wasser gebracht, haben sie eine langsame Zerstörung erlitten, wobei ihr Kohlenstoff frei wurde. Jedes Kilogramm Steinkohle rührt von einem Quantum Kohlensäure her, welches die Pflanzen dieser Wälder unter dem Einfluß der Sonne zersetzt haben, und diese Zersetzung hat eine Kraft erfordert, die im Stande wäre, 1 Kilogramm zu der Höhe von 3400 Kilometer zu erheben. Und wenn wir heutzutage die Kohlen verbrennen, so finden wir diese Kraft wieder; sie war unversehrt darin aufbewahrt, und wir benutzen jetzt noch die Wärme, welche die Sonne vor Millionen von Jahren der Erde zugesandt. Wir nutzen diese alte Kraft vollständig aus, wenn wir uns durch die Feuerung nur Wärme verschaffen wollen; sobald sie aber zur Ausführung einer mechanischen Arbeit ver= wandt werden soll, so wissen wir, daß es bei unseren Ma= schinen nicht möglich ist, das Freiwerden einer beträcht= lichen Menge fühlbarer Wärme zu vermeiden, und alle durch die Verbrennung erzeugte Wärme in Arbeit zu

*) Die Wärme, von John Tyndall. Zwölfte Vorlesung.

verwandeln. Mit einem unter dem Dampfkeſſel ver=
brannten Kilogramm Kohlen können wir das Gewicht
eines Kilogrammes etwa zu der Höhe von 185 Kilo=
metern aufheben: der größte Theil der Kraft hat ſich
in der Form von Wärme entwickelt. In allen Fällen
wird das große Princip der Erhaltung der Kraft be=
ſtätigt.

Und dieſes Princip iſt es, auf dem die Wechſelwirkung
der Naturkräfte beruht. Die dem Stoffe mitgetheilte
Kraft kann ſich auch noch in anderer Weiſe offenbaren,
als unter der Form von Wärme oder mechaniſcher Arbeit;
ſie kann z. B. als Elektricität auftreten. Wir haben uns
aber nur mit ſolchen Erſcheinungen beſchäftigt, wo Kräfte dieſer
Art aus dem Spiele bleiben. Man muß die Naturkräfte
vereinzelt betrachten, um ihre Geſetze zu erforſchen; ſpäter
kann man dann verſuchen, die Reſultate in eine einzige
Formel zu bringen und damit eine Syntheſe zu begründen,
welche die ganze Naturwiſſenſchaft in ſich faßt.

2. Vertheilung der Temperaturen auf der Erdoberfläche. Klimata. — Bedeutung des atmoſphäriſchen Waſſerdampfes.

Nachdem wir im Allgemeinen geſehen haben, was man
unter Gleichgewicht der Wärme auf der Erdoberfläche zu
verſtehen hat, wollen wir uns jetzt noch ſpeciell mit den
lokalen Temperaturen beſchäftigen. Wenn an jedem Orte
der Erde zu allen Zeiten vollſtändige Ausgleichung zwi=
ſchen verlorener und gewonnener Wärme ſtattfände, ſo wäre
die Temperatur überall conſtant. Hunderte von Urſachen
aber ſetzen ſich dieſer Gleichmäßigkeit entgegen, und die
Temperatur wechſelt periodiſch nach gewiſſen Geſetzen, ſo
zwar, daß ſtets die Kraft erhalten wird. In den leben=

den Wesen gehen zahlreiche Erscheinungen vor, die die
Mitwirkung der Wärme erfordern, und zwar in bestimmter
Proportion und während einer begrenzten Zeit. Die Verwandlungen des Stoffes, der ihre Organe bildet, dürfen
weder zu langsam, noch zu schnell vor sich gehen, woraus
sich gewisse Temperaturgrenzen ergeben, die kein lebendes
Wesen überschreiten darf, ohne dabei zu Grunde zu gehen.
Der Mensch kann Temperaturschwankungen von 100 Graden ertragen; er kann noch bei 56 Grad unter Null leben
(wie Kapitän Black auf seiner Reise durch Nordamerika
zur Aufsuchung des Kapitäns Roß bewiesen hat) und bei 47
Grad über Null, die höchste Temperatur, die man zu Esne
in Aegypten beobachtet hat. Der größte Theil der Thiere
und Pflanzen jedoch sind auf viel engere Temperaturgrenzen
angewiesen.

Das Studium der Temperatur auf der Erdoberfläche
und die Aufsuchung ihrer Gesetze ist die Aufgabe der
Meteorologie. Wir müssen uns hier darauf beschränken
die hauptsächlichsten Ursachen der regelmäßigen Temperatur-
veränderungen in der Luft anzugeben.

Beobachten wir zunächst die Vorgänge dieser Art an
einem und demselben Ort. Die aufgehende Sonne sendet
ihre Strahlen in schräger Richtung durch die Luft auf den
Erdboden und erwärmt beide. Der Boden absorbirt weit
mehr Wärme als die Luft und erwärmt nun seinerseits
die ihm zunächst befindlichen Luftschichten durch Strahlung,
Leitung und Strömung. Auf der andern Seite üben die
Himmelsräume ihre abkühlende Wirkung auf Luft und
Erdboden aus, und diese ist desto intensiver, je wärmer
die Erde ist. Bei Beginn des Tages ist sie nur mäßig
und wird von der erwärmenden Wirkung der Sonne be-

deutend überwogen. In dem Maße als die Sonne am
Horizonte aufsteigt, verlieren die Strahlen ihre schräge
Richtung und werden heißer; die Temperatur nimmt jetzt
beständig zu. Nachmittags, wenn die Sonne wieder sinkt
und ihre Strahlen kälter werden, tritt ein Moment ein,
wo die zugeführte und die durch Strahlung wieder ab=
gegebene Wärme gleich sind. Alsdann hat der Tag sein
Temperaturmaximum erreicht, und von diesem Augenblick
an nimmt die abkühlende Wirkung langsamer ab, als die
Erwärmung; die Temperatur sinkt trotz der Anwesenheit
der Sonne bis zum Abend, und dann noch stärker die
ganze Nacht hindurch. Das Minimum erreicht sie kurz
vor Sonnenaufgang.

Will man die Temperatur der Luft beobachten, so
muß man ganz besondere Vorsichtsmaßregeln nehmen, das
Thermometer nach Norden im Schatten unterbringen, und
zwar so, daß es gegen die Wärmereflexion der Mauern
geschützt ist; die Luft muß frei darum circuliren können.
Ehe man eine Beobachtung macht, bewegt man den Arm
mit dem Thermometer erst einige Augenblicke in der Luft
um die Wirkungen der Wärmestrahlung aufzuheben.
Hat man während eines Tages von Stunde zu Stunde
die Temperatur notirt, so berechnet man die Durchschnitts=
temperatur dieses Tages, indem man die Summe der
beobachteten Wärmegrade durch die Anzahl der Beobachtungen
dividirt. Ungefähr dieselbe Zahl erhält man, wenn man
das Mittel der Maximum= und der Minimumtemperatur
des Tages nimmt. So kann man vierundzwanzig Be=
obachtungen durch zwei ersetzen, die man mit Hilfe besonderer
Instrumente, der Maximal= und Minimalthermometer, nur
einmal des Tages macht. Der einfachste Apparat dieser

Art wird von zwei horizontalen, auf derselben Platte
befestigten Röhren gebildet. (Fig. 92.) Die eine, mit
Quecksilber gefüllt, zeigt das Maximum, die andere, mit
Alkohol gefüllte, das Minimum an. In der Ersteren schiebt
die Quecksilbersäule beim Steigen der Temperatur einen
Eisenstift vor sich her, der an derselben Stelle liegen bleibt,
wenn die Temperatur wieder fällt. Die Röhre des zweiten

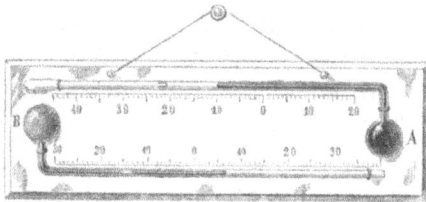

Fig. 92.

Thermometers enthält einen Stift aus Email, den die
Alkoholsäule bei ihrem Zusammenziehen durch Adhäsion
mit sich führt, während sie ihn unberührt läßt, wenn sie
sich ausdehnt. Die Verschiedenheit dieser beiden Wirkun=
gen rührt daher, daß das Quecksilber, da es weder Eisen
noch Glas netzt, bei seiner Ausdehnung nicht um den kleinen
Cylinder herum kann und ihn deshalb vor sich her treibt,
während der Alkohol, da er Email und Glas netzt, seinen
Stift von allen Seiten umgiebt und darüber hinfließt;
zieht er sich zurück, so kann der Stift (der Capillar=Adhäsion
wegen) nicht über die Oberfläche der Flüssigkeit hinaus und
wird mitgeschleppt. Vor dem Gebrauch muß man die rechte
Seite der Platte etwas neigen, damit die beiden Stifte bis
an die äußersten Enden der beiden Thermometersäulen
gleiten. Dann bringt man die Platte wieder in horizontale

Lage und notirt vierundzwanzig Stunden darauf den Stand der beiden Stifte, bringt dieselben wieder an ihren ur= sprünglichen Platz u. s. f.

Die täglichen Durchschnittstemperaturen ändern sich mit der Jahreszeit. Von der Winterwende an nimmt der Sonne ·Verbleiben über dem Horizonte mit jedem Tage bis zur Sonnenwende zu, während sie bei ihrem täglichen Umlauf sich immer höher erhebt. So nimmt auch ihre Wirkung zu, und die Erde erwärmt sich am Tage stärker, als sie sich in der Nacht abkühlt. Um die Sonnenwende hat die Wirkung der Sonne ihr Maximum erreicht, wird aber noch nicht von der abkühlenden Wirkung der Himmelsräume ausgeglichen. Erst nach einiger Zeit, wenn die erwärmende Wirkung an Kraft verloren hat, findet diese Ausgleichung statt, und in diesem Augenblicke hat die Tagestemperatur ihr Maximum erreicht, und von da ab bis zur Winterwende kühlt die Erde sich in der Nacht mehr ab, als sie sich am Tage erwärmt, und die Tem= peratur sinkt nach und nach.

Da eine Menge lokaler und zufälliger Ursachen zu der eben erwähnten hinzutreten, um die Schwankungen der täg= lichen Temperaturmittel noch zu vergrößern, so berechnet man der Sicherheit wegen die monatlichen Temperatur= mittel mehrerer Jahre, und zwar auf folgende Weise: man dividirt mit der Zahl der Tage jedes Monats die Summe seiner täglichen Durchschnittstemperaturen, wodurch man das Temperaturmittel dieses Monats erhält, und nimmt darauf das Mittel aus den Temperaturmitteln desselben Monats für eine Reihe von Jahren. Nachfolgend die nach sechzehnjährigen Beobachtungen von Bouvard für Paris berechneten Monats= mittel.

19*

Januar,	Februar,	März,	April,	Mai,	Juni,
$2^0,0$	$4^0,0$	$7^0,0$	$10^0,7$	$14^0,0$	$17^0,0$

Juli,	August,	September,	October,	November,	December.
$18^0,7$	$18^0,2$	$15^0,8$	$11^0,5$	$7^0,0$	$3^0,9.$

Man sieht, daß das Maximum im Juli, also nach der Sommerwende auftritt. Dividirt man die Summe der monatlichen Mittel durch 12, so erhält man die mittlere Temperatur von Paris, nämlich $10^0,8$, nahezu diejenige des Monats April.

Für München ist das Jahresmittel $9^0,1$, und die Monatsmittel sind:

Januar,	Februar,	März,	April,	Mai,	Juni,
$1^0,4$	$0^0,5$	$5^0,1$	$8^0,3$	$14^0,3$	$16^0,8$

Juli,	August,	September,	October,	November,	December.
$18^0,1$	$17^0,9$	$14^0,5$	$9^0,5$	$3^0,9$	$1^0,6$

Das Jahresmittel allein genügt noch nicht, die Sonnenwirkung an einem gegebenen Orte zu charakterisiren. Die Extreme der Temperatur üben den größten Einfluß auf die Thier und Pflanzen aus; damit die Pflanzen nicht erfrieren und die Früchte reifen können, darf die Temperatur nicht zu niedrig und nicht zu hoch sein. Aber auch bei dieser Schätzung muß man wieder eine große Menge von Beobachtungen in Betracht ziehen, um den Einfluß zufälliger Ursachen zu vermeiden; um also das Klima eines Ortes zu bestimmen, muß man die Durchschnittstemperatur des heißesten Monats mit der des kältesten vergleichen. Unsere Tabelle giebt $18^0,7$ und $2^0,0$ für Paris an. Der Unterschied beträgt $16^0,7$. Diese Zahl mißt das Klima von Paris. Dasselbe kann indessen variiren, denn die absoluten Temperaturen können

zufälligerweise auch einmal 38 Grad über und 23 Grad
unter Null betragen. In diesem Falle giebt es dann aus=
nahmsweise kalte Winter und heiße Sommer, die bei dem
gegenwärtigen Stand der Meteorologie nicht mit Sicherheit
vorauszusehen sind.

Suchen wir jetzt nach den Ursachen, die ihren Einfluß
auf Durchschnittstemperatur und Klima der verschiedenen
Gegenden der Erde ausüben.

Vom Aequator nach den Polen zu fallen die Sonnen=
strahlen immer schräger auf die Oberfläche der Erdkugel.
Folglich wird ihre Wirkung auch stufenweise schwächer, und
die Durchschnittstemperatur immer niedriger. Gehen wir
bis zu den Polargegenden, wo die atmosphärischen Wasser=
dämpfe sich unaufhörlich zu Schnee verdichten und die
Oberfläche der Meere mit Eis bedeckt ist. Gewaltige Eis=
bänke wechseln jedes Jahr ihren Platz und halten die See=
fahrer auf. Wir haben den berühmten Reisenden Kane auf
seiner Expedition nach dem Nordpole über diese Schwierig=
keiten siegen sehen, aber trotz der Bemühungen von Cook,
Weddel, Dumont d'Urville, James Roß entbehren wir
genauer Angaben über den Südpol, wo wahrscheinlich
ebenfalls ein von Eisbergen umgebenes Meer zu finden
wäre.

Die Gestalt der Festländer und die Meeresströmungen
bringen einen großen Unterschied in der Vertheilung der
Wärme auf den beiden Hemisphären mit sich. Während
die breiten Continente der nördlichen Halbkugel sich sehr
nahe bis zum Pole erstrecken, laufen in der südlichen Halb=
kugel Afrika und Amerika in langen Spitzen aus und bieten
eine bedeutend kleinere Oberfläche als die Meere. Die
Südspitze Amerikas ist nicht weiter vom Aequator entfernt

als Dänemark. Das Meer reflectirt aber an seiner Ober=
fläche mehr Sonnenstrahlen als das Festland, folglich muß
die von der südlichen Halbkugel absorbirte Wärmemenge
geringer sein, als auf der nördlichen Halbkugel; so hat denn
auch die Südspitze Amerikas eine niedrigere Durchschnitts=
temperatur als Dänemark.

Die Wirkung der Meere besteht hauptsächlich in der
Milderung des Klimas. Die Wasserdämpfe, die sich fort=
während unter die atmosphärische Luft mischen, breiten sich
wie ein schützendes Kleid über den Erdboden und bewahren
ihn vor zu starker Erwärmung und Abkühlung. Außerdem
vertheilen die Meeresströmungen die Wärme, welche der
ganze Ocean von der Sonne erhält, an den Küsten. Deshalb
findet man das mildeste Klima auf Inseln; hier beträgt
der Unterschied zwischen der Durchschnittstemperatur des
heißesten und des kältesten Monats nur ein paar Grade,
und mäßig warme Sommer wechseln mit milden Wintern.
Ein solches Klima nennt man ein constantes; Südamerika
erfreut sich desselben, und in Folge dessen auch der herr=
lichsten Vegetation, die hier viel weiter entfernt vom Aequator
gedeiht als in der nördlichen Halbkugel. Farrnkräuter er=
heben sich zu der Größe von Bäumen, Orchideen in mannig=
faltigen Formen, Vanille und andere Pflanzen wachsen
hier wild, die in Frankreich, das dieselbe Durchschnitts=
temperatur besitzt, höchstens als Zierde der Gewächshäuser
dienen.

In England finden wir noch ein sehr frappantes
Beispiel des Einflusses der Feuchtigkeit auf Klima und
Durchschnittstemperatur. In London beträgt diese Tem=
peratur gegen 10 Grad; in Irkutzk, der Hauptstadt Sibiriens,
die fast in der gleichen Entfernung vom Aequator liegt,

einen halben Grad unter Null. In London ist die Durch=
schnittstemperatur des kältesten Monats 3 Grad, des
heißesten 17°,8. In Jrkutzk betragen diese Temperaturen
19°,5 unter und 17°,5 über Null. Der Unterschied der
Extreme beträgt also für London 14°,8, für Jrkutzk 37
Grad; man darf daher auch das Klima von Jrkutzk als den
Typus des excessiven Klimas betrachten.

Versuchen wir uns diese enorme Differenz zwischen
zwei Orten zu erklären, die nach ihrer geographischen Breite
die gleiche Wärmequantität erhalten müßten.

Den Enfluß des Golfstromes auf das Klima Eng=
lands haben wir schon früher erwähnt. Diese gewaltige
Meeresströmung führt den Küsten eine Menge, dem Golf
von Mexiko und den Aequatorregionen entlehnter Wärme
zu. In derselben Richtung wandern große Quantitäten
Wasserdampf, die von der Verdunstung des Oceans her=
rührend durch die Strömungen der Atmosphäre nach Eng=
land getragen werden, wo sie, sich verdichtend, ebenso viel
Wärme frei machen, als sie zu ihrer Entstehung in der
heißen Zone verbraucht haben. Es gleicht dieser Dampf
einem luftigen Boten, der die Wärme an der Quelle schöpft
und in die Ferne transportirt. In London weht neun
Monate hindurch ein Südwind, und jeder Regen, den er
bringt, ist von einer wohlthuenden Erwärmung begleitet.
Dies ist der Grund der durchschnittlich so milden Tem=
peratur Englands; übermäßig starker Frost und große
Hitze werden durch die feuchte Atmosphäre verhindert: im
Sommer mäßigt sie die Gluth der Sonne durch Absorption
ihrer Strahlen; im Winter conservirt sie die Erdwärme,
indem sie die Strahlung gegen die Himmelsräume hindert.
Nach Tyndalls Experimenten absorbirt der in der Atmo=

sphäre enthaltene Wasserdampf 72 Mal so viel Wärme=
strahlen als die trockene Luft.

Ueber England ist also ein wirkliches Schirmdach aus=
gebreitet, das seinen Boden beschützt; und wenn gewisse
Pflanzen, wie der Weinstock zum Beispiel, dort aus Man=
gel an Wärme nicht gedeihen, so finden sich dafür wieder
andere, welche die continentale Winterkälte nicht ertragen
könnten. In dem östlichen Theile Irlands wächst die Myr=
the, nach Humboldt's Versicherung ebenso kräftig als in
Portugal; es kommt im Winter kaum zum Frieren, aber
die Sommerwärme ist wiederum nicht im Stande, die Trau=
ben zu reifen. In der Gegend von Devonshire läßt man
die Camelien den Winter über ohne Schutz in freier Erde
stehen, und Orangenbäume an Spalieren gezogen tragen
Früchte.

Welch ein anderes Bild bietet dagegen Irkutzk! Da
es weit vom Meere entfernt liegt, besitzt die Luft nur ge=
ringe Feuchtigkeit, die den Boden wenig schützen kann.
Die Winde führen in diese Gegenden nur trockne Luft=
massen, von den Polarregionen zu einer eisigen Kälte ab=
gekühlt, oder erwärmt durch die Wüsten Centralasiens.
Im Winter friert der nicht weit von Irkutzk gelegene
Baïkalsee ganz zu, so daß man ihn vom Januar bis April
zu Schlitten passiren kann. Der Baïkalsee, der fünfzig
Meilen lang und acht Meilen breit ist, gleicht dann einem
versteinerten Meere, so glatt und gleichmäßig gefriert sein
Wasser.

Im Sommer dagegen erhält die Temperatur in Ir=
kutzk sich oft mehrere Wochen hindurch auf 30 Grad, und
Dampfschiffe durchschneiden die Wogen des Baïkalsees.
Viel größere Hitze noch würden die Südwinde bringen,

wenn dieselben nicht durch die Altaiberge aufgehalten würden.

Die hohe Lage eines Ortes ist für ihn die Ursache einer kühleren Temperatur. Die Luft, welche in ihren oberen Schichten eine geringere Dichtigkeit besitzt, absorbirt hier auch weniger Wärme, so daß ihre Temperatur nach der Höhe zu abnehmen muß. Das bestätigen alle, theils durch Besteigung der Berge, theils durch Luftreisen ermöglichte Beobachtungen. Die Durchschnittstemperatur auf dem Großen Sanct=Bernhard beträgt nur 1 Grad. Das Ge=setz dieser Variation hängt von einer Menge verschiedener Umstände ab, die hier nicht erörtert werden können. —

Wir beschließen dieses Buch mit einigen Betrachtun=gen über die Veränderungen, welche das Klima verschie=bener Gegenden in den historischen Zeiten erlitten hat oder noch erleiden kann.

3. Veränderungen, welche die Wärmevertheilung auf der Erde erlitten hat. — Geologische Umwälzungen.

Zu Moses Zeiten kamen Datteln und Trauben in Palästina zur Reife. Daraus können wir annähernd auf die damalige Durchschnittstemperatur dieser Gegend schließen. Heutzutage reift die Dattel in Catanea, das eine mittlere Temperatur von 18 Grad hat, nicht mehr; sie braucht mindestens 21 Grad, wie in Algier, um zu voll=ständiger Reife zu gelangen. Die Temperatur Palästinas konnte zu damaliger Zeit also nicht weniger als 21 Grad betragen. Andererseits hört der Weinbau in heißen Län=dern, wo die Mitteltemperatur 22 Grad übersteigt, bereits auf. In Persien repräsentirt 23 Grad die höchste Grenze, und schon ist man genöthigt, die Reben durch allerlei Vor=richtungen gegen die sengende Gluth der Sonnenstrahlen,

zu schützen. Folglich konnte die Durchschnittstemperatur
Palästinas in den biblischen Zeiten nicht mehr als 22
Grad betragen. Wir können sie daher wohl zu 21½ Grad
annehmen. Für Jerusalem ergeben aber die Beobachtun=
gen der Jetztzeit ein wenig mehr als 21 Grad. Das
Klima Palästinas hat also seit mehr als dreitausend Jahren
keine merkliche Veränderung erlitten.

Ju Frankreich scheint das Klima sich etwas mehr ge=
ändert zu haben. Vor Jahren cultivirte man den Wein=
stock im Vivarais bis zur Höhe von 600 Meter hinauf,
während die Trauben da jetzt nicht mehr reifen. Der
Wein von Suresnes hat seit der Epoche, wo er auf Kai=
ser Julians Tafel kam, sehr an Güte verloren; ebenso der
Wein von Beauvais und Etempes, der zu Philipp Augusts
Zeiten geschätzt wurde. In England wurde früher eben=
falls an vielen Orten der Weinstock cultivirt, wo man jetzt
die Reben sorgfältig vor den kalten Winden schützen muß.

Die Urbarmachung der ehemals brach gelegenen Ter=
rains, Ausrodung der Wälder, Austrocknung der Teiche
und Sümpfe haben diese Aenderungen hervorgebracht.
Eine üppige Vegetation, besonders Wälder, bewirken die
Verdichtung des atmosphärischen Wasserdampfes, und dieser
Prozeß ist von einer bedeutenden Wärmeentwicklung be=
gleitet. In waldreichen Gegenden hat man die ergiebig=
sten Quellen; ihre Wasser sammeln sich zu Flüssen an und
unterhalten eine wohlthätige Feuchtigkeit in der Luft,
außerdem schützen die Wälder gegen die Winde. Wenn
die Hand des Menschen das Alles unterdrückt, so wird
das Klima rauher, indem zu gleicher Zeit die Winter
kälter und die Sommer heißer werden. Pflanzen, wie
der Weinstock, bedürfen eines milden Klimas; nur dann

reifen die Trauben, wenn die Sommerwärme bis in den Herbst hinein anhält und der Wechsel der Jahreszeiten sich nicht zu plötzlich und zu schroff bemerkbar macht.

Aus diesen Beobachtungen läßt sich eine wichtige Folgerung in Bezug auf die Sonnenwirkung und die Eigenwärme des Erdkernes ziehen. Ihre Veränderung seit Erschaffung des ersten Menschen ist unmerklich. Man könnte denken, daß die Erdwärme nach und nach durch Strahlung vollständig aufgehen müßte. Saussure und Fourier haben berechnet, daß die Erde in einem Jahrhunderte eine Wärmemenge verliert, die fähig wäre, eine die Erde umgebende Eisschicht von drei Meter Dicke zu schmelzen; sie ist tausendmal geringer als die, welche die Sonne in derselben Zeit auf die Erde absendet. Danach müßte die Temperaturerniedrigung der Erde in 57,600 Jahrhunderten einen Grad betragen. Zu welchem Zeitpunkt aber die Erde eine flüssige, glühendheiße Masse war, die an der Oberfläche allmählich fest zu werden begann, das zu berechnen ist wohl ganz unmöglich.

Die Geschichte der Veränderungen, welche unsere Erde seit diesen unmeßbaren Zeiten erlitten hat, ist in den zahlreichen Erdschichten, die wie Blätter eines Buches in bestimmter Ordnung über einander liegen, zu lesen. Geologie heißt die Wissenschaft, die uns den Inhalt dieses gigantischen Buches verständlich macht, die uns die Thiere und Pflanzen, welche nach einander Festländer und Meere bevölkerten, kennen lehrt, so wie auch die Umwälzungen, welche Berge aus dem Boden aufsteigen ließen und das Aussehen unseres Planeten zu verschiedenen Epochen veränderten. Sie zeigt uns, daß wenn die Abkühlung des Erdkernes auch keinen merklichen Einfluß auf die Durchschnittstemperatur der Atmosphäre übt, sie dagegen eine langsame Contraction bewirkt, die in langen Zwischenzeiten Revolutionen der festen Erdkruste verursacht.

Wenn wir die Zahl annehmen, die wir für die Abkühlung der Erde gegeben haben, und der festen Erdkruste eine der des Glases gleiche Contraction zuschreiben, so müßte der Erdradius, welcher mehr als 6300 Kilometer beträgt, in einem Jahre um den hundertsten Theil eines Millimeters abnehmen. Die Volumenabnahme, die aus dieser Zusammenziehung resultirte, würde fünf Cubikkilometer betragen.

Denken wir uns nun eine, mit einer Flüssigkeit oder einem Gase gefüllte Hohlkugel, welche einige Risse zeigt. Sobald diese Kugel sich zusammenzieht, nimmt der Druck im Innern zu, und die Flüssigkeit dringt durch die Risse hinaus.

Das giebt ein ungefähres Bild von dem, was sich heutzutage mit unserer Erde zuträgt. Dreihundert Vulkane sind auf ihrer Oberfläche vertheilt, und jeder bildet einen Schlund, aus dem die weißglühende Lava strömt, von Gasmischungen, Asche und durch das Feuer verglasten Felsenstücken begleitet. Die im Laufe eines Jahres ausgeworfene Masse beträgt etwa einen Cubikkilometer, und dieses Resultat bestätigt dasjenige, zu welchem wir durch andere Betrachtungen gelangt sind.

Damit endet aber noch nicht die Wirkung der Erdcontraction. Der flüssige Kern läßt, indem er sich zusammenzieht, einen leeren Raum zwischen seiner Oberfläche und der festen Erdkruste zurück, kann sich demnach in beständiger Schwankung befinden, wie der Ocean der Anziehung des Mondes nachgeben, seine Ebbe und Fluth, seine

Wogen und Stürme haben. Alle nur denkbaren chemischen
Reactionen können an der Oberfläche dieses Feuermeeres
stattfinden; daher das unterirdische Getöse und die Erd=
beben, welche in den Aequatorgegenden, wo die Geschwin=
digkeit der täglichen Rotation die größte und die Wirkung
des Mondes am fühlbarsten ist, häufiger als sonst irgend=
wo vorkommen. Endlich hat auch die ungleiche Dicke der
festen Erdschicht eine ungleichmäßige Zusammenziehung zur
Folge, und es entstehen an einzelnen Stellen gewaltige
Risse. Ueberall, wo solch eine Spalte entsteht, stürzen
große Erdmassen in die Tiefe hinunter, andere erheben
sich, Bergketten steigen aus dem Erdboden empor und Vul=
kane speien ihre Flammen. Die ungleiche Zusammenzieh=
ung verursacht also die Risse, der leere Raum unter der
Erdkruste den Einsturz, und der vulkanische Auswurf ist
nur ein Resultat dieser Ortsveränderung, insofern als die
geschmolzene Materie erst nach Bildung der Risse in die=
selben hineintritt, aber nicht zu ihrer Entstehung beiträgt.

Solch eine geologische Umwälzung verändert auch die
Vertheilung der Gewässer auf der Erde. Neue Festländer
steigen aus der Tiefe der Meere an die Oberfläche, an=
dere verschwinden. Dann kommt eine Periode der Ruhe,
bis die fortgesetzte Zusammenziehung der Erdkruste wieder
einmal dieselben Erscheinungen hervorruft.

Die Arbeiten Elie de Beaumont's und anderer Geo=
logen haben die Spuren von dreizehn großen Umwälzun=
gen nachgewiesen; die Zeitintervalle, die sie von einander
trennten, sind nicht bekannt, wir können nur annehmen,
daß sie sehr beträchtlich waren.

So stimmen die geologischen und physikalischen Beob=
achtungen überein, um die Langsamkeit der Abkühlung un=

ferer Erde zu beweisen. Und wir können diesen Beweisen
noch einen dritten hinzufügen, der auf astronomischen
Gründen beruht.

Die Contraction der Erde müßte eine Beschleunigung
der täglichen Rotation zur Folge haben und damit auch
eine Verkürzung der Tagesdauer. Nun hat aber diese
Dauer nach Laplace's Berechnung seit zweitausend Jahren
noch nicht um $\frac{1}{200}$ stel einer Secunde abgenommen, ein
Effect, der also nicht in Rechnung kommt.

Die Vertheilung der Sonnenwärme auf der Erdober=
fläche ist im Gegentheil sehr großen Abwechslungen unter=
worfen. Wahrscheinlich kühlt die Sonne sich eben so lang=
sam als die Erde ab; die von ihr ausgesandte Wärme=
menge wird daher wenig variiren; sie trifft aber nach
jeder geologischen Umwälzung andere Festländer und an=
dere Meere, die Klimata müssen sich daher vollständig än=
dern. Unter den Aenderungen dieser Art, welche der Er=
schaffung des Menschen am nächsten liegen, können wir
eine Senkung der ganzen Schweiz anführen, deren Spuren
an den Wänden der Alpen und des Juragebirges zu er=
kennen sind.

Der Reisende, welcher ins Rhonethal hinabsteigt, kann
noch die Reste früherer Gletscher bis hinunter zum Genfer=
see betrachten. Die Felsen, welche das Thal begrenzen,
sind stellenweise ausgehöhlt und tief gefurcht, anderwärts
glatt und wie polirt, oder geritzt und gestreift. Ueberall
bieten sie denselben Anblick wie die Felswände, welche sich
am Rand der heutigen Gletscher erheben und von dem
Eise unter unseren Augen bearbeitet werden. Jenseits des
Genfersees, auf den kalkigen Abhängen des Juragebirges,

finden sich sogar Blöcke von demselben Granit, der die
Gipfel der Alpen bildet, als wären diese Stücke davon los=
gelöst und in großer Entfernung wieder niedergesetzt. Noch
heutzutage werden ähnliche Transporte durch die Gletscher
ausgeführt; langsam in ihrem abschüssigen Bette nieder=
gleitend, brechen sie Stücke von den Felsen, die ihnen im
Wege stehn, führen sie mit sich fort und setzen sie bei ihrer
Schmelzung als Moränen ab. Alles scheint darauf hinzu=
deuten, daß das Rhonethal ehemals ein großer Gletscher
war, der die Felstrümmer auf den Abhängen des Jura
niedergelegt hat. Aehnliche Spuren hat man in der ganzen
Schweiz, in England, dem Libanon und Nordamerika an=
getroffen, und schließt daraus, daß alle diese Gegenden zu
zu einer gewissen Zeit von riesenhaften Gletschern bedeckt
waren. Dies war die Eiszeit.

Müssen wir uns zur Erklärung dieser Epoche eine
vorübergehende Abkühlung denken, eine Abnahme der Sonnen=
wirkung, oder vielleicht einen Durchgang der Erde durch
außerordentlich kalte Himmelsregionen? Tyndall hat eine
Bemerkung gemacht, die diese Frage aufklärt. Die Gletscher
sind Condensatoren des Oceans; damit die großen Eis=
massen sich auf den Gebirgen ansammeln können, muß sich
zuerst eine Menge Wasserdampf an der Oberfläche der Meere
bilden und folglich die Sonne viel Wärme liefern. Die
Annahme, daß die Gletscher durch Unterdrückung dieser
Wärme anwachsen müssen, wäre gerade so falsch, als wenn
man in einem Destillirapparate durch Verminderung des
Feuers unter dem Dampfkessel das Destillat vermehren
wollte. Die Sonne konnte während der Gletscherepoche
nicht weniger wirken als heutzutage. Die einzig denkbare
Ursache, sagt Tyndall, wäre eine vollkommnere Verdichtung;

dazu genügte, daß die Gebirge zu jener Zeit höher gewesen
wären als jetzt.

Die Schweiz und die andern Gegenden, in denen sich
Spuren früherer Gletscher finden, haben also eine durch
die Contraction der festen Erdkruste erklärliche Senkung
erlitten. In Folge dessen wärmer geworden, konnten sie die
atmosphärischen Wasserdämpfe nicht mehr im Zustande von
Eis zurückhalten; dem reichlichen Schneefall folgten Regen=
güsse, und das Klima änderte sich.

Die Wechsel des Klimas haben augenscheinlich die geo=
logische Veränderung der Festländer und Meere begleitet,
und bei jeder Umwälzung sind gewisse Gattungen von
Thieren und Pflanzen verschwunden, weil sie nicht mehr
die ihnen nothwendigen Lebensbedingungen finden konnten,
und andere, den Umständen besser angepaßt, sind an ihrer
Stelle erschienen. In den vom Wasser abgesetzten Schichten
finden wir die Ueberreste dieser untergegangenen Gattungen;
durch Vergleichung mit den lebenden können wir ihre
Eigenschaften und Lebensweise errathen, und daraus wieder
auf die damaligen Klimata schließen. So kann der Geologe,
die Bewohner der Erde nach jeder Umwälzung wieder=
herstellend, beweisen, daß die Temperatur anfangs auf der
ganzen Oberfläche des Erdballs die gleiche war, und daß
die Klimata sich nur stufenweise zu ihrer jetzigen Mannig=
faltigkeit umgeändert haben.

Erklärt man dieses Resultat nicht am einfachsten durch
die Annahme, daß die Erde ursprünglich eine flüssige Masse
war, deren Oberfläche allmählich fest wurde? So lange
die Kruste von geringer Dicke war, theilte die Wärme des
flüssigen Kernes sich der Atmosphäre mit und der Einfluß
der Jahreszeiten war kaum merkbar, je mehr aber die feste

Schicht an Dicke zunahm, wurde dieser Einfluß fühlbarer.
Jede Aenderung in den die Meere bildenden Wassermassen,
in der Zusammensetzung der Atmosphäre, der Erhebung
eines Festlandes, mußte auch einen Klimawechsel zur Folge
haben. Seit Erschaffung des Menschen haben keine geologi=
schen Umwälzungen mehr stattgefunden, die sich mit den
vor seiner Zeit erfolgten messen könnten. Es scheint, daß
der Wärmezustand der Erde stationär geworden ist, und
ebenso scheint es, als ob die feste Kruste jetzt die gehörige
Dicke erlangt hat, um sich nicht mehr, wie ehemals, zu=
sammenzuziehen und zu spalten, und um die Centralhitze
vollständig hemmen zu können.

4. Die Zukunft der Erde.

Die Zukunft der Erde ist eine Frage, die wir uns
nicht zu lösen vermessen. Jedoch ist es wohl erlaubt, neben
den schon gewonnenen Resultaten der Wissenschaft auch
einen Blick auf die möglicherweise noch zu erwartenden zu
werfen. Vor Allem muß zwischen einfachen Vermuthungen
und den wirklich beobachteten Thatsachen unterschieden werden.
Zu letzteren zählen wir zunächst die von den Geologen
entdeckten. Die Zeit, welche seit Erschaffung des Menschen
verflossen, ist unendlich geringer, als die Intervalle, in
denen zwei geologische Umwälzungen auf einander folgten.
Außerdem haben die letzten dieser Revolutionen viel weniger
Aenderungen in den Lebensbedingungen der organisirten
Wesen hervorgebracht, als die ersten. So viel für die
Vergangenheit. Wenden wir uns jetzt zur Gegenwart.
Dieselben Erscheinungen, welche früher die Revolutionen
des Erdballs begleiteten, ereignen sich heute noch unter

unfern Augen. Reihen wir an diese Thatsachen noch einige
aus dem Gebiete der Physik. Sonne und Erde haben
höhere Temperaturen als die Himmelsräume; sie müssen
sich abkühlen, bis sie die Temperatur der Himmelsräume
erlangt haben; aber die allerempfindlichsten Instrumente
verrathen eine solche Abkühlung nicht. Diese Thatsachen
genügen noch lange nicht zur Lösung der vorgelegten Frage;
wir müssen daher von hier an das Gebiet der Hypothese
betreten. Wenn die Erde eine flüssige Kugel ist, von einer
dünnen, festen Schale umgeben, was die geologischen Umwälzungen früherer Zeiten recht gut erklärt, so müssen
dieselben Erscheinungen sich auch in späteren Jahrhunderten
wiederholen; die Geschwindigkeit der täglichen Rotation muß
allmählich zunehmen, vorausgesetzt, daß die Sonne fortfährt,
in derselben Weise auf unsern Planeten zu wirken. Die
Abplattung der Pole wird gleichfalls zunehmen und eine
Aenderung in der Wärmevertheilung nach sich ziehen,
derart, daß die Temperatur der Polarregionen immer mehr
von der des Aequators abweicht. Ferner muß die Bahn,
welche die Erde um die Sonne beschreibt, länglicher werden,
so daß die Winter kälter und die Sommer heißer werden.
Einmal auf dieses Gebiet gerathen, wird es dem menschlichen
Geiste schwer, stillzustehen; alle Hindernisse scheinen wie
ein Traum zu verschwinden und die Grenzen der Möglichkeit
weichen immer mehr zurück. Aber freilich bleibt das Alles
nur ein Luftbild, ein Spiel der Einbildung.

Können wir also nicht mit Bestimmtheit sagen, wie
unsere Erde in späteren Zeiten aussehen wird, so lassen
sich doch aus den bekannten Thatsachen einige Folgerungen
ziehen. Allem Anscheine nach wird keine geologische Revo-
lution früher, als nach einem größeren Zeitraume, wie der,

welcher zwischen uns und der Erschaffung der ersten
Menschen liegt, eintreten und wahrscheinlich nicht mehr so
bedeutende Veränderungen wie ehemals bewirken, so daß
die Existenz der dann lebenden Wesen weniger gefährdet
sein wird.

www.ingramcontent.com/pod-product-compliance
Lightning Source LLC
Chambersburg PA
CBHW050530190326
41458CB00007B/1730